面向“十二五”高等教育课程改革项目研究成果

建筑材料及性能检测

主　编　李伟华　梁　媛
副主编　郭清燕　吴永梅　刘吉新
参　编　史丽英　王宏东　任怀玉　陈玉欣

北京理工大学出版社
BEIJING INSTITUTE OF TECHNOLOGY PRESS

内 容 简 介

全书参照房屋建筑和市政工程见证取样的材料种类划分教学模块，共划分为11个模块，包括建筑材料及性能检测基础、建筑材料的基本性质及检测、水泥的验收及性能检测、混凝土用砂石骨料的验收及检测、混凝土的验收及性能检测、建筑砂浆的验收及性能检测、砌墙砖和砌块的验收及性能检测、建筑钢材的进场验收及性能检测、防水材料的进场验收及性能检测、绝热材料和吸声材料、建筑装饰材料的进场验收及性能检测。在编写过程中，力求采用最新的生产技术、标准、规范，考虑高校学生的学习特点，内容组织编排适应“教、学、做”一体化的需要。

本书为高等院校建筑工程技术、工程建设监理专业、建筑工程管理等专业的专用教材，也可供建筑设计专业、建筑工程造价专业选用，或供建筑工程技术人员参考。

图书在版编目（CIP）数据

建筑材料及性能检测/李伟华，梁媛主编. —北京：北京理工大学出版社，2011.8

ISBN 978-7-5640-5075-7

Ⅰ. ①建…　Ⅱ. ①李…②梁…　Ⅲ. ①建筑材料-性能检测-高等学校-教材　Ⅳ. ①TU502

中国版本图书馆CIP数据核字（2011）第175768号

出版发行／北京理工大学出版社
社　　址／北京市海淀区中关村南大街5号
邮　　编／100081
电　　话／(010)68914775(办公室)　68944990(批销中心)　68911084(读者服务部)
网　　址／http：// www.bitpress.com.cn
经　　销／全国各地新华书店
印　　刷／北京国马印刷厂
开　　本／787毫米×1092毫米　1/16
印　　张／16.5
字　　数／379千字
版　　次／2011年8月第1版　2011年8月第1次印刷　责任编辑／陈莉华
印　　数／1~1500册　责任校对／陈玉梅
定　　价／37.00元　责任印制／王美丽

前　言

高等院校的改革核心是课程改革，打破传统的学科体系，以工程过程为导向，开展“教、学、做”一体化教学是符合高校学生学习特点的新理念，采用任务启动和项目教学的教学模式符合高校教学的“学以致用、能力培养为主”的教学目标。

“建筑材料与性能检测”是在传统学科体系中“建筑材料”课程的基础上，打破理论教学加课内试验的模式，按照“教、学、做”一体化的教学理念，依照房屋建筑和市政工程见证取样的工作过程为主线，确定教材的内容和组织架构。对现场见证取样的八大类材料，参考新标准、新规范，将新工艺和新技术纳进教材，对应各教学模块。让学生从每一类材料的见证取样和性能检测过程中，学习相应的材料质量标准和试验方法标准，形成知识结构，从动手取样和试验检测中，培养学生分析问题和解决问题的能力。

本书共分为 11 个模块，包括建筑材料及性能检测基础、建筑材料的基本性质及检测、水泥材料的验收及性能检测、混凝土用砂石骨料的验收及检测、混凝土的验收及性能检测、建筑砂浆的验收及性能检测、砌墙砖和砌块的验收及性能检测、建筑钢材的进场验收及性能检测、防水材料的进场验收及性能检测、绝热材料和吸声材料、建筑装饰材料的进场验收及性能检测。内容涵盖了见证取样规定的八大类材料以及基本性质检测，均采用“教、学、做”一体化设计教学模块，建筑装饰材料和绝热与吸声材料则采用实物和图片演示以及装饰材料市场现场教学的形式设计教学。

本书由李伟华、梁媛担任主编，由郭清燕、吴永梅、刘吉新担任副主编，史丽英、王宏东、任怀玉、陈玉欣参与了编写工作。模块 0、模块 3、模块 4 由李伟华编写，模块 5 由郭清燕编写，模块 1、模块 2 由梁媛、吴永梅编写，模块 7 由刘吉新、史丽英编写、模块 8 由张璞、王宏东编写，模块 6 由林华、许慧雯编写，模块 9 由李静、任怀玉编写，模块 10 由关小燕、陈玉欣编写。全书由李伟华统稿。

本书力求将现场施工见证取样的具体规定与高校学生的实际学习状况相结合进行编写。但是由于新材料和新技术、新工艺不断出现，加之编者水平有限且成稿时间仓促，本书未尽能涵盖，希望使用者及时补充，书中如有错误和不当之处，欢迎广大读者批评指正。

编　者

目　录

模块0

建筑材料及性能检测基础

0.1 建筑材料的定义与分类

本书中所讨论的建筑材料是指狭义的范畴，即在建筑工程中用到的，并且最终构成建筑物或构筑物实体的某一部位（如地基、基础、梁、楼板、柱、墙体、地面、屋盖等），以及在建筑装饰中使用的各种材料。它是一切建筑工程的物质基础。从广义角度理解，建筑材料还应该包括施工过程中所需要的各种辅助材料和建筑器材。

建筑材料品种丰富、种类繁多，为研究、使用、阐述方便，常从不同角度将建筑材料予以分类。

1. 按照材料化学成分不同分类

按照材料的化学成分不同可分为无机材料、有机材料和复合材料三大类。材料复合化已经成为当今材料科学发展的趋势，复合材料由两种或多种性质不同的材料通过物理或化学复合，不仅性能优于其中任何一种单独的材料，而且还具备多种优良性能。具体如表0－1所示。

表0－1 建筑材料分类

分类			举例
无机材料	金属材料		铁、钢、不锈钢、铝、铜及其合金
	金属材料	天然石材	砂、石子、砌筑石材、装饰板材
		烧土制品	砖、瓦、陶瓷、琉璃制品
		玻璃及熔融制品	玻璃、玻璃纤维、玻璃布、矿棉、岩棉
		胶凝材料	石灰、石膏、水泥、水玻璃、菱苦土
		混凝土及硅酸盐制品	砂浆、混凝土、硅酸盐制品
有机材料	植物材料		木材、竹材、苇材及其制品
	沥青材料		石油沥青、煤沥青、沥青制品等
	合成高分子材料		塑料、橡胶、涂料、胶黏剂、合成高分子防水材料
复合材料	无机非金属材料与有机材料复合		玻璃纤维增强塑料、聚合物混凝土、沥青混凝土
	金属材料与无机非金属材料复合		钢筋混凝土、钢纤维混凝土
	金属材料与有机材料的复合		彩色夹芯复合钢板、塑钢门窗材料、铝塑管材

2. 按照材料使用功能不同分类

按照材料的使用功能不同，可以分为结构材料、围护材料和功能材料三类。

1）结构材料

结构材料是指构成建筑物或构筑物的受力构件或结构（如梁、板、柱、地基、基础、框架等）部位所使用的材料。这类材料要求必须具有足够的强度和耐久性，其性能决定建筑物的结构安全。从传统的“秦砖”、“汉瓦”、木材，到现代的钢筋混凝土结构、钢结构等，代表了这类材料的发展。

2）围护材料

围护材料是指用于建筑物围护部位的材料，如墙体、门窗、屋面等部位所用的材料。随着社会的发展，对建筑物的功能要求越来越高，环境、功能都提出了新的内容，因此这类材料不仅要求具有一定的强度和耐久性，同时要求具有良好的防水、防风、保温、隔热、隔声、蓄热等多种功能。为实现建筑节能的目标，轻质高强、保温隔热和防水性能的改善，是这类材料发展的主导方向。这类材料主要包括砌墙砖、砌块、混凝土墙以及各种墙板和复合材料等。

3）功能材料

功能材料是指具有某种特殊建筑功能，如防水材料、绝热材料、吸声材料、隔声材料、装饰材料、采光材料等。这类材料是建筑材料发展的亮点，随着现代建筑功能要求的提高，新型材料不断出现，可谓品种丰富。

0.2 建筑材料在工程中的地位和作用

建筑材料是一切建筑工程的物质基础。材料的性能、质量及价格直接影响到建筑质量和成本，关系到建筑物的功能适用性、结构安全性、经济合理性和环境适应性。每一种新型材料的出现和应用，都会带来建筑设计、建筑施工技术的变革，改进建筑物的使用功能和质量，当然对建筑成本影响也很大。有些新材料的出现，在代替现用材料的同时，会导致成本提高。比如，节能材料的出现有些是为了降低建筑物的建造和使用成本，但一次投入的费用会有所提高。有些材料在改进生产工艺的同时，也可以节约建造成本，比如混凝土外加剂的研发和应用，改进了混凝土和砂浆的技术性能；同时，也为泵送工艺的推广提供了有利的条件。而且外加剂的大量应用也降低了混凝土的施工成本。

建筑材料和建筑设计、建筑结构、建筑经济及建筑施工等一样，是建筑工程学科的一部分，而且是极为重要的部分。因为建筑材料是建筑工程的物质基础，一个优秀的建筑师总是把建筑艺术和以最佳方式选用的建筑材料融合在一起。结构工程师只有很好地了解建筑材料的技术特性，才能根据力学计算，准确地确定建筑构件的尺寸和创造出先进的结构形式。建筑经济学家为了降低造价、节省投资，首先要考虑的是节约和合理地使用建筑材料。而建筑施工和安装的全过程，实质上是按设计要求把建筑材料逐步变成建筑物的过程。它涉及材料的选用、运输、储存及加工等诸方面。总之，从事建筑工程的技术人员都必须了解和掌握建筑材料有关技术知识，而且应使所用的材料都能最大限度地发挥其效能，并合理、经济地满足建筑工程上的各种要求。

建筑、材料、结构、施工四者是密切相关的。从根本上说，材料是基础，材料决定了建筑和施工方法。新材料的出现，可以促使建筑形式的变化、结构设计和施工技术的革新。

建筑材料科学的发展，是随着社会生产力的发展而发展的。建筑材料的发展标志着建筑业发展的水平。新材料、新工艺、新技术的开发和利用推动着建筑的发展和进步。

古老的原始社会，人们穴居巢处，利用天然材料满足基本的遮风避雨；简单的伐木搭棚，出现了主动改善生存条件的意识。随着生产力的不断发展，建筑材料行业日新月异。从古代的万里长城，到福建泉州的洛阳桥、山西应县的木塔、西安的兵马俑、山西五台山的佛光寺木结构大殿，都充分展示了中国人在材料的生产、使用甚至施工方面的伟大智慧。

新中国成立以后，特别是改革开放以来，我国的建筑材料工业得到迅猛的发展。从少品种到多品种、从单一功能到多功能的复合材料，水泥、平板玻璃、建筑和卫生陶瓷的产量位居世界第一，但是不得不承认建筑材料品种的产量大，而科技水平和产品的质量档次却不高。而且生产行业的高能耗，对生态环境的破坏不容忽视，因此，今后应该更多研制开发节能节地、减少污染的高性能、绿色环保的新型建筑材料，走可持续发展之路。

目前，新型建筑材料主要的发展方向体现在墙体材料和装饰材料、防水材料、保温材料等功能材料方面。全国范围内取缔黏土砖，装饰材料的环境检测十项规定，防水材料质量保证期三大举措是走可持续发展、开发绿色建材的开端。墙体材料逐渐被节能、利废、隔热、高强的空心化、大块产品所取代。防水材料必须向耐气候、高弹性、环保性发展，由单一的沥青材料发展为高分子改性沥青防水材料、合成高分子防水材料的多品种共存，以及发展绿色环保的无机-有机复合的防水材料，如防水瓦、防水涂料。装饰材料更是品种丰富、色彩多样、尺寸多，逐渐向装饰性、功能性、适用性、环保性、耐久性方向发展。

0.3　建筑材料检测与标准化

建筑材料的标准化

建筑材料的技术标准是材料生产和使用单位检验、确定材料质量是否合格的技术文件，其主要内容包括产品的规格、分类、技术要求、检验方法、验收规则、标志及运输和储存注意事项等。建筑材料的质量对工程质量影响很大，因此，在生产和使用中必须严格控制材料的质量。而在实际应用中，即使是同一品种的材料，产品种类也很多，质量水平相差很大。为了适应现代化生产和科学管理的需要，对每一种产品必须建立统一的技术标准。

在我国，技术标准分为四类：国家标准、行业或部门标准、地方标准、企业标准。

1）国家标准

国家标准在全国范围通用，是由国家标准化行政主管部门编制，由国家技术监督局审批并颁布，国家标准具有指导性和权威性。其代号为 GB 或 GB/T，前者为强制执行的国家标准，后者为推荐性执行的国家标准。

2）行业或部门标准

行业或部门标准也是全国性的技术指导文件，主要是指各专业范围内统一的标准。行业标准在全国性行业范围通用，是对国家标准的有效补充，是专业性、技术性较强的标准。行业标准不得与国家标准相抵触。其代号按相应的部委名称而定，如 JC 是指建筑材料行业标准。当国家有相应的标准时，该行业标准废止。JGJ 为建筑行业的标准，都有强制性和推荐性两类。

3）地方标准

地方标准在某地区范围内执行，凡是没有国家标准和行业标准时，又需要由省、自治区、直辖市范围内统一技术要求所指定的标准。地方标准不得与国家标准和行业标准相抵触，只能在本行政区域内适用。

4）企业标准

企业标准只限于本企业内部使用。在没有国家标准和行业标准时，企业为了控制生产质量而制定的技术标准，必须以保证材料质量、满足使用要求为目的。

各类技术标准都具有时效性，会随技术水平的进步而不断更新，因此，作为技术人员必须要及时掌握最新的版本，如表 0－2 所示。

表 0－2　各类标准的代号

<table>
<tr><th>标准类型</th><th colspan="2">标准代号</th><th>示　例</th></tr>
<tr><td>国家标准</td><td>GB
GB/T</td><td>国家强制性标准
国家推荐性标准</td><td rowspan="4">材料标准由标准名称、部门代号、标准编号、颁布年份等组成。
GB 175—2007《通用硅酸盐水泥》；
GB/T 14685—2001《建筑用碎石、卵石》；
JGJ 52—2006《普通混凝土用砂、石质量及检验方法标准》．</td></tr>
<tr><td>行业标准</td><td>JC
JGJ
YB
JT
SD
SY</td><td>建材行业标准
住房和城乡建设部行业标准
冶金行业标准
交通标准
水电标准
石油行业标准</td></tr>
<tr><td>地方标准</td><td>DB
DB/T</td><td>地方强制性标准
地方推荐性标准</td></tr>
<tr><td>企业标准</td><td>QB</td><td>适用于本企业</td></tr>
</table>

0.4　建筑材料验收与检测基础

建筑材料进场验收：施工单位应当建立建筑材料、建筑构配件和设备进场验收和检验制度。对进入施工现场的建筑材料、建筑构配件和设备，施工单位应当验收，并经监理工程师签字认可。“对工程使用的主要建筑材料、建筑构配件和设备，施工单位应当送具有相应资质的检测单位检验、测试，检测合格后方可使用”。

见证取样和送检是指在建设单位或工程监理单位授权人员见证下，由施工单位的现场试验人员对工程中涉及结构安全、使用功能的试块、试件和材料现场取样，并送至具有省、直辖市建设行政主管部门颁发的相应资质并通过质量技术监督部门计量认证的建筑工程质量检测单位进行检测。

《建筑工程质量管理条例》第 31 条规定：“对涉及结构安全的试块、试件，应当在建设单位或者监理单位见证人的监督、见证下按规定取样，由见证人陪同或者由见证人送具有相应资质的检测单位进行检测”。涉及结构安全、使用功能的试块、试件、材料及构配件，必须实行见证取样和送检，比例不少于有关技术标准中规定应取样数量的30%。见证取样范围如下：

（1）用于承重结构的混凝土试块。

（2）用于承重墙体的砌筑砂浆试块。

（3）用于承重结构的钢筋及连接接头试件。

（4）用于承重墙的砖和混凝土小型砌块。

（5）用于拌制混凝土和砌筑砂浆的水泥。

（6）用于承重结构的混凝土中使用的掺加剂。

（7）用于地下、屋面、厕浴间使用的防水材料。

（8）用于承重的钢结构试件。

（9）市政工程路基、路面的主要材料及试件。

（10）国家规定必须实行见证取样和送检的其他试块、试件和材料。

取样人员应由施工单位具备试验知识的专业技术人员担任，见证人员应由建设或监理单位具备试验知识的专业技术人员担任，接样人员应由检测单位的专业技术人员担任，并经培训后持证上岗。通过本课程的学习，学生能够学会常用材料的见证取样方法，学会材料的技术性能检测方法。

0.5　本课程的内容及学习要求

“建筑材料及性能检测”课程是高校土建类专业（群）的重要的、实践性、应用性较强的专业技术基础课，它不仅为后续的建筑结构、建筑施工、建筑构造、工程造价、工程监理等课程提供必要的基础知识，也为工程实际中解决建筑材料使用问题和从事相关领域的专业技术工作提供必要的基本知识和基本技能，培养学生从事相关工作的职业能力和职业素质；同时，也是专业技能课程，是学生毕业后从事相关领域岗位工作的保证，取得建设行业职业资格证书相应的模块。

本课程学习领域的任务是培养学生具备建筑工程施工现场质量员、施工员、试验员等岗位的职业能力和职业素质，具体目标如下：

（1）能熟悉常用建筑材料的质量标准。

（2）能完成施工过程中常用建筑材料见证取样、送检，并能在保证环境和安全的条件下实施检测，填写检测报告，能根据检测结果正确判断材料质量状况。

（3）能正确选用、验收和保管材料。

（4）了解材料与设计、施工的关系。

（5）了解材料科学及新材料的发展方向。

在培养学生专业素质的同时，进一步培养学生树立独立思考、吃苦耐劳、勤奋工作的意识以及团结协作、诚实守信的优秀品质，为后续课程的学习和能够胜任相关领域的专业技术工作奠定良好的基础。

在学习中，学生必须注意掌握一定的学习方法，才能达到学习目的。首先，要理论联系实际，积极、主动地参观材料市场和施工现场，获得感性认识，这是提高学习兴趣和学习效果的必要途径；其次，重视试验课，试验教学是加强学生职业道德、培养学生材料性能检测技能的重要环节。

模块 1

建筑材料的基本性质及检测

教学目标

知识目标：掌握建筑材料的基本物理性质；掌握建筑材料的力学性质；掌握建筑材料耐久性的基本概念；了解建筑材料的环境协调性。

技能目标：熟练掌握建筑材料各种基本性质的概念、表示方法、影响因素及部分基本性质的检测方法。

任务引入

建筑物长期受到周围环境中各种因素的影响，比如水的侵蚀、风吹日晒、紫外线照射、各种酸碱盐溶液腐蚀、各种外力的冲击、振动等，导致建筑的技术性能降低，从而降低建筑物的使用寿命，增加使用过程中的维护保养成本。为了保证建筑物的结构安全和对外界环境影响的抵抗能力，所使用的建筑材料必须具有良好的技术性能。建筑材料是构成建筑的物质基础，直接关系建筑物的结构安全和使用功能；同时，也关系到建筑物的经济成本和使用寿命。因此，掌握建筑材料的基本性质、理解材料的基本技术要求，是合理选材和合理用材的重要技能。

任务分析

建筑物对于处在不同环境和不同使用部位的材料，有着不同的性质要求，比如梁、板、柱、基础、承重墙等属于建筑物的承重构件，因此，要求这些部位的构成材料必须具有较高的强度和抵抗变形的能力，以保证建筑物具有足够的安全性。而处于建筑物围护部位的墙体、屋盖等，则必须具有良好的遮风挡雨、保温隔热的功能。此外，建筑材料的耐久性在很大程度上决定了建筑物的耐用年限，所以，选用合适的建筑材料，采取适当的措施，保证材料能够抵抗外界的各种因素和有害介质的腐蚀作用，使建筑物原有性质不发生明显变化，就必须了解建筑材料的基本性质。

建筑材料的性质是多方面的。一般来说，建筑材料的性质分为物理性质、力学性质、化学性质、耐久性四个方面。

1. 物理性质

物理性质包括表示材料物理状态特征及与各种物理过程有关的性质。例如，与质量有关的基本物理参数，如密度、表观密度、堆积密度、孔隙率、空隙率等；以及与水有关的若干性质，如亲水性、憎水性、吸水性、吸湿性、抗冻性、抗渗性等；与热有关的性质，如热导率、比热容和热阻等。

2. 力学性质

表示材料在应力作用下，有关抵抗破坏和变形的性质，包括强度、比强度、弹性、塑性、韧性及脆性等。

3. 化学性质

表示材料发生化学变化的能力及抵抗化学腐蚀的稳定性。

4. 耐久性

表示材料在使用过程中能长期保持其原有性质的能力。

相关知识

1.1　建筑材料基本物理性质

1.1.1　与质量有关的性质

1. 密度

密度是指材料在绝对密实状态下单位体积的质量，按式（1-1）计算，即：

$$\rho=\frac{m}{V} \tag{1-1}$$

式中　ρ——密度，g/cm^3或kg/m^3；

m——材料的质量，g 或 kg；

V——材料在绝对密实状态下的体积，cm^3或m^3。

材料的密度主要决定于组成物质的原子量和分子结构。原子量越大，分子结构越紧密，材料的密度就越大。

建筑材料中除了少数材料（如玻璃、钢材等）接近绝对密实状态以外，绝大多数材料内部都含有一些孔隙。在自然状态下，含孔块体材料的体积 V_0 由固体物质的体积 V 和孔隙体积 V_p 两部分组成，如图1-1所示。在测定这些材料的密度时，必须将其磨细至粒径小于0.2 mm，以排除内部的孔隙，经干燥后用李氏密度瓶测定其体积。测试时，材料磨得越细，孔隙排除越充分，测得的实体体积越接近于绝对密实体积，所得到的密度值越精确。对于某些较为致密但形状不规则的散粒材料，可以不经过磨细，直接用排水法测得其绝对体积的近似值（因颗粒内部的封闭孔隙体积没有排除），这时所求得的密度为视密度。

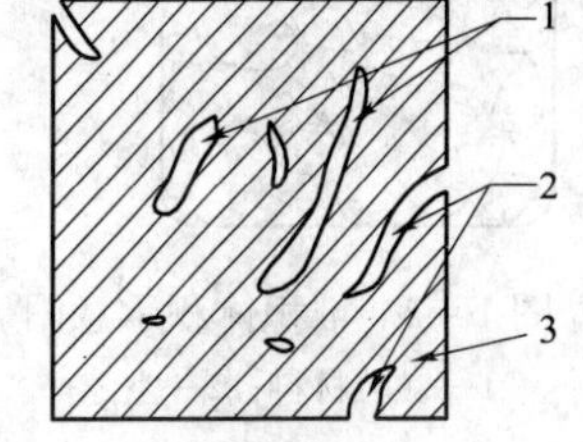

材料在自然状态下总体积：$V_0=V+V_p$

孔隙体积：$V_p=V_b+V_k$

图1-1　材料的体积组成示意图

1—封闭孔隙（体积为V_b）；

2—开口孔隙（体积为V_k）；

3—固体物质（体积为V）

因此，利用材料的密度可以初步确定材料的品质，用以计算材料的孔隙率和材料的用量。

2. 表观密度

表观密度是指材料在自然状态下，单位体积的质量。按式（1－2）计算，即：

$$\rho_0 = \frac{m}{V_0} \tag{1-2}$$

式中 ρ_0——材料的表观密度，g/cm³ 或 kg/m³；

m——材料的质量，g 或 kg；

V_0——材料的表观体积，cm³或 m³。

V_0是指材料在自然状态下的体积，简称自然体积或表观体积，包括材料的密实体积 V 和孔隙体积 V_p。规则形状材料的自然体积可以用几何法计算，不规则形状材料的自然体积采用排液法测得。

材料的表观密度除了与材料的密度有关外，还与材料的孔隙率和孔隙的含水状态有关。材料孔隙越多，孔隙率越大，表观密度越小；当材料中的开口孔隙越多，含有水分时，材料的体积和质量都会发生变化，影响表观密度。因此测试时，要注明材料的含水状态，不加说明时是常指气干状态下的表观密度。但是在进行材料对比试验时，常以绝对干燥状态下测得的表观密度值为准。

工程上采用表观密度，可以推算一定体积的材料用量，也可以计算构件的自重，确定材料的堆放空间等。

3. 堆积密度

堆积密度是指散粒状或粉末状材料，在自然堆积状态下单位体积的质量，按式（1－3）计算，即：

$$\rho_0' = \frac{m}{V_0} \tag{1-3}$$

式中 ρ_0'——材料的堆积密度，g/cm³或 kg/m³；

m ——材料的质量，g 或 kg；

V_0'——材料的堆积体积，cm³或 m³。

材料在自然堆积状态下的体积，包括密实体积和孔隙体积及颗粒之间的空隙体积。

测定材料的堆积密度时，材料的质量就是指填入一定容积的容器内的材料质量，堆积体积就是容器的容积。材料的堆积密度大小，取决于散粒材料的表观密度、含水率及堆积的疏密程度。按照装填的疏密程度可以分为自然堆积（松堆积）状态和紧密堆积状态两种。在自然堆积状态下称为松堆积密度；在振实、压实状态下称为紧堆积密度。在工程实际中，一般采用规定装填方法测得的松堆积密度来确定材料的堆放空间。松堆积密度小于自然堆积密度。散粒材料的堆积及体积示意图，如图 1－2 所示。

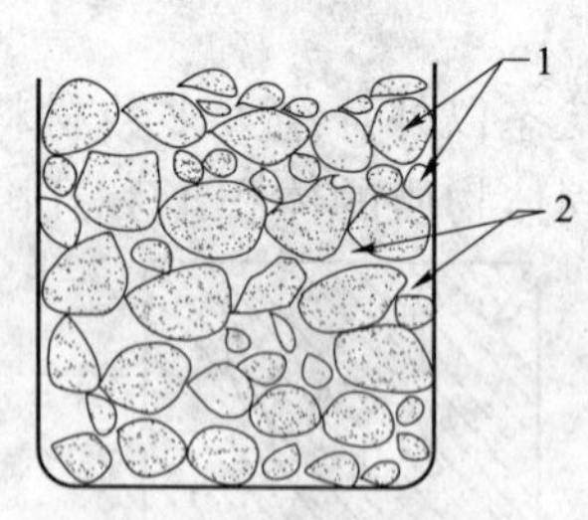

图 1－2 堆积体积示意图
1—颗粒材料；2—空隙

4. 孔隙率与密实度

孔隙率是指材料内部孔隙体积占材料自然状态下体积的百分数。材料的孔隙率 P 按式（1－4）计算，即：

$$P = \frac{V_0 - V}{V_0} \times 100\% = \left(1 - \frac{\rho_0}{\rho}\right) \times 100\% \tag{1-4}$$

式中 V——材料的绝对密实体积，cm³或 m³；

V_0——材料的表观体积，cm^3 或 m^3；

ρ_0——材料的表观密度，g/cm^3 或 kg/m^3；

ρ——密度，g/cm^3 或 kg/m^3。

根据材料中孔隙的开口状态可以分为开口孔隙、闭口孔隙。因此，孔隙率又分为开口孔隙率 P_k、闭口孔隙率 P_b、总孔隙率 P（简称为孔隙率），它们之间的关系为

$$P = P_k + P_b \tag{1-5}$$

材料的孔隙率大小，直接反映材料的致密程度。其大小直接影响材料的组成、结构及加工工艺，比如天然石材的加工，花岗石孔隙率小、致密度高，难以加工成板材，因此成本较高。而且材料的性质不仅取决于孔隙率的大小，还与孔隙的大小、开口状态、连通状态等构造特征有关。如孔隙率大，材料的表观密度、强度就小；同时，材料内部开口孔隙率高，材料的吸水性、吸湿性、透水性、吸声性提高，但是抗冻性、抗渗性就会变差。为了提高材料的抗渗性，有时有意识地提高闭口孔隙的数量，减少开口孔隙的数量。

密实度是指构成材料的固体物质体积占自然状态下体积的百分数，也是反映材料中被固体物质所充实的程度。密实度越大，材料越致密。密实度按式（1-6）计算，即：

$$D = \frac{V}{V_0} \times 100\% = 1 - P \tag{1-6}$$

式中　V——材料的绝对密实体积，cm^3 或 m^3；

V_0——材料的表观体积，cm^3 或 m^3；

D——材料的密实度，%。

5. 空隙率与填充率

空隙率是指散粒状或粉状材料颗粒之间的空隙体积占其自然堆积体积的百分率。空隙率 P' 按式（1-7）计算，即：

$$P' = \frac{V_0' - V_0}{V_0} \times 100\% = \left(1 - \frac{\rho_0'}{\rho_0}\right) \times 100\% \tag{1-7}$$

式中　V_0'——材料的堆积体积，cm^3 或 m^3；

V_0——材料的表观体积，cm^3 或 m^3；

ρ_0——材料的表观密度，g/cm^3 或 kg/m^3；

ρ_0'——材料的自然堆积密度，g/cm^3 或 kg/m^3；

P'——材料的空隙率，%。

空隙率的大小反映了材料的颗粒之间相互填充的紧密程度。空隙率在配制混凝土时，可作为控制混凝土粗、细骨料配料和计算混凝土含砂率的依据。

填充率是指装在某一容器的散粒材料，其颗粒填充该容器的程度。用公式表示为：

$$D' = \frac{V_0}{V_0'} \times 100\% = \frac{\rho_0'}{\rho_0} \times 100\% \tag{1-8}$$

$$D' + P' = 1 \tag{1-9}$$

综上所述，材料的密度、表观密度、堆积密度、孔隙率、空隙率等指标，是认识材料、了解材料的性能和应用的重要参数，称之为材料的基本物理性质。常见材料的一些基本物理参数，如表 1-1 所示。

表1-1 常用建筑材料的密度、表观密度、堆积密度和孔隙率

材料名称	密度/（$g\cdot cm^{-3}$）	表观密度/（$kg\cdot m^{-3}$）	堆积密度/（$kg\cdot m^{-3}$）	孔隙率/%
建筑钢材	7.85	7 850	—	0
普通混凝土	—	2 100~2 600	—	5~20
烧结普通砖	2.50~2.70	1 600~1 900	—	20~40
花岗石	2.70~3.0	2 500~2 900	—	0.5~3.0
碎石（石灰岩）	2.48~2.76	2 300~2 700	1 400~1 700	—
砂	2.50~2.60	—	1 450~1 650	—
沥青混凝土	—	2 300~2 400	—	2~4
木材	1.55~1.60	400~800	—	55~75
水泥	2.8~3.1	—	1 200~1 300	—
普通玻璃	2.45~2.55	2 450~2 550	—	—
泡沫塑料	—	20~50	—	—

1.1.2 与水有关的性质

1. 亲水性和憎水性

材料与水接触时，根据材料是否能被水润湿，可将其分为亲水性和憎水性两类。亲水性是指材料表面能被水润湿的性质；憎水性是指材料表面不能被水润湿的性质。

当材料与水在空气中接触时，将出现如图1-3所示的两种情况。在材料、水、空气三相交点处，沿水滴的表面作切线，切线与水和材料接触面所成的夹角称为润湿角（用θ表示）。θ值越小，表明材料越易被水润湿。一般认为，当$\theta\leq 90°$时，如图1-3（a）所示，材料表面吸附水分，能被水润湿，材料表现出亲水性；当$\theta>90°$时，如图1-3（b）所示，则材料表面不易吸附水分，不能被水润湿，材料表现出憎水性。

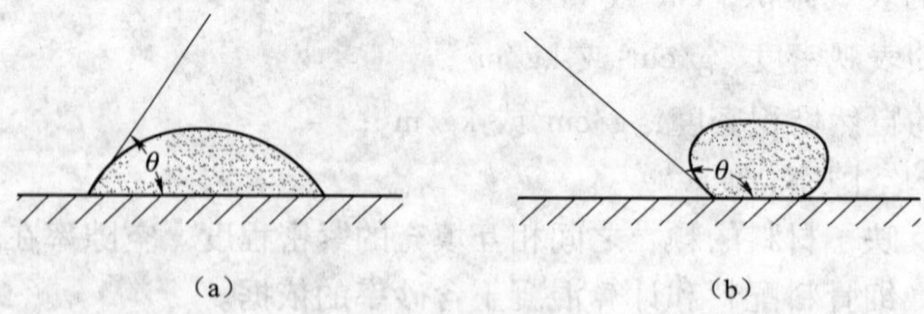

图1-3 材料被水润湿示意图
（a）亲水性材料；（b）憎水性材料

亲水性材料易被水润湿，且水能通过毛细管作用而被吸入材料内部。憎水性材料则能阻止水分渗入毛细管中，从而降低材料的吸水性。大多数建筑材料，如砖、混凝土、木材、砂、石、钢材、玻璃等，都属于亲水性材料；只有少数材料为憎水性材料，如沥青、石蜡、塑料等。建筑工程中憎水性材料常被用做防水材料，也可用于亲水材料的表面处理，以降

低其吸水性。

2. 吸水性

材料在水中吸收水分的性质称为吸水性。吸水性的大小用吸水率表示，吸水率有两种表示方法：质量吸水率和体积吸水率。

1）质量吸水率

材料在吸水饱和时，所吸收水分的质量占材料干燥质量的百分数。用公式表示为：

$$W_m = \frac{m_{湿} - m_{干}}{m_{干}} \times 100\% \tag{1-10}$$

式中　W_m——材料的质量吸水率，%；

$m_{湿}$——材料在饱和水状态下的质量，g；

$m_{干}$——材料在干燥状态下的质量，g。

2）体积吸水率

材料在吸水饱和时，所吸收水分的体积占干燥材料总体积的百分率。用公式表示为：

$$W_V = \frac{m_{湿} - m_{干}}{V_0} \cdot \frac{1}{\rho_{水}} \times 100\% \tag{1-11}$$

式中　W_V——材料的体积吸水率，%；

V_0——干燥材料在自然状态下的体积，cm^3；

$\rho_{水}$——水的密度，g/cm^3，常温下水的密度为 $1.0\ g/cm^3$。

质量吸水率与体积吸水率两者存在以下关系，即：

$$W_V = W_m \cdot \rho_0 \tag{1-12}$$

式中　ρ_0——材料在干燥状态下的表观密度。

材料的吸水率反映了材料在标准测试方法下吸收水分的能力，是一个固定值。常用建筑材料的吸水率一般采用质量吸水率表示。对于某些轻质材料，如加气混凝土、木材等，由于其质量吸水率往往超过100%，一般采用体积吸水率表示。

材料吸水率的大小，不仅与材料的亲水性或憎水性有关，而且与材料的孔隙率和孔隙特征有关。一般材料的孔隙率越大，吸水性越强。开口而连通的细小孔隙越多，则材料的吸水性越大；但如果开口孔隙粗大，水分容易进入但不易存留，则材料的吸水率较小；另外，封闭孔隙水分不能进入，吸水率也较小。

材料的吸水性会对其性质产生不利影响，比如保温隔热性下降、体积膨胀、强度降低、抗冻性变差、耐腐蚀性降低、耐久性下降等。

3. 吸湿性

材料在潮湿空气中吸收水分的性质，称为吸湿性。吸湿性的大小用含水率表示，按式（1-13）计算，即：

$$W_{含} = \frac{m_{含} - m_{干}}{m_{干}} \times 100\% \tag{1-13}$$

式中　$W_{含}$——材料的含水率，%；

$m_{含}$——材料在含水状态下的质量，g；

$m_{干}$——材料在干燥状态下的质量，g。

材料的含水率随空气的温度、湿度变化而改变。材料既能在空气中吸收水分，又能向外界释放水分。当材料中的水分与空气的湿度达到平衡时的含水率，就称为平衡含水率。一般情况下，材料的含水率多指平衡含水率。当材料内部孔隙吸水达到饱和时，此时材料的含水率等于吸水率。材料吸水后，会导致自重增加、保温隔热性能降低、强度和耐久性产生不同程度的下降。材料含水率的变化会引起体积的变化，从而影响使用。

4. 耐水性

材料长期在饱和水作用下不被破坏，强度也不显著降低的性质称为耐水性。材料耐水性用软化系数 $K_{软}$ 表示，按式（1－14）计算，即：

$$K_{软}=\frac{f_{饱}}{f_{干}} \tag{1-14}$$

式中 $K_{软}$——材料的软化系数；

$f_{饱}$——材料在饱和水状态下的抗压强度，MPa；

$f_{干}$——材料在干燥状态下的抗压强度，MPa。

软化系数的大小反映材料在浸水饱和后强度降低的程度。软化系数越小，说明材料吸水饱和后的强度降低越多，其耐水性越差；反之，则耐水性越强。材料被水浸湿后，强度一般会有所下降，因此软化系数在 0～1 之间。工程中，将 $K_{软}>0.85$ 的材料称为耐水性材料。耐水性材料可以用于水中或潮湿环境里的重要结构中；对于用于受潮较轻或次要结构的材料，其软化系数不宜小于 0.75；处于干燥环境中的材料，可以不考虑软化系数。

5. 抗渗性

材料抵抗压力水渗透的性质称为抗渗性。材料的抗渗性通常采用渗透系数表示。渗透系数是指一定厚度的材料，在单位压力水的作用下，单位时间内透过单位面积的水量，用公式表示为：

$$K=\frac{Wd}{Ath} \tag{1-15}$$

式中 K——材料的渗透系数，cm/h；

W——透过材料试件的水量，cm^3；

d——材料试件的厚度，cm；

A——透水面积，cm^2；

t——透水时间，h；

h——静水压力水头，cm。

渗透系数反映了水在材料中流动的速度。渗透系数越大，说明水在材料中流动的速度越快，则材料的抗渗性越差。

有些材料（混凝土、砂浆等）的抗渗性常采用抗渗等级表示。材料的抗渗等级是指用标准方法进行透水试验时，材料标准试件在透水前所能承受的最大水压力，并以字母 P 和可承受的水压力（以 0.1 MPa 为单位）来表示抗渗等级。

如 P4、P6、P8、P10 等，表示试件能承受逐步增高至 0.4 MPa、0.6 MPa、0.8 MPa、1.0 MPa 等的水压而不渗透。

材料抗渗性不仅与材料本身的亲水性和憎水性有关，还与材料的孔隙率和孔隙特征有关。材料中存在连通的孔隙且孔隙率较大，水分容易渗入，故这种材料的抗渗性较差。孔隙率小的材料具有较好的抗渗性。封闭孔隙水分不能渗入，因此，对于孔隙率虽然较大，但以封闭孔隙为主的材料，其抗渗性也较好。对于经常受到压力水作用的地下建筑、压力管道、水工构筑物等工程部位，要选择具有良好抗渗性的材料；而作为防水材料，则要求具有不透水性。

6. 抗冻性

材料在饱和水状态下，能经受多次冻融循环作用而不被破坏，并且强度也不显著降低的性质，称为抗冻性。材料的抗冻性用抗冻等级表示，以抗冻试件在冻融后的质量损失、外形变化或强度降低不超过一定限度时所能经受的最大冻融循环次数来表示。材料的抗冻等级可分为F15、F25、F50、F100、F200等，分别表示此材料可承受15次、25次、50次、100次、200次等的冻融循环。

材料经受冻融循环作用而破坏的原因，是因为材料内部孔隙中的水结冰后体积膨胀而造成的。当材料内部孔隙中充满水，则结冰产生的膨胀会对孔隙壁产生很大的应力；当此应力超过材料的抗拉强度时，孔壁将产生局部开裂；随着冻融循环次数的增加，材料逐渐被破坏。

材料抗冻性的大小，取决于材料的孔隙率、孔隙特征、吸水饱和程度和自身的抗拉强度。材料的变形能力大，强度高，软化系数大，则抗冻性较高。一般认为，软化系数小于0.80的材料，其抗冻性较差。因此，在寒冷地区及寒冷环境中的建筑物或构筑物，必须要考虑所选择材料的抗冻性。

1.1.3　材料与热有关的性质

1. 导热性

材料传导热量的能力，称为导热性。材料导热性的大小用热导率表示。热导率是指厚度为1 m的材料，当两侧温差为1 K时，在1 s内通过1 m^2 面积的热量。用公式表示为：

$$\lambda=\frac{Qa}{At(T_2-T_1)} \tag{1-16}$$

式中　λ——材料的热导率，W/(m·K)；

Q——传导的热量，J；

a——材料的厚度，m；

A——材料的传热面积，m^2；

t——传热时间，s；

T_2-T_1——材料两侧的温差，K。

材料的导热性与材料的组成和结构、内部孔隙率大小、孔隙特征、含水率及温度等因素有关。金属材料的热导率大于非金属材料的热导率。孔隙率较大的材料，内部空气较多，由于密闭空气的热导率很小［$\lambda=0.023$ W/(m·K)］，其导热性较差。但如果孔隙粗大，空气会形成对流，材料的导热性反而会增大。材料受潮以后，水分进入孔隙，水的热导率比空气的热导率高很多［$\lambda=0.58$ W/(m·K)］，从而使材料的导热性大大增加；材料若受冻，水结成冰，冰的热导率是水热导率的4倍，为2.3 W/(m·K)，材料的导热性将进一步增加。因此，保温隔热材料在使用和储运中，为了保证材料的导热性，必须要防水、防潮。同时，材料的热导率也与环境的温度有关。

2. 热容量

材料受热时吸收热量、冷却时放出热量的性质，称为热容量。其大小用比热容表示。比热容是指单位质量的材料，温度每升高或降低1 K时所吸收或放出的热量。用公式表示为：

$$c=\frac{Q}{m\ (T_2-T_1)} \tag{1-17}$$

式中 c——材料的比热容，J/(kg·K)；

Q——材料吸收或放出的热量，J；

m——材料的质量，kg；

T_2-T_1——材料受热或冷却前后的温差，K。

比热容的大小直接反映出材料吸热或放热能力的大小。比热容大的材料，能在热流变动或采暖设备供热不均匀时，缓和室内的温度波动。不同的材料其比热容不同。即使是同种材料，由于物态不同，其比热容也不同。热导率和比热容是设计建筑物围护结构，进行热工计算时的重要参数。选用热导率小、比热容大的材料，可以节约能耗，并长时间保持室内温度的稳定。几种常用材料的热导率和比热容指标，见表1-2。

表1-2 常用建筑材料的热导率和比热容指标

材料名称	热导率 λ/[W·(m·K)$^{-1}$]	比热容 c/[J·(g·K)$^{-1}$]
铜	370	0.38
钢材	55	0.46
花岗石	2.9	0.80
普通混凝土	1.8	0.88
烧结普通砖	0.55	0.84
松木（横纹）	0.15	1.63
绝热用纤维板	0.05	1.46
玻璃棉板	0.04	0.88
泡沫塑料	0.03	1.30
密闭空气	0.025	1.00
水	0.60	4.19
冰	2.20	2.05

3. 耐火性

耐火性指材料在高热或火的作用下，保持其原有性质而不被损坏的性能，用耐火度表示。工程上用于高温环境的材料和热工设备等，都要使用耐火材料。根据材料耐火度的不同，可分为三大类。

（1）耐火材料。耐火度不低于1 580 ℃的材料，如各类耐火砖等。

（2）难熔材料。耐火度为1 350 ℃～1 580 ℃的材料，如难熔烧结砖、耐火混凝土等。

（3）易熔材料。耐火度低于1 350 ℃材料，如烧结普通砖、玻璃等。

4. 耐燃性

耐燃性指材料能经受火焰和高温的作用而不破坏，强度也不显著降低的性能。它是影响建筑物防火、结构耐火等级的重要因素。根据材料耐燃性的不同，可分为四大类。

1）不燃材料

遇火或高温作用时，不起火、不燃烧、不碳化的材料，如混凝土、天然石材、砖、玻璃和金属等。需要注意的是：玻璃、钢铁和铝等材料，虽然不燃烧，但在火烧或高温下会发生较大的变形或熔融，因而是不耐火的。

2）难燃材料

遇火或高温作用时，难起火、难燃烧、难碳化；只有在火源持续存在时才能继续燃烧，火源消除燃烧即停止的材料，如沥青混凝土和经防火处理的木材等。

3）可燃材料

可燃材料指遇火或高温作用时，立即起火或微燃，火源消除后仍能继续燃烧或微燃的材料，如木材、沥青等。用可燃材料制作的构件，一般应作防燃处理。

4）易燃材料

易燃材料指遇火或高温作用时，立即起火并迅速燃烧，火源消除后仍能继续迅速燃烧的材料，如纤维织物等。

1.2　材料的力学性质

1.2.1　材料的强度

材料在荷载（外力）作用下抵抗破坏的能力，称为材料的强度。当材料受到外力作用时，其内部就产生应力，荷载增加，所产生的应力也相应增大，直至材料内部质点间结合力不足以抵抗所作用的外力时，材料即发生破坏。材料破坏时达到应力极限，这个极限应力值就是材料的强度，又称极限强度。

材料强度的大小直接反映材料承受荷载能力的大小。由于荷载作用形式不同，材料的强度主要有抗压强度、抗拉强度、抗弯（抗折）强度及抗剪强度等，见表1－3。

表1－3　材料受力作用示意图及计算公式

强度/MPa	受力示意图	计算公式	附　注
抗压强度f_c	F F	$f_c=\frac{F}{A}$	F—破坏荷载，N A—受荷面积，mm^2 l—跨度，mm b—试件宽度，mm h—试件高度，mm
抗拉强度f_t	F　F	$f_t=\frac{F}{A}$	
抗剪强度f_v	F F	$f_v=\frac{F}{A}$	
抗弯强度f_m	l/2　F　h　l　b	$f_m=\frac{3Fl}{2bh^2}$	

试验测定的强度值除受材料本身的组成、结构、孔隙率大小等内在因素的影响外，还与试验条件有密切关系，如试件尺寸、形状、表面状态、含水率、环境温度及试验时的加荷速度等。为了使测定的强度值准确且具有可比性，必须按规定的标准试验方法测定材料的强度。

材料的强度等级，是按照材料的主要强度指标划分的级别。掌握材料的强度等级，对合理选择材料、控制工程质量是十分重要的。比如水泥、石材、砖和砌块、砂浆、混凝土等主要承重材料，其强度分级主要依据其抗压强度来划分；而建筑钢材在实际应用中主要承受拉力荷载，因此，其强度等级依据其屈服强度来划分。

对不同材料要进行强度大小的比较，可采用比强度。比强度是指单位质量计算的强度值，数值上等于材料的强度与其表观密度之比。它是衡量材料轻质、高强的一个主要指标。以钢材、木材和混凝土为例，如表 1－4 所示。

表 1－4　钢材、木材和混凝土的强度比较

材　料	表观密度 ρ_0/(kg·m^{-3})	抗压强度 f_c/MPa	比强度 f_c/ρ_0
低碳钢	7 860	415	0.053
松木	500	34.3（顺纹）	0.069
普通混凝土	2 400	29.4	0.012

由表 1－4 中数值可见，松木的比强度最大，是轻质、高强的材料。

1.2.2　材料的弹性与塑性

材料在外力作用下产生变形，当外力取消后，能够完全恢复原来形状的性质称为弹性，这种变形称为弹性变形，其值的大小与外力成正比；当外力取消后，不能自动恢复原来形状的性质称为塑性，这种不能恢复的变形称为塑性变形，塑性变形属永久性变形。

完全弹性材料是没有的。一些材料在受力不大时只产生弹性变形；而当外力达到一定限度后，即产生塑性变形。如低碳钢，其变形曲线如图 1－4（a）所示。很多材料在受力时，弹性变形和塑性变形同时产生。如普通混凝土，其变形曲线如图 1－4（b）所示。

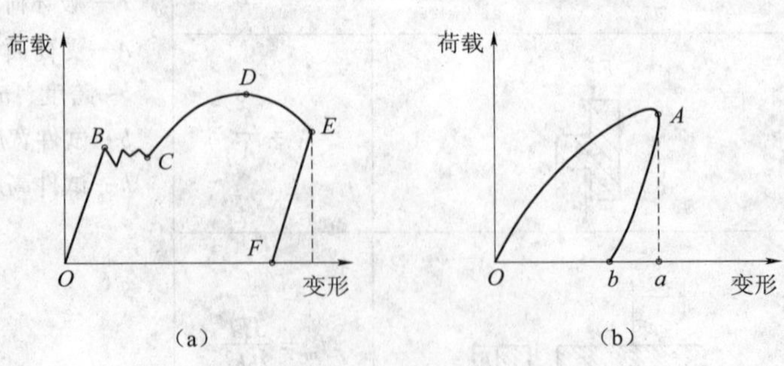

图 1－4　弹塑性材料的变形曲线

1.2.3　材料的脆性与韧性

材料受外力作用，当外力达到一定限度时，材料发生突然破坏，且破坏时无明显塑性变形，这种性质称为脆性。具有脆性的材料称为脆性材料。脆性材料的抗压强度远大于其抗拉强度，因此，其抵抗冲击荷载或振动作用的能力很差。建筑材料中大部分无机非金属材料均为脆性材料，如混凝土、玻璃、天然岩石、砖瓦、陶瓷等。

材料在冲击荷载或振动荷载作用下，能吸收较大的能量，同时产生较大的变形而不破坏的性质，称为韧性。材料的韧性用冲击韧性指标表示。具有这种性质的材料称为韧性材料。韧性材料的特点就是塑性变形大，受力时产生的抗拉强度接近或高于抗压强度，破坏前有明显的征兆。

在建筑工程中，对于要求承受冲击荷载和有抗震要求的结构，如吊车梁、桥梁、路面等所用材料，均应具有较高的韧性。

1.3　材料的耐久性与环境协调性

1.3.1　材料的耐久性

材料在使用过程中，能抵抗周围各种介质的侵蚀而不破坏，能长久保持其原有性质的能力，称为耐久性。材料在使用过程中，除受到各种外力作用外，还长期受到周围环境因素和各种自然因素的破坏作用。这些破坏作用主要有以下几个方面。

1）物理作用

物理作用包括环境温度、湿度的交替变化，即冷热、干湿、冻融等循环作用。材料经受这些作用后，将发生膨胀、收缩或产生应力，长期的反复作用将使材料逐渐被破坏。比如，混凝土的热胀冷缩、湿胀干缩等。

2）化学作用

化学作用包括大气和环境水中的酸、碱、盐等溶液或其他有害物质对材料的侵蚀作用，以及日光、紫外线等对材料的作用。比如，建筑钢材的锈蚀作用。

3）生物作用

生物作用包括菌类、昆虫等的侵害作用，导致材料发生腐朽、虫蛀等而破坏。比如，木材的腐蚀等。

4）机械作用

机械作用包括荷载的持续作用，交变荷载对材料引起的疲劳、冲击、磨损等。

耐久性是对材料综合性质的一种评述，它包括抗冻性、抗渗性、抗风化性、抗老化性、耐化学腐蚀性等内容。对材料耐久性进行可靠的判断，需要很长的时间。一般采用快速检验法，这种方法是模拟实际使用条件，将材料在试验室进行有关的快速试验，根据试验结果对材料的耐久性做出判定。在试验室进行快速试验的项目主要有冻融循环、干湿循环、碳化、盐溶液浸渍与干燥循环、化学介质浸渍等。

材料的耐久性直接关系到建筑物的安全性和经济性，因此要提高建筑物的寿命，一方面要依据工程的重要性，合理选材、用材；另一方面要采取相应的保护措施，提高材料表面的密实度，增加保护层，提高材料的耐久性，这样对节约建筑材料、保证建筑物长期正常使用、减少维修费用、延长建筑物使用寿命等，均具有重要的意义。

1.3.2　材料的环境协调性

建筑材料在为人类社会发展做出巨大贡献的同时，也给环境带来了沉重的负担。传统的建筑材料资源消耗大、能源消耗高、环境污染严重，这些都成了制约建筑材料工业可持续发展的障碍。研究开发与环境协调的新型材料是建材工业走可持续发展之路的重要举措。所谓材料的环境协调性，是指材料所用的资源和能源的消耗量最少，生产与使用过程对生态环境的影响最小，再生循环率最高。在这样的背景下，人们提出了生态环境材料。

生态环境材料是指对资源和能源消耗尽可能少、对生态环境影响小、循环再生利用率高或可降解再使用的材料，也可以指那些直接具有净化和修复环境等功能的材料。

这类材料的特点是消耗的资源和能源少，对生态和环境污染小，再生利用率高，而且从材料制造、使用、废弃直到再生循环利用的整个寿命过程，都与生态环境相协调。主要包括：环境相容材料，如纯天然材料（木材、石材等）、仿生物材料（人工骨、人工脏器等）、绿色包装材料（绿色包装袋、包装容器）、生态建材（无毒装饰材料）等；环境降解材料（生物降解塑料等）；环境工程材料，如环境修复材料、环境净化材料（分子筛、离子筛材料）、环境替代材料（无磷洗衣粉助剂）等。

技能训练

材料的基本性能检测

建筑材料基本性质的试验项目较多，对于各种不同的材料，测试的项目也不相同。通常进行的试验项目有密度、表观密度和吸水率。

1. 密度试验

1）试验目的

材料的密度是指材料在绝对密实状态下，单位体积的质量。了解材料的密度，可大致掌握材料的品质和性能；用来计算材料的孔隙率。

2）仪器与设备

李氏瓶（最小刻度值为0.1 mL）、天平（感量为0.01 g）、温度计、玻璃容器、烘箱、干燥器、小勺和漏斗等。

3）试验步骤

（1）将试样磨成粉末，通过900 孔/cm^2 的筛，筛去筛余物，再将粉末放入105 ℃ ~ 110 ℃烘箱内，烘干至恒质量，再放入干燥器中冷却至室温。

（2）将不与试样起反应的液体倒入李氏瓶中，使液面达到0 ~ 1 mL之间刻度。

（3）将李氏瓶置于盛水的玻璃容器中，使刻度部分完全进入水中，并用支架夹住，以防李氏瓶浮起或歪斜。容器中的水温，应与李氏瓶刻度的标准温度20 ℃ ±2 ℃一致。

（4）经30 min，读李氏瓶内液体凹液面的刻度值 V_1（精确至0.1 mL，以下同）。

（5）从玻璃容器中取出李氏瓶，用滤纸将液面以上的瓶颈内部吸干。

（6）用天平称取试样粉末70 ~ 80 g（精确至0.01 g，以下同），质量为 m_1。用小勺和漏斗小心地将粉末徐徐送入李氏瓶中（要防止在瓶喉部发生堵塞），直至液面上升至 20 mL 左右可读值为止。

（7）称出剩余试样的质量 m_2(g)。将李氏瓶倾斜一定角度并沿瓶轴旋转，使粉末中的气泡逸出。

（8）再将李氏瓶放入盛水的玻璃容器中，经 30 min，待李氏瓶中液体温度与水温相同后，读液体凹液面的刻度值 V_2(mL)。

4）试验结果

（1）按下式计算密度 ρ（精确至 0.01 g/cm^3），即：

$$\rho = \frac{m}{V}$$

式中　m——李氏瓶中试样粉末的质量，g，即两次称量值 m_1、m_2之差；

V——装入李氏瓶中试样粉末的绝对体积，cm^3，即两次液面读数 V_2、V_1之差。

（2）以两次试验结果的平均值作为密度的测定结果。两次试验结果的差值不应大于 0.02 g/cm^3；否则，应重新取样进行试验。

2. 表观密度试验

1）试验目的

表观密度是指材料在自然状态下，单位体积的质量。通过表观密度，可以估计材料的强度、导热性及吸水性等性质；用来计算材料的孔隙率、体积、质量及结构自重等。

2）仪器与设备

（1）天平（称量 1 000 g，感量为 0.1 g）、液体天平（阿基米德天平，感量为 0.01 g）。

（2）游标卡尺（精度为 0.1 mm）、烘箱、干燥器、石蜡、酒精等。

3）试验步骤

（1）对规则形状材料（如砖、石块、砌块等）。

① 将每组 3 块试件放入 105 ℃ ±5 ℃的烘箱中烘干至恒重，取出冷却至室温，称质量 m（g）。

② 用游标卡尺量出各试件的尺寸，并计算出其体积 V（cm^3）。

③ 结果计算。材料的表观密度 ρ_0按下式计算（精确至 10 kg/m^3 或 0.01 g/cm^3），即：

$$\rho_0 = \frac{m}{V_0}$$

试件结构均匀者，以 3 块试件的结果平均值作为试验结果，各次结果的误差不得超过 20 kg/m^3 或 0.02 g/cm^3；如试件结构不均匀，应以 5 个试件结果的算术平均值作为测试结果，并注明最大值、最小值。

（2）对形状不规则材料（如碎石、卵石等）。

① 加工（或选择）长 20 ~ 50 mm 的试件 5 ~ 7 个，然后放入 105 ℃ ±5 ℃的烘箱中烘干至恒重，取出冷却至室温。

② 取出 1 个试件，称出试件的质量 m（g）。

③ 将试件放入熔融的石蜡，1 ~ 2 s 后取出，使试件表面沾上一层蜡膜（膜厚不超过 1 mm）。

④ 称出封蜡试件的质量 m_1(g)。

⑤ 称出封蜡试件在水中的质量 m_2(g)。

⑥ 检定石蜡的密度（一般为 0.93 g/cm^3）。其他试件的试验步骤同② ~ ⑤。

⑦ 试验结果。材料的表观密度ρ_0按下式计算（精确至10 kg/m³或0.01 g/cm³），即：

$$\rho_0 = \frac{m}{m_1 - m_2 - \frac{m_1 - m_2}{\rho}}$$

试件结构均匀时，以3个试件结果的算术平均值作为试验结果，各次结果的误差不得超过20 kg/m³ 或0.02 g/cm³；如试件结构不均匀，应以5个试件结果的算术平均值作为测试结果，并注明最大值、最小值。

3. 吸水率试验

1）试验目的

材料的吸水率是指材料吸水饱和状态下，水的质量或体积与材料干燥质量或体积的比。材料吸水率的大小，对其强度、抗冻性、导热性等性能影响很大。测定材料的吸水率，可估计其各项性能。现以石材为例，介绍测试方法。

2）仪器与设备

天平（1 kg，感量为0.1 g）、水槽、烘箱、干燥器等。

3）试验步骤

(1) 将试件（石材）加工成边长为4~6 cm的立方体试件或直径和高均为4~6 cm的圆柱体试件。

(2) 将试件放入105 ℃~110 ℃的烘箱中烘干至恒重，取出冷却至室温。

(3) 从干燥器中取出试件，称出试件的质量$m_{干}$(g)。

(4) 将试件放入水槽中，试件之间应留1~2 cm的间隔，试件底部应用玻璃棒垫起，避免与槽底直接接触。

(5) 将水注入槽中，使水面至试件高度的1/4处，2 h后加水至试件高度的1/2，隔2 h再加水至试件高度的3/4处，又隔2 h加水至高出试件1~2 cm，再经一昼夜后取出试件。

(6) 用拧干的湿毛巾轻按试件表面，吸去试件表面的水分（不得来回擦拭），随即称量，称量后仍放回水槽中浸水。

以后每隔一昼夜用同样的程序称取试件质量，直至试件浸水至恒定质量为止（一昼夜质量相差不超过0.05 g），此时称得的试件质量为$m_{湿}$(g)。

4）试验结果

按下式计算吸水率，即：

质量吸水率 $$W_m = \frac{m_{湿} - m_{干}}{m_{干}} \times 100\%$$

体积吸水率 $$W_V = \frac{m_{湿} - m_{干}}{V_0} \cdot \frac{1}{\rho_{水}} \times 100\%$$

式中 W_m——材料的质量吸水率，%；

$m_{湿}$——材料在饱和水状态下的质量，g；

$m_{干}$——材料在干燥状态下的质量，g；

W_V——材料的体积吸水率，%；

V_0——干燥材料在自然状态下的体积，cm³；

$\rho_{水}$——水的密度，g/cm³，常温下水的密度为1.0 g/cm³。

复习思考题

一、简答题

1. 材料的孔隙率与空隙率有何区别？

2. 韧性材料和脆性材料在外力作用下，其变形性能有何区别？

3. 何谓材料的抗冻性？材料冻融破坏的原因是什么？吸水饱和程度与抗冻性有何关系？

4. 何谓材料的耐久性？若要提高材料的耐久性，可采取哪些措施？

5. 有不少住宅的木地板使用一段时间后出现接缝不严，但亦有一些木地板出现起拱。请分析原因。

二、计算题

1. 某石灰岩的密度为2.60 g/cm^3，孔隙率为1.20%。今将该石灰岩破碎成碎石，碎石的堆积密度为1 580 kg/m^3。求此碎石的表观密度和空隙率。

2. 已测得陶粒混凝土的热导率为0.35 W/(m·K)，普通混凝土的热导率为1.40 W/(m·K)，在传热面积、温差、传热时间均相同的情况下，问要使之与厚20 cm的陶粒混凝土墙所传导的热量相同，则普通混凝土墙的厚度应为多少？

三、实训题

请你通过调查或查阅资料，谈谈对材料的环境协调性的认识和看法。

模块 2

水泥的验收及性能检测

教学目标

知识目标：掌握水泥的矿物成分及每种矿物成分的水化硬化特点；掌握硅酸盐水泥、矿渣水泥、火山灰水泥、粉煤灰水泥等的性质及应用范围；掌握水泥腐蚀的基本原理及防护措施；了解特种水泥的种类及应用。

技能目标：掌握水泥的验收及性能检验。

任务引入

水泥是作为国民经济建设的重要材料之一，广泛用于建筑、交通、水利、电力、国防建设等工程，主要用做配制混凝土、钢筋混凝土、预应力混凝土构件及各种用途的砂浆。李辉作为建筑工程系的学生，从课程学习和现场工程技术人员的实习指导中，通过现场工程技术人员的解释，李辉发现使用水泥的混凝土和砂浆的质量缺陷，都与水泥品种选用不当及产品质量不良有关，因此，李辉坚定信心，一定要在施工过程中，运用所学水泥的相关知识，进一步掌握材料的相关质量标准和进场验收方法，才能更好地控制施工质量。

任务分析

水泥是一种典型的水硬性胶凝材料。粉末状的水泥与水混合成可塑性浆体，经过一系列的物理和化学作用后，变成坚硬的水泥石块体，并能将散粒状（或块状）材料粘结成为整体。水泥浆体不仅能在空气中凝结硬化，而且能更好地在水中凝结硬化，并保持发展其强度。

水泥的品种繁多，按其矿物组成，水泥可分为硅酸盐系列、铝酸盐系列、硫铝酸盐系列、铁铝酸盐系列、氟铝酸盐系列等。按其用途和特性又可分为通用水泥、专用水泥和特性水泥。用量最大、用途最广的品种是通用水泥，如硅酸盐水泥、普通硅酸盐水泥；专用水泥是指有专门用途的水泥，如道路水泥；而特性水泥是指具有比较特殊性能的水泥，如膨胀水泥。

由于工程应用最多的是通用水泥，因此通过学习通用水泥的基本知识和相关技术性质，掌握水泥材料的进场验收和质量检测技能，达到相关岗位的从业要求。必须完成下列任务：

（1）水泥的基本组成。

（2）水泥的水化、凝结和硬化过程及其影响因素。

（3）硅酸盐水泥的技术性质和检测方法。

（4）水泥的选用及水泥的腐蚀。

（5）水泥的进场验收方法。

相关知识

2.1　通用硅酸盐水泥

根据国家标准《通用硅酸盐水泥》（GB 175—2007）的规定，通用硅酸盐水泥是以硅酸盐水泥熟料和适量的石膏及规定的混合材料制成的水硬性胶凝材料。通用硅酸盐水泥按混合材料的品种和掺量，分为硅酸盐水泥、普通硅酸盐水泥、矿渣硅酸盐水泥、火山灰质硅酸盐水泥、粉煤灰硅酸盐水泥和复合硅酸盐水泥。其中，硅酸盐水泥是最基本的一个品种。

2.1.1　硅酸盐水泥的基本知识

1. 硅酸盐水泥的定义

硅酸盐水泥由硅酸盐水泥熟料、0～5%的石灰石或粒化高炉矿渣、适量石膏磨细制成的水硬性胶凝材料。硅酸盐水泥分两种类型：不掺加混合材料的，称Ⅰ型硅酸盐水泥，其代号为P·Ⅰ；在硅酸盐水泥熟料中掺加不超过水泥质量5%的石灰石或粒化高炉矿渣混合材料的称为Ⅱ型硅酸盐水泥，其代号为P·Ⅱ。

硅酸盐水泥的制成通常经过三个过程：水泥生料的配料与磨细；将生料煅烧，使之部分熔融，形成熟料；将熟料与适量石膏共同磨细，成为硅酸盐水泥。俗称“两磨一烧”。

2. 水泥熟料及其成分

烧制硅酸盐水泥熟料的原材料主要是含 CaO 的石灰质原料（如石灰石等），含有 SiO_2、Al_2O_3、Fe_2O_3的黏土质原料（如黏土、页岩等）。将这些原料按适当比例磨成细粉，烧至部分熔融，所得以硅酸钙为主要矿物成分的水硬性胶凝物质，便是水泥熟料。其中，硅酸钙矿物不少于66%，氧化钙和氧化硅质量比不小于2.0。

水泥生料的配合比不同，直接影响硅酸盐水泥熟料的矿物成分比例和主要技术性能。水泥生料在不同的温度环境，会生成不同的产物，因此，水泥生料在窑内的煅烧过程，是保证水泥质量的关键。

硅酸盐水泥的熟料主要由4种矿物组成，其名称、含量范围如下：

硅酸三钙（$3CaO \cdot SiO_2$，简写为C_3S），含量为37%～60%。

硅酸二钙（$2CaO \cdot SiO_2$，简写为C_2S），含量为15%～37%。

铝酸三钙（$3CaO \cdot Al_2O_3$，简写为C_3A），含量为7%～15%。

铁铝酸四钙（$4CaO \cdot Al_2O_3 \cdot Fe_2O_3$，简写为$C_4AF$），含量为10%～18%。

除以上4种主要熟料成分外，水泥中还含有少量游离氧化钙、游离氧化镁和碱，国家标准明确规定，其总含量一般不超过水泥量的10%。

3. 水泥熟料的水化特性

硅酸盐水泥与水作用后，发生一系列化学反应，生成一系列新的化合物，并放出热量，其反应方程式如下：

$$2(3CaO \cdot SiO_2) + 6H_2O = 3CaO \cdot 2SiO_2 \cdot 3H_2O + 3Ca(OH)_2$$

$$2(2CaO \cdot SiO_2) + 4H_2O = 3CaO \cdot 2SiO_2 \cdot 3H_2O + Ca(OH)_2$$

$$3CaO \cdot Al_2O_3 + 6H_2O = 3CaO \cdot Al_2O_3 \cdot 6H_2O$$

$$4CaO \cdot Al_2O_3 \cdot Fe_2O_3 + 7H_2O = 3CaO \cdot Al_2O_3 \cdot 6H_2O + CaO \cdot Fe_2O_3 \cdot H_2O$$

综上所述，水泥与水化合后生成的主要水化产物有水化硅酸钙、水化铁酸钙凝胶体和氢氧化钙晶体。

不同的熟料与水化合时的水化硬化速度是不同的，其水化热的大小也不同，硅酸盐水泥的水化硬化特性见表 2－1。

表 2－1 硅酸盐水泥熟料的水化硬化特性

矿物名称 / 性能指标	硅酸三钙	硅酸二钙	铝酸三钙	铁铝酸四钙
水化、凝结硬化速度	快	慢	最快	快
28 d 水化热	多	少	最多	中
强度	高	早期低、后期高	低	低

由表 2－1 可知，水泥中各熟料矿物的含量，决定着水泥某一方面的性能。当改变水泥各熟料矿物的含量时，水泥性质即发生相应的变化。例如，提高熟料中硅酸三钙的含量，就可制得强度高的水泥；减少铝酸三钙和硅酸三钙的含量，提高硅酸二钙的含量，可制得水化热低的水泥，如大坝水泥；增加铝酸三钙和硅酸三钙的含量，可制得早期强度发展快的水泥。

水泥的各种熟料矿物强度增长情况如图 2－1 所示。

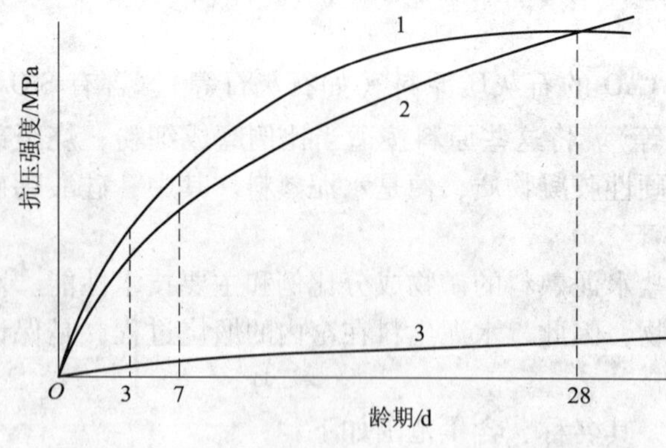

图 2－1 矿渣水泥与硅酸盐水泥强度增长情况比较

1—硅酸盐水泥；2—矿渣水泥；3—粒化矿渣水泥

4. 水泥的凝结硬化

水泥加水拌合后，在水泥颗粒表面立即发生水化反应，生成的胶体状水化产物聚集在颗粒表面，使化学反应减慢，并使水泥浆体具有可塑性。当水化产物溶于水中，使水泥颗粒表面又暴露出一层新的层面，水化反应一般能够继续进行。由于生成的胶体状水化产物不断增多并在某些点接触，构成疏松的网状结构，使浆体失去流动性及可塑性，这就是水泥的凝结。

此后，由于生成的水化硅酸钙凝胶、氢氧化钙和水化硫铝酸钙晶体等水化产物不断增多，它们相互接触连生，到一定程度，建立起较紧密的网状晶体结构，并在网状结构内部不断充实水化产物，使水泥具有初步的强度。随着硬化时间（龄期）的延续，水泥颗粒内部未水化部分将继续水化，使晶体逐渐增多，胶体逐渐密实，水泥石就具有越来越高的胶接力和强度。强度不断提高，最后形成具有较高强度的水泥石，这就是水泥的硬化。

硬化后的水泥石，是由晶体、胶体、未水化完的水泥熟料颗粒、游离水分和大小不等的孔隙组成的不均质结构体。水泥石构造如图2－2所示。水泥在硬化过程的各不同龄期，水泥石中晶体、胶体、未完全水化的颗粒等所占的比例是不同的。在完全水化的水泥石中，水化硅酸钙约占50%，氢氧化钙约占25%。

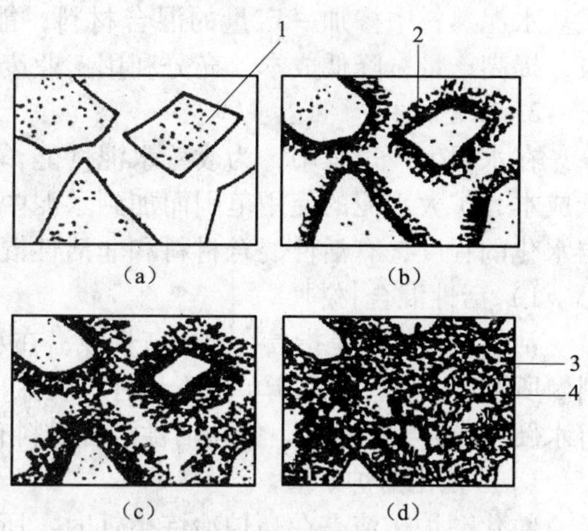

图2－2　水泥石结构

1—未水化的水泥颗粒；2，3—凝胶和晶体；4—孔隙

水泥在不同水化阶段，各种成分的比例不同，这会直接影响水泥石的强度及其他性质。另外，强度的增长还与温度、湿度有关。温度、湿度越高，水化速度越快，则凝结硬化快；反之，则慢。若水泥石在完全干燥的情况下，水化就无法进行，硬化停止，强度不再增长。所以，混凝土构件浇筑后应加强洒水养护。当温度低于0 ℃时，水化基本停止。因此，冬期施工时，需要采取保温措施，保证水泥凝结硬化的正常进行。

影响水泥凝结硬化的主要因素有：水泥组成成分的影响；石膏掺量、水泥细度的影响；养护条件、养护龄期的影响；外加剂的影响。

2.1.2　通用硅酸盐水泥的品种

1. 通用硅酸盐水泥的品种与组成

根据国家标准《通用硅酸盐水泥》（GB 175—2007）的规定，通用硅酸盐水泥按混合材料的品种和掺量分为硅酸盐水泥、普通硅酸盐水泥、矿渣硅酸盐水泥、火山灰质硅酸盐水泥、粉煤灰硅酸盐水泥和复合硅酸盐水泥。各种通用硅酸盐水泥的组成和代号，见表2－2。

表2－2　通用硅酸盐水泥的品种和组成

水泥品种	水泥代号	水泥成分/%				
		熟料＋石膏	粒化高炉矿渣	火山灰质混合材料	粉煤灰	石灰石
硅酸盐水泥	P·Ⅰ	100	—	—	—	—
	P·Ⅱ	≥95	≤5	—	—	—
		≥95		—	—	≤5
普通硅酸盐水泥	P·O	≥80且<95	>5且≤20	—	—	—
矿渣硅酸盐水泥	P·S·A	≥50且<80	>20且≤50	—	—	—
	P·S·B	≥30且<50	>50且≤70	—	—	—
火山灰质硅酸盐水泥	P·P	≥60且<80	—	>20且≤40	—	—
粉煤灰硅酸盐水泥	P·F	≥60且<80	—	—	>20且≤40	—
复合硅酸盐水泥	P·C	≥50且<80	>20且≤50			

从表2-2可以看出，除硅酸盐水泥外，其他水泥品种都掺加了较多的混合材料。在硅酸盐水泥熟料中掺加一定量的混合材料，能改善水泥的性能，增加品种，调整水泥强度等级，提高产量，降低成本，充分利用工业废料，扩大水泥的使用范围。

2. 混合材料

在水泥生产过程中，为改善水泥性能，调节水泥的强度等级，增加品种，提高产量，降低成本，扩大水泥的使用范围而加到水泥中的矿质材料，称为混合材料。混合材料按照其参与水化的程度，有活性混合材料和非活性混合材料之分。

1）活性混合材料

活性混合材料是指具有火山灰性或潜在水硬性的，或兼有火山灰性和潜在水硬性的矿质材料。所谓火山灰性，是指单独不具有水硬性，但在常温下与石灰等一起与水拌合后，能形成具有水硬性化合物的性能。常用活性混合材料有粒化高炉矿渣、粉煤灰、火山灰质混合材料。

（1）粒化高炉矿渣。

粒化高炉矿渣是在高炉冶炼生铁时，所得以活性氧化硅和氧化铝为主要成分的熔融物，经淬冷成粒后的产品。由于熔融矿渣经水淬骤冷而形成玻璃结构，使其具有较高的潜在活性。粒化高炉矿渣所含的氧化铝和氧化钙越高，掺加到水泥中时，其强度越高。

（2）火山灰质混合材料。

火山灰质混合材料是指以活性二氧化硅 SiO_2 和活性三氧化二铝 Al_2O_3 为主要成分，具有火山灰性的天然或人工的矿质材料，统称火山灰质混合材料。目前，国产水泥常用的火山灰质混合材料，天然的如火山灰、凝灰岩、浮石、沸石岩、硅藻石等；人工的如煤矸石、烧页岩、烧黏土、煤渣、硅质渣等。

（3）粉煤灰。

粉煤灰是从煤粉炉烟道气体中收集的粉末，以二氧化硅和三氧化二铝为主要成分，含少量氧化钙，具有火山灰性。粉煤灰的活性主要取决于玻璃体、二氧化硅和三氧化二铝的含量、原煤的成分及生产条件。

上述的混合材料都含有大量的活性二氧化硅和活性三氧化二铝，它们在氢氧化钙溶液中，会发生水化反应，生成水化硅酸钙和水化铝酸钙。当液相中有石膏存在时，将与水化铝酸钙反应生成水化硫铝酸钙。水泥熟料的水化产物氢氧化钙和熟料中的石膏具备了使活性混合材料发挥活性的条件。即氢氧化钙和石膏起着激发水化，促进水化硬化的作用，故称为激发剂。常用的激发剂有碱性激发剂和硫酸盐激发剂两类。硫酸盐激发剂的激发作用必须在有碱性激发剂的条件下，才能充分发挥。

2）非活性混合材料

非活性混合材料是在水泥中主要起填充作用，而又不损害水泥性能的矿物材料。非活性混合材料掺入水泥中，主要起调节水泥的强度等级、节约熟料及降低水化热等作用。凡不符合技术要求的粒化高炉矿渣、火山灰质混合材料及粉煤灰，均可作为非活性混合材料使用。

2.2 通用硅酸盐水泥的技术要求及其检测

2.2.1 细度及其检测

1. 基本概念

细度是指水泥颗粒的粗细程度，它直接影响着水泥的性能和使用。凡水泥细度不符合规定者，为不合格品。

水泥细度采用筛析法或比表面积法测定。比表面积法是以 1 kg 水泥所具有的总表面积（m^2/kg）表示，可用勃氏比表面积仪测定；筛析法是用 80 μm 或 45 μm 的方孔筛对水泥试样进行筛分析试验，用筛余百分率表示；硅酸盐水泥和普通硅酸盐水泥以比表面积表示，不小于 300 m^2/kg。矿渣硅酸盐水泥、火山灰质硅酸盐水泥、粉煤灰硅酸盐水泥和复合硅酸盐水泥以筛余表示，80 μm 方孔筛筛余不大于 10% 或 45 μm 方孔筛筛余不大于 30% 。

2. 细度的检测——负压筛析法

1）主要仪器设备

（1）负压筛析仪：负压筛析仪的组成如图 2 - 3 所示。

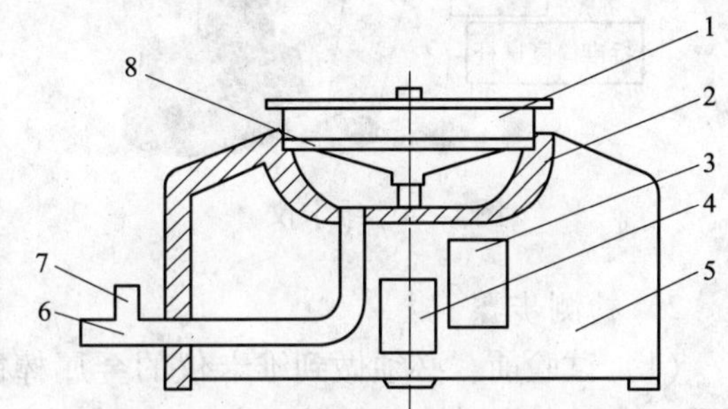

图 2 - 3　负压筛析仪结构

1—负压筛；2—橡胶垫圈；3—控制板；4—微电机；5—壳体；6—抽气口；7—风门；8—喷气嘴

（2）天平（最大称重为 100 g，分度值不大于 0. 01 g）。

2）检测步骤

（1）试验前，应把负压筛安装好，接通电源，检查控制系统，调节负压至 4 000 ~ 6 000 Pa 的范围。

（2）称取试样 25 g，置于洁净的负压筛中。盖上筛盖，放在筛座上，开动筛析仪连续筛析 2 min。在此期间如有试样附着于筛盖上，可轻轻地敲击，使试样落下。筛毕，用天平称量筛余物（精确至 0. 01 g）。

（3）当工作负压小于 4 000 Pa 时，应清理吸尘器内水泥，使负压恢复至正常范围。

3）检测结果

水泥细度按试样筛余百分数（精确至 0. 1%）计算。

$$F = \frac{R_t}{W} \times 100\% \tag{2-1}$$

式中　F——水泥试样的筛余百分数，%；

R_t——水泥筛余量的质量，g；

W——水泥试样的质量，g。

2. 2. 2　标准稠度用水量及其检测

1. 基本概念

标准稠度用水量是指水泥净浆达到规定稠度时所需的拌合用水量，用占水泥质量的百分率表示。水泥熟料矿物成分不同时，其标准稠度用水量也有所差别。磨得越细的水泥，标准稠度用水量越大。硅酸盐水泥的标准稠度用水量，一般在 24% ~ 33% 范围内。

2. 标准稠度用水量检测

1）主要仪器

（1）标准法维卡仪，如图 2 - 4 所示。

（2）水泥净浆搅拌机，如图 2 - 5 所示。

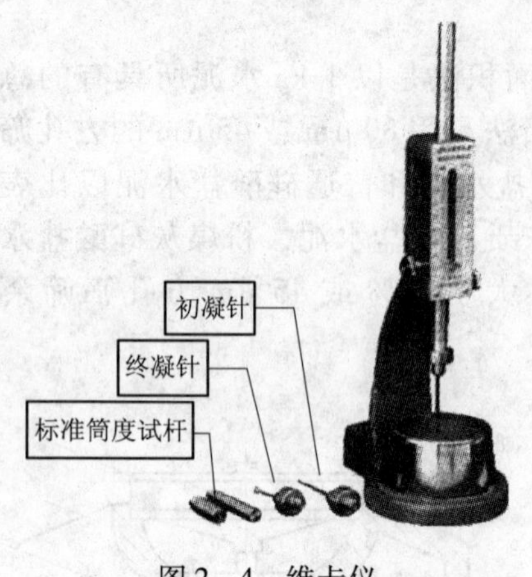

图 2-4 维卡仪

图 2-5 搅拌机

2）检测步骤

（1）试验前，必须做到维卡仪的金属棒能自由滑动，调整至试杆接触玻璃板时指针对准零；水泥净浆搅拌机运行正常。

（2）用水泥净浆搅拌机搅拌水泥净浆。将搅拌锅和搅拌叶片先用湿布擦过，并将拌合用水倒入搅拌锅内；然后，在 5～40 s 内小心将称好的 500 g 水泥加入水中，防止水和水泥溅出；拌合时，先将锅放在搅拌机的锅座上，升至搅拌位置；启动搅拌机，低速搅拌 120 s，停 15 s；同时，将叶片和锅壁上的水泥浆刮入锅中间，接着高速搅拌 120 s 停机。

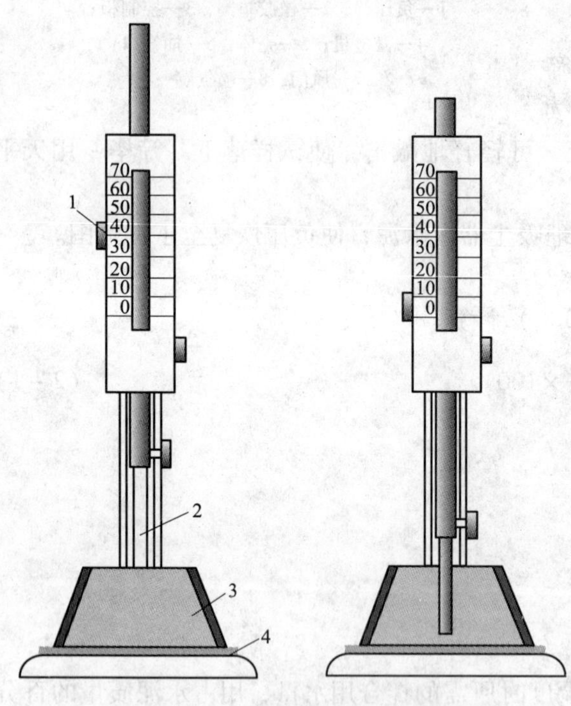

图 2-6 稠度测试过程

1—螺钉；2—试杆；3—水泥净浆；4—底板

（3）拌合结束后，立即将拌制好的水泥净浆装入已置于玻璃板上的试模中，用小刀插捣，轻轻振动数次，刮去多余的净浆。抹平后，迅速将试模和底板移到维卡仪上，并将其中心定在试杆下。降低试杆，直至与水泥净浆表面接触，拧紧螺钉 1～2 s 后突然放松，使试杆垂直自由地沉入水泥净浆中。在试杆停止沉入或释放试杆 30 s 时，记录试杆距底板之间的距离。提起试杆后，立即擦净。整个操作应在搅拌后 1.5 min 内完成，如图 2-6 所示。

3）检测结果

以试杆沉入净浆并距底板 6 mm ± 1 mm 的水泥净浆作为标准稠度净浆。水泥的标准稠度用水量 P（%），按水泥质量的百分比计，按式（2-2）计算：

$$P = \frac{m_1}{m_2} \times 100\% \tag{2-2}$$

式中　m_1——水泥净浆达到标准稠度时的拌合用水量，g；

m_2——水泥质量，g。

2.2.3　凝结时间及其检测

1. 基本概念

水泥凝结时间分初凝时间和终凝时间。从加入拌合用水至水泥浆开始失去塑性所需的时间，称为初凝时间；自加入拌合用水至水泥浆完全失去塑性，并开始有一定结构强度所需的时间，称为终凝时间。国家标准规定：硅酸盐水泥的初凝时间不得早于45 min，终凝时间不得迟于6.5 h。凝结时间不符合规定者，为不合格品。

水泥凝结时间，用凝结时间测定仪测定。试样用标准稠度水泥净浆，温度为20 ℃ ± 3 ℃，湿度大于90%。

水泥的凝结时间在实际工程中有重要意义。初凝不宜过快，是为了保证有足够的时间在初凝前完成混凝土成型等各工序的操作；终凝不宜过迟，是为了使混凝土在浇捣完毕后能尽早完成凝结硬化，以利于下一道工序的及早进行。

2. 凝结时间检测

1）主要仪器

（1）标准法维卡仪。如图 2－4 所示，测定凝结时间时采用试针。盛装水泥浆的试模应由耐腐蚀、有足够硬度的金属制成。每只试模应配备一块大于试模且厚度为 2.5 mm 的平板玻璃底板。

（2）净浆搅拌机。如图 2－5 所示，搅拌锅可以升降，搅拌叶片在搅拌锅内做旋转方向相反的公转和自转，并可在竖直方向调节。控制系统具有按程序自动控制与手动控制两种功能。

2）检测步骤

（1）调整标准法维卡仪的试针，使其接触玻璃板时指针对准零点。

（2）称取水泥试样 500 g，以标准稠度用水量加水，按照标准稠度用水量试验方法（详见本模块 2.2.2）制成标准稠度净浆，一次装满试模，振动数次刮平，立即放入湿气养护箱中。记录水泥全部加入水中的时间，作为凝结时间的起始时间。

（3）初凝时间的测定。试件在湿气养护箱中养护至加水后 30 min 时进行第一次测定，临近初凝时，每隔 5 min 测定一次。测定时，从湿气养护箱中取出试模置于标准法维卡仪的试针下，降低试针与水泥净浆表面接触，拧紧螺钉 1～2 s 后，突然放松，试针垂直自由地沉入水泥净浆。观察试针停止下沉或释放试针 30 s 时指针的读数。当试针沉至距底板 4 mm ± 1 mm 时，为水泥达到初凝状态。

（4）终凝时间的测定。将初凝针换为终凝针。在完成初凝时间测定后，立即将试模连同浆体以平移的方式从玻璃板上取下，翻转 180°，直径大端向上，小端向下放在玻璃板上；再放入湿气养护箱中继续养护，临近终凝时每隔 15 min 测定一次。当试针沉入试体 0.5 mm，即环形附件开始不能在试体上留下痕迹时，为水泥达到终凝状态。

（5）测定时的注意事项。在最初测定操作时，应轻轻扶持金属柱，使其徐徐下降，以防试针撞弯，但结果以自由下落为准；在整个测试过程中，试针沉入的位置至少要距试模内壁 10 mm，每次测定不能让试针落入原针孔。每次测试完毕，须将试针擦净，并将试模放回湿气养护箱内。整个测试过程要防止试模受振。

3）检测结果

（1）由水泥全部加入水时起，至试针沉至距底板 4 mm ±1 mm（即初凝状态）时，所需时间为初凝时间；至试针沉入试体 0.5 mm（即终凝状态）时，所需时间为终凝时间。

（2）初凝时间和终凝时间都用 min 来表示。

2.2.4 体积安定性及其检测

1. 基本概念

水泥的体积安定性是指水泥在凝结硬化过程中，水泥体积变化的均匀性。如果水泥凝结硬化后体积变化不均匀，水泥混凝土构件将产生膨胀性裂缝，降低建筑物质量，甚至引起严重事故。这就是水泥的体积安定性不良。体积安定性不良的水泥应作废品处理，不能用于工程中。

引起水泥体积安定性不良的原因，一般是由于水泥熟料中所含的游离氧化钙过多，或水泥熟料中所含的游离氧化镁过多，或粉磨熟料时掺入的石膏过量。熟料中所含的游离氧化钙和游离氧化镁都是过烧的，其熟化速度很慢，它们在水泥凝结硬化后才慢慢熟化，生成膨胀性物质。游离氧化钙和游离氧化镁熟化产生的体积膨胀，使水泥石开裂。过量的石膏掺入，将与已固化的水化铝酸钙作用，生成水化硫铝酸钙晶体，产生 1.5 倍的体积膨胀，造成已硬化的水泥石开裂。

国家标准规定：由游离氧化钙引起的水泥体积安定性不良，可采用沸煮法检验。沸煮法包括试饼法和雷氏夹法两种。试饼法是将标准稠度水泥净浆做成试饼，沸煮 3 h 后，若用肉眼观察未发现裂纹，用直尺检查没有弯曲现象，则称为安定性合格。雷氏夹法是测定水泥试体在雷氏夹中沸煮硬化后的膨胀值，若膨胀量在规定值内，则为安定性合格。当试饼法和雷氏夹法两者有矛盾时，以雷氏夹法为准。

游离氧化镁的水化作用比游离氧化钙的水化作用更加缓慢，必须用压蒸法才能检验出它的危害作用。石膏的危害作用需经长期浸在常温水中才能发现。二氧化镁和石膏所导致的体积安定性不良不便于快速检验，因此，通常在水泥生产中严格控制其含量。国家标准规定：硅酸盐水泥和普通硅酸盐水泥中游离氧化镁含量不得超过 5.0%，其他品种不超过 6.0%；三氧化硫含量，矿渣水泥不得超过 4.0%，其他水泥不得超过 3.5%。

2. 体积安定性检测

体积安定性检测可以用试饼法（代用法），也可以用雷氏夹法（标准法）；有争议时，以雷氏夹法为准。试饼法是通过观察水泥净浆试饼沸煮后的外形变化，来检验水泥的体积安定性；雷氏夹法是通过测定水泥净浆在雷氏夹中沸煮后的膨胀值，来检验水泥的体积安定性。

1）主要仪器

（1）水泥净浆搅拌机。

（2）沸煮箱。能在 30 min ±5 min 内将箱内水由室温升至沸腾，并在不需要补充水的情况下保持沸腾状态 180 min ±5 min。

（3）雷氏夹。由铜质材料制成，示意图如图 2－7 所示。当用 300 g 砝码校正时，两根针的针尖距离增加，应在 17.5 mm ±2.5 mm 范围内。

（4）雷氏夹膨胀测定仪。示意图如图 2－8 所示，标尺最小刻度为 0.5 mm。

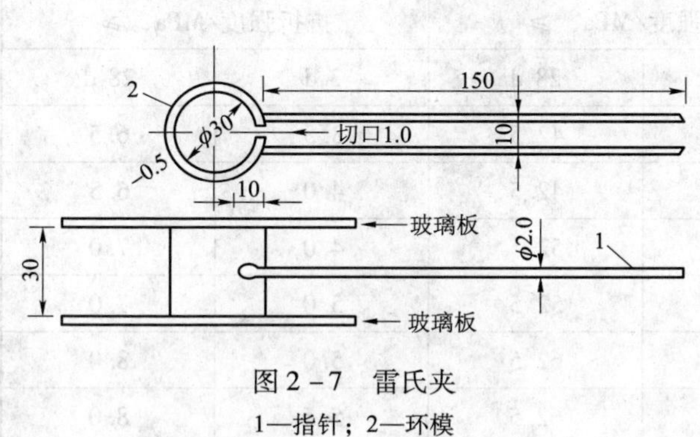

图2-7　雷氏夹

1—指针；2—环模

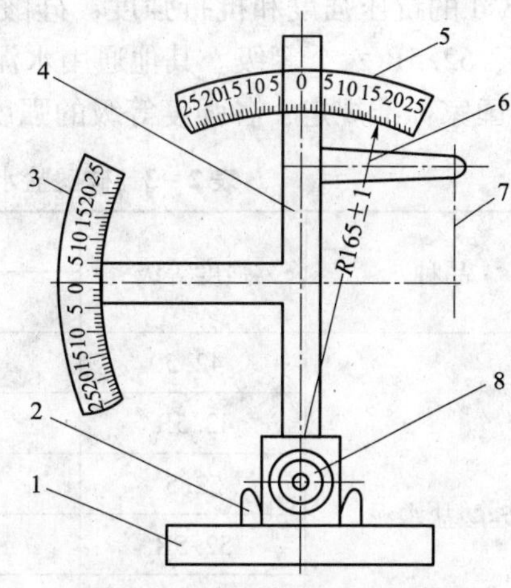

图2-8　雷氏夹膨胀测定仪

1—底座；2—模子座；3—测弹性标尺；4—立柱；5—测膨胀值标尺；6—悬臂；7—悬丝；8—弹簧顶扭

2）检测步骤

（1）称取水泥试样500 g，按标准稠度用水量制成标准稠度净浆。

（2）采用试饼法时，将制好的净浆取出一部分，分成两等份，使之呈球形，分别放在两个预先涂过油的玻璃板上，轻轻振动玻璃板，并用湿布擦过的小刀由边缘向中央抹动，做成直径为70~80 mm、中心厚约10 mm、边缘渐薄、表面光滑的试饼；接着，将试饼放入湿气养护箱中养护24 h±2 h。

（3）采用雷氏夹法时，将雷氏夹放在已涂过油的玻璃板上，把制好的净浆一次装满雷氏夹模内，装模时一只手轻轻扶持试模，另一只手用小刀插捣数次后抹平，盖上稍涂油的玻璃板；然后，将雷氏夹放入湿气养护箱中养护24 h±2 h。

（4）将养护好的试饼或雷氏夹试件放入沸煮箱水中的箅板上，但雷氏夹放入前应先测量两指针尖端之间的距离 A（mm），精确至0.5 mm，两根指针朝上。然后，在30 min±5 min内加热至沸腾，并恒沸3 h±5 min。沸煮结束，放掉沸煮箱中的水，打开箱盖，冷却至室温后取出试饼或雷氏夹试件，并再次测量雷氏夹两指针尖端间的距离 C（mm），精确至0.5 mm。

3）检测结果

（1）若采用试饼法，目测未发现裂缝，用直尺检查也没有弯曲，表明安定性合格；否则为不合格。如两个试饼判别结果相矛盾时，为安定性不合格。

（2）若采用雷氏夹法，计算两次测量指针尖端之间距离的差值（$C-A$）mm。当两个试件沸煮后增加的距离（$C-A$）平均值不大于5.0 mm时，表明安定性合格；否则，为不合格。当两个试件的（$C-A$）值相差超过4.0 mm时，应用同一样品立即重做一次试验，再如此，则认为该水泥为安定性不合格。

2.2.5　强度及其检测

1. 基本概念

水泥强度是表明水泥性能、质量的重要指标，也是划分水泥强度等级的依据。按照3 d

和28 d的抗压强度和抗折强度，硅酸盐水泥的强度等级分为42.5、42.5R、52.5、52.5R、62.5、62.5R六个等级。其他通用水泥的强度等级划分见表2-3。

国家标准规定：各强度等级的强度值不得低于表2-3所示的规定。

表2-3　硅酸盐水泥的强度等级要求（GB 175—2007）

品种	强度等级	抗压强度/MPa，≥		抗折强度/MPa，≥	
		3 d	28 d	3 d	28 d
硅酸盐水泥	42.5	17.0	42.5	3.5	6.5
	42.5R	22.0	42.5	4.0	6.5
	52.5	23.0	52.5	4.0	7.0
	52.5R	27.0	52.5	5.0	7.0
	62.5	28.0	62.5	5.0	8.0
	62.5R	32.0	62.5	5.5	8.0
普通硅酸盐水泥	42.5	17.0	42.5	3.5	6.5
	42.5R	22.0	42.5	4.0	6.5
	52.5	23.0	52.5	4.0	7.0
	52.5R	27.0	52.5	5.0	7.0
矿渣硅酸盐水泥 火山灰质硅酸盐水泥 粉煤灰硅酸盐水泥 复合硅酸盐水泥	32.5	10.0	32.5	2.5	5.5
	32.5R	15.0	32.5	3.5	5.5
	42.5	17.0	42.5	3.5	6.5
	42.5R	22.0	42.5	4.0	6.5
	52.5	23.0	52.5	4.0	7.0
	52.5R	27.0	52.5	4.5	7.0
注：R——早强型。					

2. 强度检测

通用硅酸盐水泥的强度应按《水泥胶砂强度检验方法（ISO法）》（GB/ 17671—1999）进行试验。

1）主要仪器

（1）行星式胶砂搅拌机，其结构如图2-9所示。

（2）胶砂试体成型振实台（ISO振实台），如图2-10所示。

（3）试模，如图2-11所示，试模可同时成型3条截面为40 mm×40 mm、长160 mm的棱形试体。成型操作时，应在试模上面加一壁高为20 mm的金属模套。

（4）电动抗折试验机，如图2-12所示。

（5）水泥抗压试验机，如图2-13所示。

（6）播料器和金属刮平直尺。

图2－9　行星式胶砂搅拌机

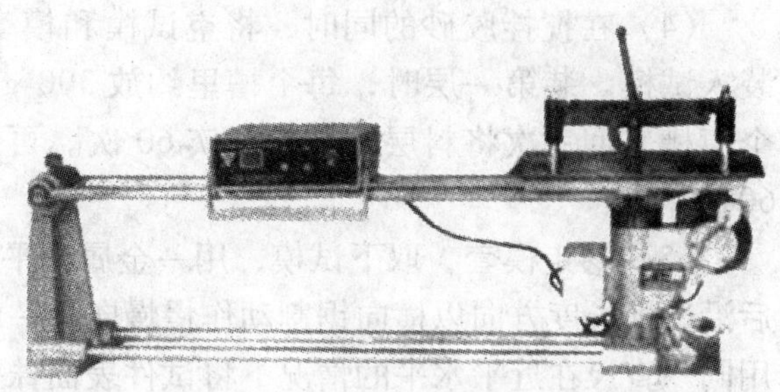

图2－10　胶砂试体成型振实台

图2－11　水泥胶砂强度检验试模

图2－12　电动抗折试验机

图2－13　水泥抗压试验机

2）试件成型及养护

（1）将试模擦净，四周的模板与底座的接触面上涂黄油，紧密装配，防止漏浆，内壁均匀涂刷一薄层机油。

（2）所用砂子为中国ISO标准砂。水泥与标准砂的质量比为1∶3，水灰比为0.5。每成型一联3条试件需称取水泥450 g，标准砂1 350 g，拌合水225 g。

（3）搅拌时，先把水加入锅里，再加入水泥，把锅放在胶砂搅拌机的固定架上，上升至固定位置，立即开动机器，低速搅拌 30 s；在第二个 30 s 开始的同时，搅拌机自动将砂子均匀地加入。把机器转至高速，再搅拌 30 s。停拌 90 s，并用一胶皮刮具将叶片和锅壁上的胶砂刮入锅中间，在高速下继续搅拌 60 s。停机，取下搅拌锅。

（4）在搅拌胶砂的同时，将空试模和模套固定在振实台上。将搅拌好的胶砂分两层装入试模。装第一层时，每个槽里约放 300 g 胶砂，用大播料器垂直架在模套顶部，沿每个模槽来回一次将料层播平，振实 60 次。再装入第二层胶砂，用小播料器播平，再振实 60 次。

（5）移走模套，取下试模，用一金属刮平尺以近似 90°的角度架在试模模顶的一端，然后沿试模长度方向以横向锯割动作慢慢向另一端移动，一次将超过试模部分的胶砂刮去，并用同一直尺在近乎水平的情况下将试件表面抹平。在试模上作标记后，放入湿气养护箱的水平架子上养护 24 h ± 3 h。

（6）到规定的时间取出脱模。脱模前对试件进行编号，两个龄期以上的试件，在编号时应将同一试模中的 3 条试件分在两个以上龄期内。试件脱模后，应立即放入 20 ℃ ±1 ℃的水中养护至龄期。

3）强度测定

（1）试件龄期的确定。试件龄期是从水泥加水搅拌开始试验时算起。不同龄期强度试验在下列不同的时间内进行：24 h ± 15 min、48 h ± 30 min，72 h ± 45 min，7 d ± 2 h，>28 d ±8 h。

（2）抗折强度测定。取出试件，擦干水分和砂粒，调整抗折机呈平衡状态。将试件一个侧面放在试验机支承圆柱上，试件长轴垂直于支承圆柱，通过加荷圆柱以 50 N/s ±10 N/s 的速率将荷载均匀、垂直地加在棱柱体相对侧面上，直至折断。记录折断时施加于棱柱体中部的荷载 F_f(N)。

（3）抗压强度测定。用抗折强度测定后的两个断块立即做抗压试验，在半截棱柱体的侧面上进行。将试件放入抗压夹具内，用定位销固定位置，开动机器以 2 400 N/s ±200 N/s 的速率均匀地加荷直至试件破坏，记录破坏时的荷载 F_c(N)。

4）测定结果

（1）抗折强度 f_m 按式（2-3）计算（精确至 0.1 MPa），即：

$$f_m = \frac{1.5F_fL}{b^3} \tag{2-3}$$

式中 F_f——折断时施加于棱柱体中部的荷载，N；

L——支承圆柱之间的距离，为 100 mm；

b——棱柱体正方形截面的边长，为 40 mm。

（2）抗压强度 f 按式（2-4）计算（精确至 0.1 MPa），即：

$$f = \frac{F_c}{A} \tag{2-4}$$

式中 F_c——抗压破坏时的荷载，N；

A——试件受压部分面积，为 40 mm ×40 mm =1 600 mm^2。

（3）抗折强度。以一组 3 个试件抗折强度测定值的平均值（精确至 0.1 MPa）作为试验结果。当 3 个强度值中有超出平均值 ±10% 时，应予以剔除并重新取值，计算平均值。抗压强度以一组 3 个试件得到的 6 个抗压强度测定值的算术平均值（精确至 0.1 MPa）作为试验结果。当6个测定值中有超出平均值±10%时，就应剔除这个结果，而以剩下的5个平均值作为试验结果；如果 5 个测定值中再有超过它们平均值±10%的，则此组结果作废。

2.2.6 碱含量

碱含量是指水泥中 Na_2O 和 K_2O 的含量，按 $Na_2O+0.658K_2O$ 计算值表示。在水泥中含碱，是引起混凝土产生碱-骨料反应的条件。当使用活性骨料时，要使用低碱水泥。国家标准规定，水泥中碱含量不得大于0.6%，或由供需双方商定。

国家标准规定，凡氧化镁、三氧化硫的含量、安全性、凝结时间强度中任一项不符合标准规定值时，均判定为不合格品。

2.2.7 水泥性能检测报告

水泥性能检测报告格式见表2-4。

表2-4 水泥性能检测报告格式

<table>
<tr><td colspan="2">水泥厂家名称</td><td colspan="6"></td><td colspan="2">水泥批号</td><td></td></tr>
<tr><td colspan="2">出厂编号</td><td colspan="2"></td><td colspan="2">出厂日期</td><td colspan="2"></td><td colspan="2" rowspan="2">水泥品种及强度等级</td><td rowspan="2"></td></tr>
<tr><td colspan="2">工程部位</td><td colspan="2"></td><td colspan="2">代表数量/t</td><td colspan="2"></td></tr>
<tr><td colspan="3">检验项目</td><td>标准要求</td><td colspan="6">检验结果</td><td>结论</td></tr>
<tr><td colspan="3">细度/($m^2\cdot kg^{-1}$)</td><td></td><td colspan="6"></td><td></td></tr>
<tr><td colspan="3">标准稠度/%</td><td></td><td colspan="6"></td><td></td></tr>
<tr><td rowspan="2">凝结时间</td><td colspan="2">初凝/min</td><td></td><td colspan="6"></td><td></td></tr>
<tr><td colspan="2">终凝/min</td><td></td><td colspan="6"></td><td></td></tr>
<tr><td rowspan="2">安定性</td><td colspan="2">试饼法</td><td>沸煮合格</td><td colspan="6"></td><td></td></tr>
<tr><td colspan="2">雷氏法</td><td>膨胀值不大于5 mm</td><td colspan="6"></td><td></td></tr>
<tr><td rowspan="4">强度/MPa</td><td colspan="2">3 d抗折</td><td></td><td colspan="2"></td><td colspan="2"></td><td colspan="2"></td><td></td></tr>
<tr><td colspan="2">28 d抗折</td><td></td><td colspan="2"></td><td colspan="2"></td><td colspan="2"></td><td></td></tr>
<tr><td colspan="2">3 d抗压</td><td></td><td></td><td></td><td></td><td></td><td></td><td></td><td></td></tr>
<tr><td colspan="2">28 d抗压</td><td></td><td></td><td></td><td></td><td></td><td></td><td></td><td></td></tr>
</table>

2.3 硅酸盐水泥的特性及应用

硅酸盐水泥具有一些良好的特性，因此得到广泛的应用。

1. 强度

由于没有掺加混合材料，或掺量很低，凝结硬化快，有明显的早强，后期强度发展较慢，故该水泥适用于冬期施工或要求早强的混凝土结构中。另外，硅酸盐水泥强度等级较高(42.5~62.5R)，可用于高强度混凝土或高性能混凝土。

2. 水化热

因硅酸盐水泥水化硬化速度快，水化热相应较高，不宜用于大体积混凝土或需控制水化热的混凝土中，但适于冬期施工，这时可利用它水化热高的特点，进行蓄热养护。

3. 耐蚀性

由于不掺或少掺混合材料，相应地硅酸三钙（C_3S）和硅酸二钙（C_2S）的含量较高，与水化合生成的氢氧化钙［$Ca(OH)_2$］和水化铝酸钙较多。若该类物质与硫酸盐类作用，生成膨胀性的水化硫铝酸盐或易溶盐，导致混凝土破坏，因此，水泥的耐腐蚀性较差。

4. 抗裂性

由于硅酸盐水泥中的熟料矿物铝酸三钙（C_3A）含量较多，细度较细，故需水量较大，易产生收缩裂缝；又由于水化速度快，早期水化热较高，易在混凝土结构中产生温度裂缝，因此，有抗裂要求的混凝土最好不采用硅酸盐水泥。

5. 抗冻性

由于水泥的强度等级高，水灰比较小，水化速度快，使混凝土很快达到一定强度，故其抗冻性较好，因此，适用于早期强度要求较高及有抗冻要求的混凝土。

其他通用硅酸盐水泥品种与硅酸盐水泥有明显的差别，由于混合材料品种和掺量的区别，各水泥品种的性能还存在一些个性上的差别，如表2-5所示。

表2-5 水泥的技术特性

品种	硅酸盐水泥	普通水泥	矿渣水泥	火山灰质水泥	粉煤灰水泥	复合水泥
主要特性	(1) 凝结硬化快 (2) 早期强度高 (3) 水化热大 (4) 抗冻性好 (5) 干缩性小 (6) 耐腐蚀性差 (7) 耐热性差	(1) 凝结硬化较快 (2) 早期强度较高 (3) 水化热较大 (4) 抗冻性较好 (5) 干缩性较小 (6) 耐腐蚀性较差 (7) 耐热性较差	(1) 凝结硬化慢 (2) 早期强度低，后期强度增长较快 (3) 水化热较低 (4) 抗冻性差 (5) 干缩性大 (6) 耐腐蚀性较好 (7) 耐热性好 (8) 泌水性大 (9) 抗碳化能力差	(1) 凝结硬化慢 (2) 早期强度低，后期强度增长较快 (3) 水化热较低 (4) 抗冻性差 (5) 干缩性大 (6) 耐腐蚀性较好 (7) 耐热性较好 (8) 抗渗性较好	(1) 凝结硬化慢 (2) 早期强度低，后期强度增长较快 (3) 水化热较低 (4) 抗冻性差 (5) 干缩性较小，抗裂性较好 (6) 耐腐蚀性较好 (7) 耐热性较好	与所掺两种或两种以上混合材料的种类、掺量有关，其特性基本与矿渣水泥、火山灰质水泥、粉煤灰水泥的特性相似

各种水泥品种的性能不同，其应用也不相同。应根据工程特点及所处环境条件，以及各水泥品种的性能，进行水泥品种的选择，参考表2－6。

表2－6　常用水泥的选用

混凝土工程特点及所处环境条件			优先选用	可以选用	不宜选用
普通混凝土	1	在一般气候环境中的混凝土	普通水泥	矿渣水泥、火山灰水泥、粉煤灰水泥、复合水泥	
	2	在干燥环境中的混凝土	普通水泥	矿渣水泥	火山灰水泥、粉煤灰水泥、复合水泥
	3	在高湿度环境中或长期处于水中的混凝土	矿渣水泥、火山灰水泥、粉煤灰水泥、复合水泥		
	4	厚大体积的混凝土	矿渣水泥、火山灰水泥、粉煤灰水泥、复合水泥		硅酸盐水泥
有特殊要求的混凝土	1	要求快硬、高强（大于C40）的混凝土	硅酸盐水泥	普通水泥	矿渣水泥 火山灰水泥 粉煤灰水泥 复合水泥
	2	严寒地区的露天混凝土、寒冷地区处于水位升降范围内的混凝土	普通水泥	矿渣水泥（强度等级大于32.5）	火山灰水泥 粉煤灰水泥
	3	严寒地区处于水位升降范围内的混凝土	普通水泥（强度等级大于42.5）		矿渣水泥 火山灰水泥 粉煤灰水泥 复合水泥
	4	有抗渗要求的混凝土	普通水泥 火山灰水泥		
	5	有耐磨性要求的混凝土	硅酸盐水泥 普通水泥	矿渣水泥（强度等级大于32.5）	火山灰水泥 粉煤灰水泥
	6	受侵蚀性介质作用的混凝土	矿渣水泥 火山灰水泥 粉煤灰水泥 复合水泥		硅酸盐水泥

2.4 其他品种的水泥

前面讲述的几种水泥，按其主要水硬性物质品种而论，均属硅酸盐系的水泥。这里再介绍几种除此以外的，以其他水硬性为主要成分的水泥，或某种性能比较突出的特性水泥。

2.4.1 铝酸盐水泥

铝酸盐水泥旧称矾土水泥、高铝水泥，是以铝矾土和石灰石为原料，经高温煅烧得到以铝酸钙为主要成分的熟料，经磨细而成的水硬性胶凝材料，属于铝酸盐系列的水泥。

铝酸盐水泥的主要矿物成分是铝酸一钙、其他铝酸盐及少量的硅酸二钙（$2CaO \cdot SiO_2$）等。

铝酸盐水泥以 3 d 强度划分强度等级。除保证强度、细度、初凝时间、终凝时间等技术指标外，对其化学成分限定氧化硅和氧化铁的含量。

铝酸盐水泥的主要特性和应用如下：

（1）快凝、早强。与水反应生成水化铝酸钙和氢氧化钙凝胶，凝结硬化十分迅速，1 d 强度可达最高强度的 80% 以上，致使水泥石密实并具有高强特性，后期强度增长不显著。因此，铝酸盐水泥适用于抢建、抢修和冬期施工等特殊需要工程。

（2）水化放热大。与一般高强度硅酸盐水泥大致相同，但其放热速度特别快，而且放热量集中，1 d 内即可放出水化热总量的 70% ~80%。因此，铝酸盐水泥不能应用于大体积混凝土工程。

（3）具有较高的抗矿物水和硫酸盐侵蚀的能力。

（4）铝酸盐水泥抗碱性极差，不得用于接触碱性溶液的工程。

（5）具有较高的耐火性。当采用耐火粗、细骨料时，可制成使用温度达 1 300 ℃ ~1 400 ℃的耐热混凝土，而且强度能够保持 53%。因此，铝酸盐水泥适用于高温车间。

（6）长期强度。铝酸盐水泥长期强度及其他性能略有降低的趋势。铝酸盐水泥不能用于长期承重的结构及处于高温、高湿环境的工程中。

还应注意，铝酸盐水泥制品不能进行蒸汽养护；铝酸盐水泥不得与硅酸盐水泥或石灰相混，以免引起闪凝和强度下降；铝酸盐水泥也不得与尚未硬化的硅酸盐水泥接触使用。

此外，在运输和储存过程中要注意铝酸盐水泥的防潮；否则，稀湿后强度下降很快。

以铝酸盐水泥为基础，通过调整其矿物成分，或加入外加物料，可制得许多铝酸盐系的水泥，如石膏矾土膨胀水泥、自应力水泥、高铝水泥 -65 等。

2.4.2 膨胀水泥

膨胀水泥在水化过程中能产生体积膨胀，在硬化过程中不仅不收缩，而且有不同程度的膨胀。使用膨胀水泥能克服和改善普通水泥混凝土的一些缺点，能提高混凝土构件的密实性和混凝土的整体性。

膨胀水泥按主要成分分类，有硅酸盐型、铝酸盐型、硫铝酸盐型和铁铝酸盐型。其膨胀机理都是水泥石中所形成钙矾石的膨胀。其中，硅酸盐型膨胀水泥凝结硬化较慢；铝酸盐型膨胀水泥凝结硬化较快。

1. 硅酸盐型膨胀水泥

它是以硅酸水泥为主要成分，外加高铝水泥和石膏配制而成的膨胀水泥。其膨胀值的大小，通过改变高铝水泥和石膏的含量来调节。

硅酸盐型膨胀水泥中的高铝水泥可用明矾石取代，称为明矾石膨胀水泥，是目前使用效果较好的膨胀水泥。硅酸盐型膨胀水泥适用于制造砂浆防水层和防水混凝土，用于结构加固、浇灌机器底座或地脚螺栓，并可用于接缝及修补工程。禁止用于有硫酸盐侵蚀性的水中工程。

2. 铝酸盐膨胀水泥

铝酸盐膨胀水泥是由高铝水泥熟料和二水石膏混合磨细或分别磨细后混合而成，具有自应力值高及抗渗、气密性好等特点。

3. 硫铝酸盐微膨胀水泥

硫铝酸盐微膨胀水泥，是以无水硫铝酸钙和硅酸二钙为主要成分，外加石膏配制而成。该种水泥适用于管道接头、油罐、储水池等工程的防渗抹面，工程的接缝、接头和浆锚。不得用于耐热工程或使用温度经常处于100 ℃的混凝土工程。

4. 自应力水泥

自应力水泥属高膨胀性的水泥，是依靠自身水化时产生的膨胀能，使混凝土制品硬化后产生预加的自应力值。

自应力水泥专门用于配制自应力混凝土压力管及配件。目前，供制造钢筋混凝土管用的自应力水泥，有硅酸盐自应力水泥、铝酸盐自应力水泥和硫铝酸盐自应力水泥等品种。

以上几种膨胀水泥通过调整各种组成成分的配合比例，就可得到不同膨胀值的膨胀水泥。膨胀水泥按膨胀值的不同，分为膨胀水泥和自应力水泥。膨胀水泥的膨胀一般在1%以下，相当于或稍大于一般水泥的收缩率，可以补偿收缩，所以，又称补偿收缩水泥或无收缩水泥。自应力水泥的线胀率一般为1%～3%，膨胀值较大。当混凝土配有钢筋时，使混凝土受到压应力，从而达到预应力的目的。当自应力值不小于2.0 MPa时，称为自应力水泥；当自应力值小于2.0 MPa时，称为膨胀水泥。

2.4.3　低水化热水泥

水泥加水后放出的热，对于大体积混凝土是有害的，必须有低水化热水泥满足工程应用。目前，生产的低水化热水泥主要是硅酸盐系的，通过减少水化热高的矿物成分——铝酸三钙和硅酸三钙的含量，来实现减少水化热的目的。此类水泥按对水化热的限值大小，分为中热和低热两类。

1. 中热硅酸盐水泥

中热硅酸盐水泥的熟料成分和硅酸盐水泥相同，只是铝酸三钙含量不得超过6%，硅酸三钙的含量不得超过55%。

2. 低热矿渣硅酸盐水泥

低热硅酸盐水泥的熟料成分中，矿渣掺加量以质量的百分比计，为20%～60%，允许用不超过混合材料总量的50%的磷渣或粉煤灰代替矿渣。铝酸三钙含量不得超过8%，游离氧化钙的含量不得超过1.2%。

3. 低热微膨胀水泥

低热微膨胀水泥是以粒化高炉矿渣为主要成分，加入适量硅酸盐水泥熟料和石膏，磨细制成的，具有低水化热和微膨胀性。

上述三种水泥主要适用于低水化热混凝土。其中，低热微膨胀水泥，同时适用于要求补偿收缩的混凝土，也适用于要求抗渗和抗硫酸盐侵蚀的工程。此外，大坝水泥也属于低热水泥，除专门用于大坝外，同时也适用于大体积混凝土工程。

2.4.4 白色和彩色硅酸盐水泥

1. 白色硅酸盐水泥

白色硅酸盐水泥简称白水泥，代号为P·W，它是由白色硅酸盐水泥熟料加入适量的石膏，磨细制成的水硬性胶凝材料。白水泥熟料中氧化铁的含量少，因而色白。水泥的颜色与含铁量有关，含铁量越高，水泥的颜色越深。应严防在生产过程中混入铁质，也必须控制锰、铬等的含量，因为锰、铬的氧化物，也会导致水泥白度的降低。

白水泥的性能与硅酸盐水泥基本相同。根据国标《白色硅酸盐水泥》（GB/T 2015—2005）的规定，白水泥分为32.5、42.5、52.5三个强度等级，各强度等级水泥在不同龄期的强度不得低于表2-7中规定的数值。

表2-7 白色水泥强度等级要求

强度等级	抗压强度/MPa		抗折强度/MPa	
	3 d	28 d	3 d	28 d
32.5	12.0	32.5	3.0	6.0
42.5	17.0	42.5	3.5	6.5
52.5	22.0	52.5	4.0	7.0

白水泥以其表面对红、绿、蓝三原色光的反射率与氧化镁标准白板的反射率比较，用相对反射百分率表示，称为白度。白度是白水泥的一项重要技术性能指标，是衡量白水泥质量高低的关键指标，要求不低于87。白水泥的白度可分为特级、一级、二级和三级4个等级。

白色硅酸盐水泥的细度要求为0.080 mm，方孔筛筛余量不超过10%；其初凝时间不得早于45 min，终凝时间不迟于10 h；体积安定性用沸煮法检验必须合格，同时熟料中氧化镁的含量不得超过4.5%，白水泥中三氧化硫含量不得超过3.5%。

2. 彩色硅酸盐水泥

彩色水泥多是硅酸盐系列的。彩色硅酸盐水泥根据其着色方法不同，有3种生产方式：一是直接烧成法；二是染色法；三是将干燥状态的着色物质直接掺入白水泥或硅酸盐水泥中。当工程中使用彩色水泥量较少时，常用第三种方法。

彩色硅酸盐水泥有红色、黄色、蓝色、绿色、棕色、黑色等。根据行业标准《彩色硅酸盐水泥》（JC/T 870—2000）的规定，彩色硅酸盐水泥强度等级分为27.5、32.5、42.5三级。各级彩色水泥规定龄期的强度，不得低于表2-8的规定。

表2-8 彩色硅酸盐水泥的强度等级要求（JC/T 870—2000）

强度等级	抗压强度/MPa		抗折强度/MPa	
	3 d	28 d	3 d	28 d
27.5	7.5	27.5	2.0	5.0
32.5	10.0	32.5	2.5	5.5
42.5	15.0	42.5	3.5	6.5

彩色硅酸盐水泥的细度要求为0.080 mm，方孔筛筛余不得超过6.0%；其初凝时间不得早于1 h，终凝时间不得迟于10 h；体积安定性用沸煮法检验必须合格，同时熟料中氧化镁的含量不得超过4.5%，白水泥中三氧化硫含量不得超过4.0%。

根据行业标准《彩色硅酸盐水泥》（JC/T 870—2000）的规定，凡三氧化硫、初凝时间、安定性中任一项不符合此标准规定时，均为废品。凡细度、终凝时间、色差、颜色耐久性任一项不符合此标准规定或强度低于商品强度等级规定的指标时，均为不合格品。水泥包装标志中，水泥品种、强度等级、颜色、工厂名称和出厂编号不全的，也属于不合格品。

白色水泥和彩色水泥主要应用于建筑装饰工程中，常用于配制各类彩色水泥浆、水泥砂浆，用于饰面或陶瓷铺贴的勾缝，配制装饰混凝土、彩色水刷石、人造大理石及水磨石等制品。并以其特有的色彩装饰性，用于雕塑艺术和各种装饰部件。

2.5　水泥的运输与储存

水泥运输与储存的过程中，应注意以下几点。

(1) 水泥在运输与储存时不得受潮和混入杂物，不同品种和强度等级的水泥在储运中避免混杂。

(2) 储存水泥的库房应注意防潮、防漏。存放袋装水泥时，地面垫板要离地30 cm，四周离墙30 cm；袋装水泥堆垛不宜太高，以免下部水泥受压结硬，一般以10袋为宜；如存放期短、库房紧张，亦不宜超过15袋。

(3) 水泥的储存应按照水泥到货先后，依次堆放，尽量做到先存先用。

(4) 水泥储存期不宜过长，以免受潮而降低水泥强度。储存期通用硅酸盐水泥为3个月，铝酸盐水泥为2个月，快硬水泥为1个月。通用硅酸盐水泥存放3个月以上，为过期水泥，强度将降低10%～20%。存放期越长，强度降低值也越大。过期水泥使用前，必须重新检验强度等级，否则不得使用。

(5) 水泥受潮程度的鉴别、处理和使用，参见表2-9。

表2-9　受潮水泥的鉴别、处理和使用

受潮情况	处理方法	使　用
有粉块，用手可捏成粉末	将粉块压碎	经试验后，根据实际强度使用
部分结成硬块	将硬块筛除，粉块压碎	经试验后，根据实际强度使用，用于低等级混凝土或砂浆中
大部分结成硬块	将硬块粉碎磨细	不能作为水泥使用，可适当混合材料使用，掺量不大于25%

2.6　水泥的质量验收与检验

随着工程建设和水泥工业的发展，水泥品种越来越多。每个品种的水泥都有各自规定的品质指标，每项指标又分别制定了试验方法和检验规则。水泥在运输与储存时，不得受潮和混入杂物，不同品种和强度等级的水泥在储运中避免混杂。

2.6.1 水泥验收检验的基本内容

1. 核对包装及标志是否相符

水泥的包装及标志，必须符合标准规定。通用水泥一般为袋装，也可以散装。袋装水泥规定净重 50 kg，且不得少于标志质量的 98%；随机抽取 20 袋，水泥总质量不得少于 1 000 kg。水泥包装袋应符合标准规定，袋上应清楚标明：产品名称，代号，净含量，强度等级，生产许可证编号，生产者名称和地址，出厂编号，执行标准号，包装年、月、日。掺火山灰混合材料的普通水泥或矿渣水泥，还应标上“掺火山灰”字样。复合水泥，应标明主要混合材料名称。包装袋两侧，应印有水泥名称和强度等级，硅酸盐水泥和普通水泥的印刷采用红色，矿渣水泥采用绿色，火山灰水泥、粉煤灰水泥及复合水泥采用黑色或蓝色。散装供应的水泥，应提交与袋装标志相同内容的卡片。

通过对水泥包装和标志的核对，不仅可以发现包装的完好程度，盘点和检验数量是否给足，还能核对所购水泥与到货产品是否完全一致，及时发现和纠正可能出现的产品混杂现象。

2. 校对出厂检验的试验报告

水泥出厂前，水泥厂按批号进行出厂检验，填写试验报告。试验报告应包括标准规定的各项技术要求及试验结果，助磨剂，工业副产品石膏，混合材料名称和掺加量，属旋窑还是立窑生产。当用户需要时，水泥厂应在水泥发出日起 7 d 内，寄发除 28 d 强度以外的各项试验结果。28 d 强度数值，应在水泥发出日起 32 d 内补报。

施工部门购进的水泥，必须取得同一编号水泥的出厂检验报告，并认真校核。要校对试验报告的编号与实收水泥的编号是否一致，试验项目是否遗漏，试验测值是否达标。

水泥出厂检验的试验报告，不仅是验收水泥的技术保证依据，也是施工单位长期保留的技术资料，直至工程验收时作为用料的技术凭证。

2.6.2 水泥的复检

水泥交货时的质量验收，标准中规定了两种：可抽取实物试样以其检验结果为依据；也可以水泥厂同编号水泥的检验报告为依据。具体采用哪一种，由买卖双方商定，并在合同或协议中注明。合同规定，以抽样实物试样的检验结果为验收依据时，买卖双方应在交货前或在交货地共同取样和签封。取样方法按国标进行，取样数量为 20 kg，缩分为二等份。一份由卖方保存 40 d，另一份由买方按国标规定的项目和方法进行检验。在 40 d 内，买方检验认为产品质量不符合国家标准要求，卖方又有异议时，双方应将卖方保存的另一试样送省级以上国家认可的水泥质量监督检验机构仲裁检验。

施工单位对购进的水泥应进行复检，尤其是重点工程使用的水泥、产品质量可疑的水泥、保管不当或水泥出厂超过 3 个月的水泥，在使用前必须进行复检。

复检应在经认证的试验室进行，水泥复检项目可以全项，也可以抽取重点项目检验。通常复检项目只做安定性、凝结时间和胶砂强度三项必试项目。复检的试验报告，是长期保留的技术资料，直至工程验收时作为技术凭证。

复习思考题

一、名词解释：硅酸盐水泥；水泥的水化；水泥的凝结硬化；混合材料；凝结时间；体积安定性；细度；铝酸盐水泥；膨胀水泥

二、简答题

1. 为什么生产硅酸盐水泥时掺适量石膏对水泥不起破坏作用，而硬化的水泥时遇到有硫酸盐溶液的环境，产生出的石膏对水泥石有破坏作用？

2. 掺混合材料的硅酸盐水泥为什么具有较高的抗腐蚀性能？

3. 简述通用硅酸盐水泥的共性及各自的特性。

4. 铝酸盐水泥的特性如何？使用时应注意哪些问题？怎样正确使用？

5. 有下列混凝土构件和工程，试分别选用合适的水泥品种，并说明选用理由：

（1）现浇混凝土楼板、梁、柱。

（2）采用蒸汽养护的预制构件。

（3）高炉基础。

（4）混凝土基础所用的大体积混凝土。

（5）化工试验室的污水处理井。

6. 与小组同学互相叙述水泥如何进行交货与验收。

三、计算题

进场的 32.5 级矿渣硅酸盐水泥，送试验室检验，28 d 强度结果如下：

抗压破坏荷载：54.0 kN，53.5 kN，56.0 kN，52.0 kN，55.0 kN，54.0 kN；

抗折破坏荷载：2.83 kN，2.81 kN，2.82 kN。

问：该水泥 28 d 试验结果是否达到原等级强度？该水泥存放期已超过 3 个月，可否凭上述试验结果判定该水泥仍按原强度等级使用？

模块3

混凝土用砂、石骨料的验收及检测

教学目标

知识目标：熟悉普通混凝土用砂、石骨料材料的分类；掌握普通混凝土砂、石骨料的质量要求。

技能目标：掌握砂、石骨料的进场验收要求和取样方法；掌握砂、石骨料的质量检测方法和判定方法。

任务引入

河北省某新型建材公司与开元房地产开发有限公司签订了商品混凝土供应合同，招标内容包括C10～C45共17个品种的商品混凝土，约320 000m^3。为保证混凝土的质量，明确要求砂子和石子（碎石）应符合JGJ 52标准的规定。李辉是某职业技术学院的建筑工程系毕业生，刚应聘到该建材公司负责产品质量检验工作。总工程师王工告诉李辉，原材料的质量直接影响混凝土的技术性能，因此，一定要认真按照国家标准《普通混凝土用砂、石质量及检验方法标准》JCJ 52—2006对所用砂石进行抽样检验，以保证混凝土产品的技术要求。

任务分析

普通混凝土是由水泥、砂、石骨料、水、掺合料及外加剂按照比例混合而成的拌合物，砂、石骨料是混凝土的主要组成部分。为了在生产过程中做好砂、石质量检验工作，李辉必须：

（1）掌握混凝土用砂、石的基本知识和分类及技术要求。

（2）同时，熟练掌握现场见证取样的方法和质量检测方法。

相关知识

3.1 混凝土概述

混凝土是用胶凝材料、粗骨料、细骨料和水拌合而成，有时也加入一些外加剂和掺合材料，经过均匀搅拌、密实成型及养护硬化，能够产生一定的强度，并具有较高耐久性的人造石材，是建筑工程中的一种主要材料。以水泥作为胶凝材料，普通砂石材料为骨料的普通混凝土是最常用的种类。

混凝土材料广泛用于各种工业、民用、国防建筑等行业，随着现代建筑技术的发展，具有不同性能的特种混凝土也逐渐应用于实际施工中，比如防水混凝土、保温混凝土、高强混凝土、高性能混凝土等相继出现。

3.1.1　混凝土的分类

1. 按照表观密度分类

（1）重混凝土。干表观密度大于2 800 kg/m^3，采用密度特大的骨料，如重晶石、钢屑等，具有防辐射性能。广泛用于核工业屏蔽结构或医院的放射室。

（2）普通混凝土。干表观密度为2 000～2 800 kg/m^3，以水泥为胶凝材料，采用普通的砂子和石子为骨料配制而成的混凝土，广泛用于建筑工程的承重结构材料，如梁、板、柱、基础等。

（3）轻混凝土。干表观密度为600～1 950 kg/m^3。按组成材料可分为轻骨料混凝土、大气孔混凝土、多孔混凝土，按用途可分为结构混凝土、保温混凝土、结构兼保温用混凝土等几种。

2. 按所用胶凝材料分类

分为水泥混凝土（又称为普通混凝土）、石膏混凝土、沥青混凝土、聚合物混凝土、水玻璃混凝土等。

3. 按用途分类

分为结构混凝土、防水混凝土、保温混凝土、装饰混凝土、耐热混凝土、耐酸混凝土、大体积混凝土、膨胀混凝土等。

4. 按生产方法分类

分为泵送混凝土、喷射混凝土、压力灌浆混凝土、离心溅射混凝土、碾压混凝土、挤压混凝土等。

5. 按强度等级分类

分为普通混凝土（C60以下）、高强混凝土（C60～C90）、超高强混凝土（C100以上）。

3.1.2　混凝土的特点

1. 优点

原材料丰富，可以就地取材，成本低；凝结前具有良好的成型性能，可以浇筑成各种形状和尺寸，适应不同建筑部位和形状的构件需要；硬化后具有较高的强度和耐久性；与钢筋能很好地结合，优势互补，大大拓宽混凝土的适用范围；通过改变配合比和原材料的种类，得到不同性能的混凝土，适应工程的需要；同时，可以利用地方工业废料作骨料和掺合材料，有利于环境保护。

2. 缺点

自重大，比强度低，脆性大，抗拉强度低，硬化速度慢，生产周期长，强度波动的影响因素多。但随着材料技术的进步，这些缺点不断地在应用中被克服。

3.2 混凝土用砂

3.2.1 混凝土用砂的基本知识

根据《普通混凝土用砂、石质量及检验方法标准》（JGJ 52—2006）的规定，普通混凝土用砂可分为天然砂、人工砂和混合砂三类。

（1）天然砂是指由自然风化、水流搬运和分选、堆积形成的，粒径小于4.75 mm的岩石颗粒。按产源不同，分为河砂、山砂、海砂、湖砂。

（2）人工砂是指经过除土处理、机械破碎、筛分而制成的粒径小于4.75 mm的岩石颗粒（砂）。

机制砂是指由机械破碎、筛分而制成的粒径小于4.75 mm的岩石颗粒。

（3）混合砂是指由天然砂、机制砂，按一定比例混合而成的砂。

砂按照技术要求分为Ⅰ类、Ⅱ类、Ⅲ类。Ⅰ类砂宜用于强度等级大于C60的混凝土；Ⅱ类砂宜用于强度等级在C30～C60的混凝土及有抗冻抗渗或其他要求的混凝土；Ⅲ类砂宜用于强度等级小于C30的混凝土和建筑砂浆。

3.2.2 混凝土用砂的技术要求

《普通混凝土用砂、石质量及检验方法标准》（JGJ 52—2006）对砂的技术要求做出了详细的规定，主要有以下几个方面：

1. 砂的粗细程度和颗粒级配

1）粗细程度

粗细程度是指不同粒径的砂粒混合在一起的总体粗细程度。混凝土用砂的粗细程度分为粗砂、中砂、细砂。在相同质量条件下，粗砂的总表面积小，包裹砂粒所需水泥浆就少；反之，包裹砂粒所需水泥浆就多。因此，在和易性要求一定的条件下，采用粗砂配制的混凝土，就可以减少水泥的用量，节约水泥。

砂的粗细程度用细度模数μ_f表示，按细度模数的大小分为粗砂、中砂、细砂和特细砂4级，其范围应符合：粗砂：$\mu_f = 3.7 \sim 3.1$；中砂：$\mu_f = 3.0 \sim 2.3$；细砂：$\mu_f = 2.2 \sim 1.6$；特细砂：$\mu_f = 1.5 \sim 0.7$。

2）颗粒级配

颗粒级配是指不同粒径的砂粒相互搭配的情况。级配良好的砂，砂粒之间的间隙就少，不仅可以节省水泥浆，同时可以保证混凝土的结构密实，强度高，耐久性更好。除特细砂以外，砂的颗粒级配可以根据公称直径为0.60 mm的方孔筛的筛上筛余百分数，分成3个级配区，见表3－1。

3）砂的粗细程度和颗粒级配的检验方法

采用一套标准的方孔筛，孔径依次为0.15 mm、0.30 mm、0.60 mm、1.18 mm、2.36 mm、4.75 mm，并配有一个筛底和筛盖。试验方法如下：

（1）将方孔筛按孔径从大到小、自上而下依次排好，放在筛底。

（2）称取试样（经过烘干的砂子）500 g，将试样倒入最上面的筛子上。

表3－1　普通混凝土用砂级配区的规定（GB/T 14684—2001）

筛孔尺寸/mm	级配区		
	Ⅰ区	Ⅱ区	Ⅲ区
	累计筛余百分率/%		
4.75	10～0	10～0	10～0
2.36	35～5	25～0	15～0
1.18	65～35	50～10	25～0
0.60	85～71	70～41	40～16
0.30	95～80	92～70	85～55
0.15	100～90	100～90	100～90

注：（1）砂的实际颗粒级配与表中所列数字相比，除4.75 mm和0.60 mm孔径筛以外，可以略有超出，但超出总量应小于5%。

（2）Ⅰ区人工砂中0.15 mm孔径筛的筛上累计百分数可以放宽到100～85，Ⅱ区人工砂中0.15 mm孔径筛的筛上累计百分数可以放宽到100～80，Ⅲ区人工砂中0.15 mm孔径筛的筛上累计百分数可以放宽到100～75。

（3）用摇筛机或手工依次过筛，并准确记录各孔径筛上的砂子质量，填入记录表，见表3－2。

（4）计算各孔径筛的筛上分计筛余百分数（a_1、a_2、a_3、a_4、a_5、a_6）和累计筛余百分数（A_1、A_2、A_3、A_4、A_5、A_6）。

按式（3－1）计算细度模数，即：

$$\mu_f = \frac{(A_2 + A_3 + A_4 + A_5 + A_6) - 5A_1}{100 - A_1} \tag{3-1}$$

式中　μ_f——细度模数；

a_i——分计筛余百分率，即该号筛的筛余量除以试样总量；

A_i——累计筛余百分率，即该号筛与大于该号各筛的分计筛余百分率之和。

判断级配区和级配状态：对于细度模数为3.7～1.6之间的普通混凝土用砂，根据0.60 mm孔径筛的筛上累计筛余百分数，分成3个级配区（见表3－2）。混凝土用砂的颗粒级配，必须处于3个级配区中的任一级配区。

表3－2　计算各筛的分计筛余百分数和累计筛余百分数表

筛孔尺寸/mm	分计筛余量/g	分计筛余/%	累计筛余/%
4.75	m_1	$a_1=(m_1/500)\times100\%$	$A_1=a_1$
2.36	m_2	$a_2=(m_2/500)\times100\%$	$A_2=A_1+a_2$
1.18	m_3	$a_3=(m_3/500)\times100\%$	$A_3=A_2+a_3$
0.60	m_4	$a_4=(m_4/500)\times100\%$	$A_4=A_3+a_4$
0.30	m_5	$a_5=(m_5/500)\times100\%$	$A_5=A_4+a_5$
0.15	m_6	$a_6=(m_6/500)\times100\%$	$A_6=A_5+a_6$

为了更直观地反映砂的颗粒级配，将表中的规定绘出级配曲线，如图 3－1 所示。

一般来说，Ⅰ区砂较粗，属于粗砂；Ⅲ区砂细颗粒较多；Ⅱ区砂粗细适中，级配良好，拌制混凝土应该优先选用。

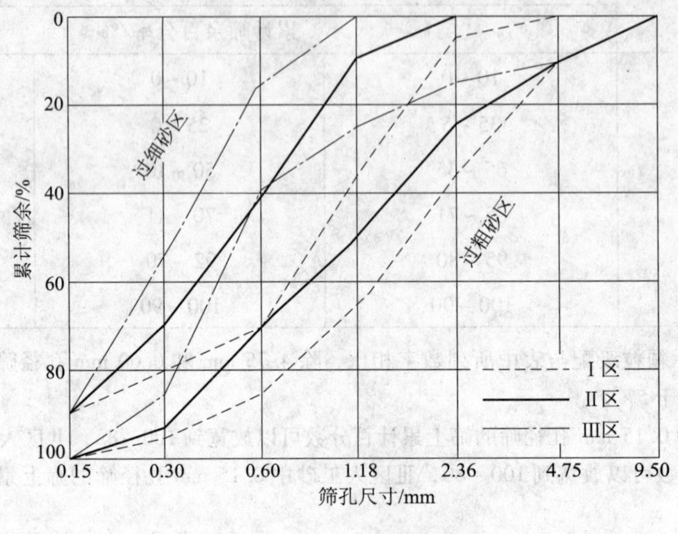

图 3－1　砂的筛分级配曲线

［**例 3－1**］　某砂样经筛分析试验后，其筛分结果如表 3－3 所示。试分析该砂的粗细程度和颗粒级配状态。

表 3－3　砂样筛分结果

筛孔尺寸/mm	筛余量/g	分计筛余百分率/%	累计筛余百分率/%
4.75	6	1.2	1.2
2.36	80	16	17.2
1.18	74	14.8	32.0
0.60	114	22.8	54.8
0.30	124	24.8	79.6
0.15	94	19.8	99.4
0.15 以下	8	1.6	100

$$\mu_f = \frac{(A_2 + A_3 + A_4 + A_5 + A_6) - 5A_1}{100 - A_1}$$

$$= \frac{(17.2 + 32.0 + 54.8 + 79.6 + 99.4) - 5 \times 1.2}{100 - 1.2}$$

$$= 2.80$$

结论：该砂属于中砂，将表中的累计筛余百分数与颗粒级配表中的数据对比，可知该砂属于Ⅱ区，级配合格。

2. 有害杂质含量

砂中的有害杂质主要有泥、泥块、硫化物、硫酸盐、有机物、云母及活性二氧化硅等。

1）含泥量

含泥量是指天然砂中的粒径小于0.075 mm的颗粒含量，泥块含量是指砂中原粒径大于1.18 mm，经浸水冲洗、手捏后小于0.60 mm的颗粒含量。泥包裹在砂粒表面，妨碍水泥浆与砂粒的粘结，降低混凝土的强度和耐久性，同时增加了需水量，降低拌合物的和易性。天然砂中的含泥量和泥块含量，应符合表3－4中的规定。对于抗冻、抗渗或其他特殊要求的不大于C25的混凝土用砂，含泥量不应大于3.0%，泥块含量不应大于1.0%。

表3－4　混凝土细骨料中泥块和含泥量

项　　目	指　　标		
	Ⅰ类	Ⅱ类	Ⅲ类
含泥量（按质量计）/%	≤2.0	≤3.0	≤5.0
泥块含量（按质量计）/%	≤0.5	≤1.0	≤2.0

石粉含量是指人工砂中的粒径小于0.075 mm的颗粒含量。过多的石粉会妨碍水泥浆与骨料的粘结，对混凝土有害；但是适量的石粉存在，可以弥补人工砂颗粒棱角多对混凝土带来的影响，完善砂子的级配，增加混凝土的密实度，有益于提高混凝土的综合性能。因此，对于人工砂中的石粉含量要求，分别定为3%、5%、7%，比天然砂中的含泥量放宽2%。为防止人工砂在开采、加工中间环节掺入过量的泥土，测石粉含量时要先通过亚甲基蓝试验。

2）其他杂质含量

配制混凝土的细骨料要求清洁不含杂质以保证混凝土的质量。国家标准中规定：砂中不应含有草根、树叶、树枝、塑料、煤块等作物，并对云母、轻物质、硫化物及硫酸盐、氯盐等含量有明确的限定，见表3－5。

表3－5　细骨料有害杂质含量表

项　　目		指　　标		
		Ⅰ类	Ⅱ类	Ⅲ类
有害物质含量/%，以重量计（不应混有草根、树叶、树枝、塑料品、煤块、炉渣等）	云母	<1.0	<2.0	<2.0
	轻物质	<1.0	<1.0	<1.0
	硫化物与硫酸盐（以SO_3^-计）	<0.5	<0.5	<0.5
	有机物（比色法）	合格	合格	合格
	氯化物（以氯离子计）	<0.01	<0.02	<0.06

对于有抗冻抗渗要求的混凝土用砂，其云母含量不应大于1.0%。当砂中含有颗粒状硫酸盐和硫化物杂质时，应进行专门检验，符合耐久性要求时才可以使用。对于长期处于潮湿环境的重要混凝土用砂，应采用砂浆棒（快速法）或砂浆长度法进行碱活性检验。经上述检验判断有潜在危害时，应控制混凝土中碱含量不超过3 kg/m³，或采用拟制碱－骨料反应的有效措施。氯离子对钢筋混凝土造成钢筋锈蚀，因此，此时砂中的氯离子含量不应大于

0.06%，氯离子会造成预应力混凝土的钢筋锈蚀和预应力损失，因此，此时氯离子含量不应大于0.02%。

3. 坚固性

砂的坚固性是指砂在自然风化和其他外界物理、化学因素的作用下，抵抗破坏的能力。

天然砂采用硫酸钠溶液法进行试验，砂样经5次循环后，其质量损失应符合表3-6的规定。人工砂采用压碎指标值法进行试验，单级压碎指标值要符合表3-6的规定。

表3-6　细骨料的压碎指标值技术要求

项　目		指　标		
		Ⅰ类	Ⅱ类	Ⅲ类
天然砂	在硫酸钠饱和溶液中经5次循环浸渍后，其质量损失/%，≤	8	8	10
人工砂	单级最大压碎指标/%，＜	20	25	30

压碎指标试验，是将一定质量（通常是330 g）在烘干状态下单粒级（0.30～0.60 mm、0.60～1.18 mm、1.18～2.36 mm及2.36～4.75 mm）的砂子装入承压钢模中，以500 N/s的加荷速度，加荷至25 kN时稳荷5 s后，然后用该粒级的下限筛进行筛分，称出试样的筛余量G_1和通过量G_2，按式（3-2）计算压碎指标值，即：

$$Y_i = \frac{G_2}{G_1 + G_2} \times 100\% \tag{3-2}$$

压碎指标值越小，表示砂子的抵抗受压破坏的能力越强，坚固性越好。人工砂的总压碎指标值应小于30%。

4. 表观密度、堆积密度和空隙率

标准中规定：砂的表观密度大于2.5 g/cm^3，松散堆积密度大于1 350 kg/m^3；空隙率小于47%。

5. 贝壳含量

贝壳是指公称粒径小于4.75 mm被破碎了的贝壳，海砂中的贝壳对于混凝土的和易性、强度、耐久性都有不同程度的影响，特别是对于C40以上的混凝土，两年后的混凝土强度会产生明显下降，对于低等级的混凝土影响较小。海砂中的贝壳含量，应符合表3-7的规定。

表3-7　海砂中贝壳的含量

混凝土强度等级	≥C60	C55～C30	≤C25
贝壳含量（按质量计）/%，≤	3	5	8

3.3　混凝土用碎石、卵石

粒径大于4.75 mm以上的骨料称为粗骨料，常用的是碎石和卵石两种。碎石是指由天然岩石或卵石经过机械破碎、筛分制成的粒径大于4.75 mm的岩石颗粒（图3-2）；卵石是指由自然风化、水流搬运和分选、堆积而成的粒径大于4.75 mm的岩石颗粒（图3-3）。按产地不同，卵石可以分为河卵石、海卵石、山卵石等。其中，河卵石应用较多。

图3-2　碎石

图3-3　卵石

与卵石相比，碎石由于多棱角，表面粗糙，表面积大，与水泥浆黏结强度高，因此，同样水灰比的条件下，用碎石拌制的混凝土，流动性小，但是强度高；而卵石正好相反，即流动性较大，强度较低。

依据《建筑用卵石、碎石》（GB/T 14685—2001）规范中规定：按技术要求，将粗骨料分为Ⅰ类、Ⅱ类、Ⅲ类。Ⅰ类宜用于强度等级大于C60的混凝土；Ⅱ类宜用于强度等级为C30～C60的混凝土及有抗冻、抗渗或其他要求的混凝土；Ⅲ类宜用于强度等级小于C30的混凝土。对其质量要求有以下几个方面。

1. 最大粒径和颗粒级配

1）粗骨料的最大粒径（D_{max}）

粗骨料的最大粒径是指公称粒级的上限。骨料粒径越大，其总表面积越小，包裹其表面所需的水泥砂浆越少，可以节约水泥；而且在同样水泥用量的情况下，达到同样的和易性，可以降低用水量，提高强度和耐久性。

依据《混凝土结构工程施工质量验收规范》（GB 50204—2002）中规定，混凝土用粗骨料的最大粒径不得超过结构最小截面尺寸的1/4，且不超过钢筋最小净间距的3/4；对于混凝土实心板，不得超过板厚的1/3，且不得超过40 mm；同时泵送混凝土用碎石的最大粒径不得超过泵送管内径的1/3，用卵石的最大粒径不得超过泵送管内径的1/2.5。

2）颗粒级配

粗骨料也要求具有良好的颗粒级配，以减少颗粒的间隙，增加密实性，降低填充骨料间隙所用的水泥砂浆，保证混凝土的和易性和强度。

粗骨料的颗粒级配采用筛分析试验来检验，依据《普通混凝土用砂石质量及检验方法标准》（JGJ 52—2006）规定其标准筛成为石子筛，孔径有2.36 mm、4.75 mm、9.50 mm、16.0 mm、19.0 mm、26.5 mm、31.5 mm、37.5 mm、53.0 mm、63.0 mm、75.0 mm、90.0 mm十二个筛。试验方法与砂筛分析试验相同。同样，称量各孔径筛的筛余量，计算分计筛余百分率和累计筛余百分率。普通混凝土用碎石和卵石的颗粒级配，应符合表3-8的规定。

粗骨料的级配，按供应状况分为连续级配和间断级配两种。

连续级配是指按颗粒尺寸从小到大连续分级（5～D_{max}），每一级骨料都占有一定的比例。连续级配粒级差小（$D/d \approx 2$），配制的混凝土拌合物的和易性好，不易发生离析，目前应用广泛。间断级配的颗粒是人为地剔除掉中间粒级的颗粒，级差大（$D/d \approx 6$），大颗粒的间隙直接由比它小得多的颗粒填充，可以减小水泥的用量，但是拌合物容易发生离析现象，增加施工难度。

单粒级配适用于组合成有特殊要求级配的连续粒级，或者是调整连续级配的粒级，改善其级配状态，直至符合要求时才能用于工程中。工程上宜选用合格的连续级配材料。

表 3－8　卵石或碎石的颗粒级配范围（JGJ 52—2006）

级配情况	公称粒级/mm	累计筛余，按质量计/%											
		方孔筛筛孔边长尺寸/mm											
		2.36	4.75	9.50	16.0	19.0	26.50	31.5	37.5	53.0	63.0	75.0	90
连续粒级	5～10	95～100	80～100	0～15	0	—	—	—	—	—	—	—	—
	5～16	95～100	85～100	30～60	0～10	0	—	—	—	—	—	—	—
	5～20	95～100	90～100	40～80	—	0～10	0	—	—	—	—	—	—
	5～25	95～100	90～100	—	30～70	—	0～5	0	—	—	—	—	—
	5～31.5	95～100	90～100	70～90	—	15～45	—	0～5	0	—	—	—	—
	5～40	—	95～100	70～90	—	30～65	—	—	0～5	0	—	—	—
单粒级	10～20	—	95～100	85～100	—	0～15	0	—	—	—	—	—	—
	16～31.5	—	95～100	—	85～100	—	—	0～10	0	—	—	—	—
	20～40	—	—	95～100	—	80～100	—	—	0～10	0	—	—	—
	31.5～63	—	—	—	95～100	—	—	75～100	45～75	—	0～10	0	—
	40～80	—	—	—	—	95～100	—	—	70～100	—	30～60	0～10	0

2. 有害杂质含量

粗骨料中的有害杂质是指泥块、淤泥、硫化物、硫酸盐、氯化物和有机质等。它们的危害作用与细骨料相同。因此，其含量必须符合表 3－9 的要求。

表 3－9　混凝土粗骨料有害杂质含量

项　目	指　标		
	Ⅰ类（≥C60）	Ⅱ类（C55～C30）	Ⅲ类（≤C25）
含泥量（按质量计）/%，＜	0.5	1.0	2.0
泥块含量（按质量计）/%，＜	0.2	0.5	0.7
有机物	合格	合格	合格
硫化物及硫酸盐（按 SO_3^- 质量计）/%＜	0.5	1.0	1.0

对于有抗冻和抗渗要求的混凝土，其所用碎石和卵石的含泥量不得超过 1.0%，泥块含量不大于 0.5%。

3. 强度

为了保证混凝土的强度要求，粗骨料必须具有足够的强度，碎石和卵石的强度采用岩石立方体强度和压碎指标值两种方法来检验。混凝土强度等级大于 C60 以上时，应测定岩石立方体强度。岩石立方体强度首先应由生产单位提供，工程上可以采用压碎指标值控制质量。

（1）岩石立方体强度检验，即将轧制碎石的母岩制成边长为50 mm的立方体（或直径和高均为50 mm的圆柱体）试件，在水饱和状态下，测定其极限抗压强度值。不同岩石的抗压强度要求达到不同的数值：对于火成岩应不小于80 MPa，变质岩应不小于60 MPa，水成岩应不小于30 MPa。

（2）压碎指标试验是指将一定质量气干状态的粒径为9.50～19.0 mm的石子装入一标准圆筒内，放在压力机上以1 kN/s的加荷速度，均匀加荷至200 kN并稳荷5 s；然后，卸掉荷载，用孔径为2.36 mm的石子筛筛出被压碎的颗粒，称量筛上的剩余量，压碎指标值Q_e用式（3－3）计算，即：

$$Q_e = \frac{G_1 - G_2}{G_1} \times 100\% \tag{3-3}$$

式中　Q_e——压碎指标值，%；

G_1——压碎前试样的质量，g；

G_2——压碎后试样的质量，g。

压碎指标值越大，说明骨料越易碎，抗压强度越小。压碎指标值法由于操作简单，经常用于工程上的质量控制；而岩石立方体强度则用于选择采石场或对粗骨料有严格要求时，以及对质量有异议需要仲裁时。普通混凝土的压碎指标值，应满足表3－10中的要求。

表3－10　普通混凝土用碎石、卵石的压碎指标

项　目	指　标		
	Ⅰ类	Ⅱ类	Ⅲ类
碎石压碎指标/%，＜	10	20	30
卵石压碎指标/%，＜	12	16	16

4. 颗粒形状和表面特征

粗骨料的形状与混凝土的强度、和易性、密实程度都有关系，为了提高混凝土的强度，减少骨料之间的间隙，最好的形状是三维尺寸相差不多的球形或立方体形。但是粗骨料中的针、片状颗粒，一方面容易折断，影响混凝土的强度；另一方面，由于间架效果，使得骨料间隙增大，和易性变差。所谓的针状颗粒，是指颗粒的长度大于骨料平均粒径（骨料的平均粒径是指该粒级上下限粒径的算术平均值）的2.4倍者；片状颗粒，是指颗粒厚度小于骨料平均粒径的0.4倍者。

颗粒的表面特征，是指骨料表面的粗糙程度及空隙特征。直接影响骨料与水泥浆的粘结能力，影响强度。碎石表面粗糙，与水泥浆接触面积大，粘结牢固；而卵石表面光滑，少棱角，与水泥粘结能力差，但是拌合物的流动阻力小，和易性较好。目前，工程多用碎石作为粗骨料，以便得到较高的强度值。

具体检验方法是称量一定数量的样品，用针、片状颗粒规准仪来挑选符合针、片状颗粒特征的颗粒，计算针、片状颗粒的质量占样品质量的百分比。尤其是对于高强度等级的混凝土，必须严格控制，必须符合表3－11的规定。

表 3－11　混凝土粗骨料中针、片状颗粒含量

项　目	指　标		
	Ⅰ类	Ⅱ类	Ⅲ类
针、片状颗粒（按质量计）/%，小于	5	15	25

5. 骨料的坚固性

卵石在自然风化和其他外界物理和化学因素的作用下抵抗破裂的能力，称为骨料的坚固性。当骨料由于干湿循环或冻融交替等作用产生体积变化，就会导致坚固性不良。骨料的坚固性常用硫酸钠溶液法进行试验。卵石和碎石经过 5 次循环后，质量损失应符合表 3－12 中的要求。

表 3－12　混凝土用碎石、卵石的坚固性指标

项　目	指　标		
	Ⅰ类	Ⅱ类	Ⅲ类
质量损失/%，小于	5	8	12

3.4　混凝土用砂、石验收及运输和堆放

3.4.1　一般规定

（1）供货单位应该提供砂或石的产品合格证及产品检验报告。使用单位应按砂或石的同产地、同价格规格分批量验收。

① 质量验收。每验收批砂、石应进行颗粒级配、含泥量、泥块含量检验。对于碎石或卵石，还应该检验针、片状颗粒含量；对于海砂或有氯离子污染的砂，还应检验氯离子含量；对于海砂，还应该检验贝壳含量；对于人工砂和混合砂，还应检验石粉含量；对于重要工程和特殊工程，还应根据工程需要增加检验项目；对其他指标合格性有怀疑时，应予以检验。检验报告见附表。

② 数量验收。砂石数量验收可以按照质量计算，也可以按照体积计算。按质量计算，以汽车地量衡或船舶吃水线为依据，测定体积可以车皮与船舶的容积为依据。小型运输工具，可以按量方计算。

（2）砂或石的运输与装卸、堆放过程中，防止颗粒离析、混入杂质，并按产地、种类、规格分别堆放；碎石、卵石堆放高度不宜超过 5 m；对于单粒级或者最大粒径不超过 20 mm 的连续粒级，其堆料高度可以增加到 10 m。

（3）使用单位的质量检验报告应该包括委托单位、样品编号、工程名称、样品产地、类别、代表数量、检测依据、检测条件、检测项目、检测结果和结论。

任务实施

3.4.2　混凝土用砂、石的验收与检测

（一）混凝土用砂、石的现场验收与见证取样

经过实训，学生应该能够掌握建筑用砂的现场见证取样的方法和具体要求。

1. 取样的方法

（1）应按同产地、同规格分批验收。用大型工具（如大车、货船、汽车）运输的，以 400 m^3 或600 t为一验收批。用小型工具（如马车等）运输的，以200 m^3 或300 t为一验收批。不足上述数量者，以一批论。当砂、石质量较为稳定、进料量较大时，可以按 1 000 t 为一验收批。

（2）每验收批取样方法应按下列规定执行：

① 在料堆上取样时，取样部位应均匀分布。取样前，先将取样部位表面铲除，然后从不同部位抽取大致相等的砂共8份，组成一组样品。

② 从皮带运输机上取样时，应用接料器在皮带运输机机尾的出料处定时抽取大致等量的砂4份，组成一组样品。

③ 从火车、汽车、货船上取样时，从不同部位和深度抽取大致相等的砂8份，组成一组样品。

（3）若检验不合格时，应重新取样。对不合格项进行加倍复验；若仍有一个试样不能满足标准要求，应按不合格处理。

（4）单项试验的最少取样数量，应符合表3－13的规定。做几项试验时，如确能保证试样经一项试验后不致影响另一项试验的结果，可用同一试样进行几项不同的试验。

表3－13　砂单项试验取样数量

序号	试验项目	最少取样数量/kg
1	筛分析	4.4
2	含泥量	4.4
3	泥块含量	20.0
4	表观密度	2.6
5	堆积密度与空隙率	5.0
6	吸水率	4.0
7	含水率	1.0
8	石粉含量	1.6
9	人工压碎指标值和坚固性	分成公称粒级 4.75～2.36 mm，2.36～1.18 mm，1.18～0.60 mm，0.60～0.30 mm，0.30～0.15 mm，每个粒级各需 100 g
10	有机物含量	2.0
11	云母含量	0.6
12	轻物质含量	3.2
13	硫化物、硫酸盐含量	0.05
14	氯离子含量	2.0
15	贝壳含量	10
16	碱活性	20

2. 样品的缩分

(1) 人工四分法。将所取样品置于平板上，在潮湿状态下拌合均匀，并堆成厚度约为20 mm的圆饼；然后，沿互相垂直的两条直径把圆饼分成大致相等的4份，取其中对角线的两份重新拌匀，再堆成圆饼。重复上述过程，直至把样品缩分到试验所需量为止。

(2) 含水率、堆积密度、人工砂坚固性检验所用试样可不经过缩分，在拌匀后直接进行试验。

(二) 混凝土用砂的质量检测

试验项目：颗粒级配；含泥量；泥块含量；坚固性；表观密度；堆积密度与空隙率、含水率。

图3－4 砂、石标准筛

1. 颗粒级配

1) 仪器设备

(1) 烘箱：能使温度控制在105 ℃ ±5 ℃；

(2) 天平：称量1 000 g，感量1 g；

(3) 方孔筛：孔径为0.15 mm，0.30 mm，0.60 mm，1.18 mm，2.36 mm，4.75 mm及9.50 mm的筛各一只，并附有筛底和筛盖。砂、石标准筛，如图3－4所示。

(4) 摇筛机。

(5) 浅盘，硬、软毛刷等。

2) 试样制备

按规定的缩分方法，将试样缩分至约1 100 g，放在烘箱中于105 ℃ ±5 ℃温度下烘干至恒重，待冷却至室温后，筛除大于9.5 mm的颗粒（算出其筛余百分率），分为大致相等的两份备用。

3) 颗粒级配试验的步骤

(1) 称取试样500 g，精确至1 g。将试样倒入按孔径大小从上到下组合的套筛（附筛底）最上层（筛孔尺寸为4.75 mm）上，然后进行筛分。将套筛置于摇筛机上，摇10 min，取下套筛，按筛孔大小顺序再逐个手筛，筛至每分钟通过量小于试样总量0.1%为止。通过的试样并入下一号筛中，并和下一号筛中试样一起过筛，这样顺序进行，直至各号筛全部筛完为止。

(2) 称出各号筛的筛余量 m_i，精确至1 g，试样在各筛上的筛余量不得超过式（3－4）计算出的量，即：

$$m_i = \frac{A\sqrt{d}}{300} \tag{3-4}$$

式中 m_i——在一个筛上的筛余量，g；

d——筛孔尺寸，mm；

A——筛面面积，mm^2。

超过时，应按下列方法之一处理：

① 将该粒级试样分成少于按式（3－4）计算出的量，分别筛分，并以筛余量之和作为该号筛的筛余量。

② 将该粒级及以上各粒级的筛余混合均匀，称出其质量，精确至1 g。再用四分法缩分

为大致相等的两份，取其中一份，称出其质量，精确至1 g，继续筛分。计算该粒级及以下各粒级的分计筛余量时，应根据缩分比例进行修正。

4）颗粒级配试验结果计算

（1）计算分析筛余百分率 a_i：各号筛上的筛余量与试样总量之比，计算精确至0.1%。

（2）计算累计筛余百分率 A_i：该号筛上的筛余百分率加上该号筛以上各筛余百分率之和，精确至1%。筛分后，如每号筛的筛余量与筛底的剩余量之和同原试样质量之差超过1%时，须重新试验。

（3）砂的细度模数按式（3－5）计算（精确至0.01），即：

$$\mu_f = \frac{A_2 + A_3 + A_4 + A_5 + A_6 - 5A_1}{100 - A_1} \tag{3-5}$$

式中　A_1，A_2，A_3，A_4，A_5，A_6——分别为4.75 mm、2.36 mm、1.18 mm、0.60 mm、0.30 mm、0.15 mm筛的累计筛余百分率；

μ_f——细度模数。

（4）累计筛余百分率取两次试验结果的算术平均值，精确至1%。细度模数取两次试验结果的算术平均值，精确至0.1；如两次试验的细度模数之差超过0.2时，须重做试验。

5）试验条件及注意事项

（1）试验筛的质量要求，应符合现行国家试验筛标准（GB/T 6003.2）的规定。

（2）烘箱温度能控制在105 ℃ ±5 ℃。

（3）砂的实际颗粒级配与表3－3所列的数字相比，除4.75 mm和0.60 mm筛外，可以略有超出，但超出总量应小于5%。

6）在试验过程中发现异常情况的处理方法

（1）在烘干试样时，发生停电，试样仍放置于烘箱时，继续烘干至恒重。

（2）摇筛机因停电或发生故障，机筛可改用手筛。

7）颗粒级配试验结果判定

细度模数，按测定值判定粗、中、细砂三级中的相应一级。

颗粒级配，按实际测得的各筛累计筛余百分率与表3－2规定的砂粒级配区相比，判定Ⅰ、Ⅱ、Ⅲ 3个级配区中相应一个区。

2. 含泥量的测定

1）试验设备

（1）烘箱：能使温度控制在105 ℃ ±5 ℃。

（2）天平：称量1 000 g，感量0.1 g。

（3）方孔筛：孔径为0.075 mm及1.18 mm的筛各一只。

（4）容器：要求淘洗试样时，保持试样不溅出（深度大于250 mm）。

（5）搪瓷盘、毛刷等。

2）试样制备

将试样缩分至约1 100 g，置于烘箱中于105 ℃ ±5 ℃下烘干至恒重，待冷却至室温后，分为大致相等的两份备用。

3）试验步骤

（1）称取试样500 g，精确至0.1 g。将试样倒入淘洗容器中，注入清水，使水面高于试样约150 mm。充分搅拌均匀后，浸泡2 h；然后，用手在水中淘洗试样，使尘屑、淤泥和黏土与砂粒分离，把浑水缓缓倒入 1.18 mm 及 0.075 mm 的套筛（1.18 mm 筛放在上面），滤去小于 0.075 mm 的颗粒。

（2）再向容器中注入清水，重复上述过程，直到容器内的水清澈为止。

（3）用水淋洗剩余在筛上的细粒，并将 0.075 mm 筛放在水中（使水面略高出筛中砂粒的上表面）来回摇动，以充分洗掉小于 0.075 mm 的颗粒；然后，将两只筛的筛余颗粒和清洗容器中已经洗净的试样一并倒入搪瓷盘，放在烘箱中于105 ℃ ±5 ℃下烘干至恒重，待冷却至室温后，称出其质量，精确至 0.1 g。

4）砂的含泥量计算（精确至 0.1%）

$$w_c = \frac{m_0 - m_1}{m_0} \times 100\% \tag{3-6}$$

式中 w_c——含泥量，%；

m_0——试验前烘干试样的质量，g；

m_1——试验后烘干试样的质量，g。

5）试验条件及注意事项

试验前筛子的两面应先用水润湿，在整个过程中应小心，防止砂粒流失。

6）试验结果判定

含泥量取两个试样的试验结果算术平均值作为测定值，该测定值判定为试验结果，填入报告表中检测结果栏中。

3. 泥块含量

1）试验设备

（1）烘箱：能使温度控制在 105 ℃ ±5 ℃。

（2）天平：称量 1 000 g，感量 1 g；称量 5 000 g，感量 5 g。

（3）方孔筛：孔径为 0.60 mm 及 1.18 mm 的筛各一只。

（4）容器：要求淘洗试样时，保持试样不溅出（深度大于 250 mm）。

（5）搪瓷盘、毛刷等。

2）试样制备

将试样缩分至约 5 000 g，放在烘箱中于 105 ℃ ±5 ℃下烘干至恒重，待冷却至室温后，筛除小于 1.18 mm 的颗粒，分为大致相等的两份备用。

3）试验步骤

（1）称取试样 200 g（m_1），精确至 0.1 g。将试样倒入淘洗容器中，注入清水，使水面高出试样面约 150 mm，充分搅拌均匀后，浸泡 24 h；然后，用手在水中碾碎泥块，再把试样放在 0.60 mm 筛上，用水淘洗，直至容器内的水目测清澈为止。

（2）保留下来的试样小心地从筛中取出，装入浅盘后，放在烘箱中于 105 ℃ ±5 ℃下烘干至恒重，待冷却到室温后，称出其质量（m_2），精确至 0.1 g。

4）砂的泥块含量计算（精确至 0.1%）

$$w_{c,1} = \frac{m_1 - m_2}{m_1} \times 100\% \tag{3-7}$$

式中 $w_{c,1}$——泥块含量，%；

m_1——1.18 mm 筛筛余试样的干质量，g；

m_2——试验后烘干试样的质量，g。

5）试验结果判定

泥块含量取两次试验结果的算术平均值作测定值，该测定值判定为试验结果，填入报告表中检测结果栏。

4. 坚固性检测

1）试验方法

采用硫酸钠溶液法。

2）试验仪器设备和试剂

（1）10% 氯化钡溶液。

（2）硫酸钠饱和溶液。

（3）烘箱：能使温度控制在 105 ℃ ±5 ℃。

（4）天平：称量 1 000 g，感量 1 g。

（5）三脚网篮：用金属丝制成，网篮直径和高均为 70 mm，网的孔径应不大于所盛试样中最小粒径的一半。

（6）方孔筛：孔径为 0. 15 mm、0. 30 mm、0. 60 mm、1. 18 mm、2. 36 mm、4. 75 mm 及 9. 5 mm 试验筛各一个。

（7）容器：瓷缸，容积不小于 10 L。

（8）密度计。

（9）玻璃棒、搪瓷盘、毛刷等。

3）溶液的配制及试样制备

硫酸钠溶液的配制方法：在 1 L 水中（水温 30 ℃左右）加入无水硫酸钠 350 g，或结晶硫酸钠 750 g，边加入边用玻璃棒搅拌，使其溶解并达到饱和。然后，冷却至 20 ℃ ~ 25 ℃，在此温度下静置 48 h，即为试验溶液，其密度应为 1. 151 ~ 1. 174 g/cm^3。

4）坚固性试验步骤

（1）将试样缩分至约 2 000 g。将试样倒入容器中，用水浸泡、淋洗干净后放在烘箱中于 105 ℃ ±5 ℃下烘干至恒重，待冷却至室温后，筛除大于 4. 75 mm 及小于 0. 3 mm 的颗粒；然后，筛分成 0. 30 ~ 0. 60 mm、0. 60 ~ 1. 18 mm、1. 18 ~ 2. 36 mm 和 2. 36 ~ 4. 75 mm 四个粒级备用。

（2）称取各粒级试样各 100 g，精确至 0. 1 g。将不同粒级的试样分别装入网篮，并浸入盛有硫酸钠溶液的容器中，溶液的体积应不小于试样总体积的 5 倍。网篮浸入溶液时，应上、下升降 25 次，以排除试样的气泡；然后，静置于该容器中，网篮底面应距离容器底面约 30 mm，网篮之间距离应不小于 30 mm，液面至少高于试样表面 30 mm，溶液温度应保持在 20 ℃ ~ 25 ℃。

（3）浸泡 20 h 后，把装试样的网篮从溶液中取出，放在烘箱中于 105 ℃ ±5 ℃烘 4 h，至此，完成了第一次试验循环。待试样冷却至 20 ℃ ~ 25 ℃后，再按上述方法进行第二次循环。从第二次循环开始，浸泡与烘干时间均为 4 h，共循环 5 次。

（4）最后一次循环完后，用清洁的温水淋洗试样，直至淋洗试样后的水加入少量氯化钡溶液不出现白色浑浊为止。洗过的试样放在烘箱中，于 105 ℃ ±5 ℃下烘干至恒重。待冷却至室温后，用孔径为试样粒级下限的筛过筛，称出各粒级试样试验后的筛余量，精确至 0. 1 g。

5）试验结果计算

（1）各粒级试样重量损失百分率按式（3-8）计算（精确至0.1%），即：

$$P_i = \frac{m_1 - m_2}{m_1} \times 100\% \tag{3-8}$$

式中 P_i——各粒级试样重量损失百分率，%；

m_1——各粒级试样试验前的质量，g；

m_2——各粒级试样试验后的筛余量，g。

（2）试样总质量损失百分率应按下式计算（精确至1%），即：

$$P = \frac{a_1P_1 + a_2P_2 + a_3P_3 + a_4P_4}{a_1 + a_2 + a_3 + a_4} \times 100\%$$

式中 P——试样的总质量损失率，%；

a_1，a_2，a_3，a_4——分别为各粒级质量占试样总质量的百分率，%；

P_1，P_2，P_3，P_4——分别为各粒级质量损失百分率，%。

6）试验结果判定

试验结果所计算出总量损失百分率 P，填入报告表中检测结果栏。并与表3-3的指标相比，判定是否合格。

5. *砂的表观密度试验*

1）试验设备

（1）烘箱：能使温度控制在105 ℃ ±5 ℃。

（2）天平：称量1 000 g，感量1 g。

（3）容量瓶：500 mL。

（4）干燥器、搪瓷盘、滴管、毛刷等。

2）试样制备

将试样缩分至不少于650 g的样品放入浅盘，在烘箱中于105 ℃ ±5 ℃下烘干至恒重，待冷却至室温后，分为大致相等的两份备用。

3）表观密度试验步骤

（1）称取烘干试样300 g（m_0），精确至1 g。将试样装入容量瓶，注入冷开水至接近500 mL的刻度处，用手旋转摇动容量瓶，使砂样充分摇动，排除气泡，塞紧瓶盖，静置24 h。然后，用滴管小心加水至容量瓶500 mL刻度处，塞紧瓶塞，擦干瓶外水分，称出其质量（m_1），精确至1 g。

（2）倒出瓶内水和试样，洗净容量瓶，再向容量瓶内注入与第（1）步骤水温相差不超过2 ℃的冷开水至500 mL刻度处，塞紧瓶塞，擦干瓶外水分，称出其质量（m_2），精确至1 g。

（3）取两次试验结果的算术平均值，精确至10 kg/m³；如两次试验结果之差大于20 kg/m³，须重做试验。

4）试验结果计算（精确至10 kg/m³）

$$\rho_0 = \left(\frac{m_0}{m_0 + m_2 - m_1} - \alpha_\varepsilon\right) \times \rho_{水} \tag{3-9}$$

式中 ρ_0——表观密度，kg/m³；

$\rho_{水}$——水的密度，1 000 kg/m³；

m_0——烘干试样的质量，g；

m_1——试样、水及容量瓶的总质量，g；

m_2——水及容量瓶的总质量，g；

α_ε——水温对砂表观密度影响的修正系数，见表3-14。

表3-14　不同水温对表观密度影响的修正系数

水温/℃	15	16	17	18	19	20
α_ε	0.002	0.003	0.003	0.004	0.004	0.005
水温/℃	21	22	23	24	25	
α_ε	0.005	0.006	0.006	0.007	0.008	

5）试验条件及注意事项

（1）试验过程中应测量和控制水的温度，试验的各项称量可以在15 ℃～25 ℃的温度范围内进行。从试样加水静置的最后2 h起，直至试验结束，其温度相差不应超过2 ℃。

（2）试验前应制备冷开水。

（3）当气温高于25 ℃或低于15 ℃时，应在具有制冷制热的空调中试验。

6）在试验过程中发生异常情况的处理方法

在烘干试样时发生停电，试样仍放置于烘箱，到来电时，继续烘干到恒重。

7）试验结果判定

以两次试验结果的算术平均值作为测定值，该测定值判定为试验结果，填入报告表中检测结果栏。

6. 堆积密度与空隙率

1）试验设备

（1）鼓风烘箱：能使温度控制在105 ℃±5 ℃；

（2）天平：称量10 kg，感量1 g；

（3）容量筒：圆柱形金属筒，内径为108 mm，净高为109 mm，壁厚为2 mm，筒底厚约为5 mm，容积为1 L；

（4）方孔筛：孔径为4.75 mm的筛一只。

（5）垫棒：直径10 mm、长500 mm的圆钢。

（6）直尺、漏斗或料勺、搪瓷盘、毛刷等。

2）试样制备

用搪瓷盘装取试样约3 L，放在烘箱中于105 ℃±5 ℃下烘干至恒重，待冷却至室温后，筛除大于4.75 mm的颗粒，分成大致相等的两份备用。

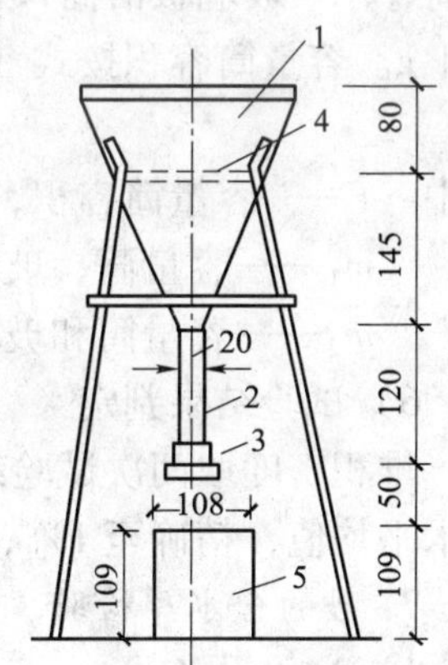

图3-5　标准漏斗

1—漏斗；2—ϕ20 mm的管子；3—活动门；4—筛；5—金属容量筒

3）试验步骤

（1）松散堆积密度。取试样一份，用漏斗或料勺将试样从容量筒中心上方50 mm处徐徐倒入，让试样以自由落体落下。当容量筒上部试样呈锥体，且容量筒四周溢满时，即停止加料。然后，用直尺沿筒口中心线向两边刮平，称出试样和容量筒的总质量，精确至1 g。

（2）紧密堆积密度。取试样一份分两次装入容量筒。装完第一层后，在筒底垫放一根直径为 10 mm 的圆钢，将筒按住，左、右交替击地面各 25 次；然后，装入第二层，第二层装满后用同样方法颠实（但筒底所垫钢筋的方向应与第一层时的方向垂直）后，再加试样直至超过筒口；然后，用直尺沿筒口中心线向两边刮平，称出试样和容量筒总质量，精确至 1 g。

4）试验结果计算

（1）松散或紧密堆积密度按式（3－10）计算（精确至 10 kg/m³），即：

$$\rho_1 = \frac{m_1 - m_2}{V} \times 1\,000 \tag{3-10}$$

式中 ρ_1——松散堆积密度或紧密堆积密度，kg/m³；

m_1——容量筒和试样总质量，g；

m_2——容量筒质量，g；

V——容量筒的容积，L。

（2）空隙率按式（3－11）计算（精确至%），即：

$$P' = \left(1 - \frac{\rho_1}{\rho_2}\right) \times 100\% \tag{3-11}$$

式中 P'——空隙率，%；

ρ_1——试样的松散（或紧密）堆积密度，kg/m³；

ρ_2——计算的试样表观密度，kg/m³。

5）试验条件及注意事项

首次用的容量筒，其容积应校正。校正方法为：将温度为 20 ℃ ±2 ℃的饮用水装满容量筒，用一玻璃板沿筒口推移，使其紧贴水面，擦干筒外壁水分；然后，称出其质量，精确至 1 g。容量筒容积按式（3－12）计算（精确至 1 mL），即：

$$V = m_1 - m_2 \tag{3-12}$$

式中 V——容量筒容积，mL；

m_1——容量筒、玻璃板和水的总质量，g；

m_2——容量筒和玻璃板质量，g。

6）试验结果判定

堆积密度取两次试验结果的算术平均值，精确至 10 kg/m³。空隙率取两次试验结果的算术平均值，精确至 1%，填入报告表中检测结果栏。

7. 砂的含水率检验

1）试验设备

（1）鼓风烘箱：能使温度控制在 105 ℃ ±5 ℃；

（2）天平：称量 1 000 g，感量 1 g；

（3）容器，如浅盘等。

2）试验步骤

（1）从密封好的样品中取重为 500 g 的试样两份，分别放入已知重量的干燥容器（m_1）中，称重，记下每盘试样与容器的总重（m_2）。

（2）将容器连同试样放入温度为 105 ℃ ±5 ℃的烘箱中烘干至恒重，称量烘干后的试样与容器的总质量（m_3）。

3）试验结果计算

按式（3－12）计算含水率，以两次试验结果的算术平均值作为测定值，即：

$$w_{wc}=\frac{m_2-m_3}{m_3-m_1}\times 100\% \tag{3-13}$$

式中　w_{wc}——含水率，%；

m_1——容器的质量，g；

m_2——未烘干的试样与容器的总质量，g；

m_3——烘干后的试样与容器的总质量，g。

（三）砂质量评定

砂的检验报告可以采用表3－15所示的格式。将各种指标的检测结果填入检验报告中，根据砂标准对应的指标数值，判定砂的质量。

表3－15　砂试验报告

报告日期：　　　　　　　　　　　　　　　　　　　　　　No.

委托单位			样品编号		
工程名称			试样代表数量		
样品产地、名称			收样日期	年　月　日	
检验条件			检验依据		
检验项目	检测结果	附记	检验项目	检测结果	附记
表观密度/$(kg\cdot m^{-3})$			有机物含量/%		
松堆积密度/$(kg\cdot m^{-3})$			云母含量/%		
紧堆积密度/$(kg\cdot m^{-3})$			轻物质含量/%		
含泥量/%			坚固性质量损失率/%		
泥块含量/%			硫酸盐、硫化物含量/%		
氯离子含量/%			人工砂　石粉含量/%		
含水率/%			人工砂　MB值		
吸水率/%			压碎指标值/%		
碱活性			贝壳含量/%		

颗粒级配									检测结果
公称粒径/mm		9.50	4.75	2.36	1.18	0.60	0.30	0.15	细度模数
颗粒级配区	Ⅰ	0	10～0	35～5	65～35	85～71	95～80	100～90	
	Ⅱ	0	10～0	25～0	50～10	70～41	92～70	100～90	
	Ⅲ	0	10～0	15～0	25～0	40～16	85～55	100～90	
实际累计筛余量/%									级配区属区砂
结论				备注					

技术负责人＿＿＿＿校核＿＿＿＿检验＿＿＿＿检验单位＿＿（盖章）＿＿

3.4.3 混凝土用碎石或卵石的质量验收与检测

（一）混凝土用碎石或卵石的现场验收与见证取样

经过实训，学生应该能够掌握建筑用碎石和卵石的现场见证取样的方法和具体要求。

1. 取样的方法

（1）同混凝土用砂的取样要求。

（2）单项试验的最少取样数量应符合表 3－16 所示的规定。做几项试验时，如确能保证试样经一项试验后不致影响另一项试验的结果，可用同一试样进行几项不同的试验。

2. 试验的缩分

碎石或卵石缩分时，应将样品置于平板上，在自然状态下拌匀，并堆成锥体；然后，沿互相垂直的两条直径，把锥体分成大致相等的 4 份，取其对角两份重新拌匀，再形成锥体；继续缩分，直至试验需要量为止。

碎石或卵石的含水率、堆积密度、紧密密度可以不经缩分，拌匀后直接进行试验。

表 3－16 每一单项检验项目所需碎石或卵石的最小取样质量 kg

试验项目	最大公称粒径/mm							
	9.50	16.0	19.0	26.50	31.5	37.5	63.0	75.0
筛分析	8	15	15	20	25	32	50	54
表观密度	8	8	8	8	12	15	24	24
含水率	2	2	2	2	3	3	4	6
吸水率	8	8	16	16	16	24	24	32
堆积密度、紧密密度	40	40	40	40	80	80	120	120
含泥量	8	8	24	24	40	40	80	80
泥块含量	8	8	24	24	40	40	80	80
针、片状含量	1.2	4	8	12	20	40	—	—
硫化物、硫酸盐含量	1.0							

（二）碎石或卵石的质量检测与评定

碎石或卵石进场应进行颗粒级配、含泥量、泥块含量、针片状颗粒含量检验。

通过实训，学生应该能够对施工现场的碎石和卵石进行进场验收，见证取样、质量评定。

1. 碎石或卵石的筛分析试验

本方法适用于测定碎石或卵石的颗粒级配和最大粒径。

1）试验仪器设备

（1）试验筛：孔径为 75.0 mm、63.0 mm、53.0 mm、37.5 mm、31.5 mm、26.5 mm、19.0 mm、16.0 mm、9.50 mm、4.75 mm 和 2.36 mm 的圆孔筛，以及筛的底盘和盖各一只，其规格和质量要求应符合国家试验筛标准（GB/T 6003.2）的规定（筛框内径均为 300 mm）。

（2）天平或案秤：天平的称量5 kg，感量5 g；秤的称量20 kg，感量20 g。

（3）烘箱：能使温度控制在105 ℃ ±5 ℃。

（4）浅盘。

2）试样制备

试验前，用四分法将样品缩分至略重于表3－17规定的试样所需量，烘干或风干后备用。

表3－17　筛分析所需试样的最少质量

最大公称粒径/mm	9.50	16.0	19.0	26.5	31.5	37.5	63.0	75.0
试样质量不少于/kg	2.0	3.2	4.0	5.0	6.3	8.0	12.6	16.0

3）筛分析试验步骤

（1）按表3－17的规定要求样品数量，准确称取试样。

（2）将试样按孔大小顺序过筛；当每号筛上筛余层的厚度大于试样的最大粒径值时，应将该号筛上的筛余分成两份，再次进行筛分。直至各筛每分钟的通过量不超过试样总量的0.1%。

注：当筛余颗粒的粒径大于20.0 mm时，在筛分过程中允许用手拨动颗粒。

（3）称取各筛筛余的重量m_i，精确至试样总重量的0.1%。在筛上的所有分计筛余量和筛底剩余的总和，与筛分前测定的试样总量相比，其相差不得超过1%。

4）筛分析试验结果的计算

（1）由各筛上的筛余量m_i除以试样总重量计算得出该号筛的分计筛余百分率a_i（精确至0.1%）。

（2）每号筛计算得出的分计筛余百分率与大于该筛筛号各筛的分计筛余百分率相加，计算得出其累计筛余百分率A_i（精确至1.0%）。

（3）根据各筛的累计筛余百分率，评定该试样的颗粒级配。

5）筛分析试验结果判定

根据各筛的筛余百分率，对照筛分析试验结果，判定为连续粒级或单粒级。

2. 碎石或卵石的含泥量试验

本方法适用于测定碎石或卵石中的含泥量。

1）试验仪器设备

（1）案秤：称量20 kg，感量20 g。对最大粒径小于15 mm的碎石或卵石，应用称量为5 kg、感量为5 g的天平。

（2）烘箱：能使温度控制在105 ℃ ±5 ℃。

（3）试验筛：孔径为1.18 mm及0.075 mm筛各一个。

（4）容器：容积约10 L的瓷盘或金属盒。

（5）浅盘。

2）试样制备

试验前，将试样用四分法缩分至表3－18所规定的量（注意防止细粉丢失），并置于温度为105 ℃ ±5 ℃的烘箱内烘干至恒重，冷却至室温后分成两份备用。

表3-18 含泥量试验所需的试样最小取样质量

最大粒径/mm	9.50	16.0	19.0	26.5	31.5	37.5	63.0	75.0
试样量不少于/kg	2	2	6	6	10	10	20	20

3）试验步骤

（1）称取试样一份（m_0）装入容器中摊平，并注入饮用水，使水面高出石子表面150 mm，浸泡2 h后，用手在水中淘洗颗粒，使尘屑、淤泥和黏土与较粗颗粒分离，并使之悬浮或溶解于水。缓缓地将浑浊液倒入1.18 mm及0.075 mm的套筛（1.18 mm筛放置上面）上，滤去小于0.075 mm的颗粒。试验前筛子的两面应先用水湿润。在整个试验过程中应注意避免大于0.075 mm的颗粒丢失。

（2）再次加水于容器中，重复上述过程，直至洗出的水清澈为止。

（3）用水冲洗剩留在筛上的细粒，并将0.075 mm筛放在水中（使水面略高出筛内颗粒）来回摇动，以充分洗除小于0.075 mm的颗粒；然后，将两只筛上剩留的颗粒和筒中已洗净的试样一并装入浅盘。置于温度为105 ℃±5 ℃的烘箱中烘干至恒重。取出冷却至室温后，称取试样的重量（m_1）。

4）碎石或卵石的含泥量w_c，应按式（3-14）计算（精确至0.1%），即：

$$w_c=\frac{m_0-m_1}{m_0}\times 100\% \tag{3-14}$$

式中 m_0——试验前烘干试样的质量，g；

m_1——试验后烘干试样的质量，g。

以两个试样试验结果的算术平均值作为测定值。两次结果的差值超过0.2%，应重新取样进行试验。

5）含泥量试验判定结果

以两个试样试验结果的算术平均值作为测定值，填入报告表中检测结果栏，对照表3-4，判定合格或不合格。

3. 碎石或卵石的泥块含量检验

本方法适用于测定碎石或卵石中泥块的含量。

1）试验仪器设备

（1）案秤：称量20 kg，感量20 g；称量10 kg，感量10 g。

（2）天平：称量5 kg，感量5 g。

（3）试验筛：孔径为2.36 mm及4.75 mm筛各一个。

（4）洗石用水筒及烘干用的浅盘等。

2）试样制备

试验前，将样品用四分法缩分至略大于表3-18所示的量，缩分应注意防止所含黏土块被压碎。缩分后的试样在105 ℃±5 ℃烘箱内烘至恒重，冷却至室温后分成两份备用。

3）泥块含量试验步骤

（1）筛去4.75 mm以下颗粒，称重（m_1）。

（2）将试样在容器中摊平，加入饮用水，使水面高出试样表面。24 h后把水放出，用手碾压泥块；然后，把试样放在2.36 mm筛上摇动淘洗，直至洗出的水清澈为止。

（3）筛上的试样小心地从筛里取出，置于温度为 105 ℃ ±5 ℃烘箱中烘干至恒重。取出冷却至室温后称重（m_2）。

4）泥块含量 $w_{c,1}$

应按式（3－15）计算（精确至0.01%），即：

$$w_{c,1}=\frac{m_1-m_2}{m_1}\times 100\ (\%) \tag{3-15}$$

式中　m_1——4.75 mm 筛筛余量，g；

m_2——试验后烘干试样的量，g。

以两个试样试验结果的算术平均值作为测定值。如两次结果的差值超过0.2%，应重新取样进行试验。

5）泥块含量试验结果判定

以两个试样试验结果的算术平均值作为测定值，填入报告表中检测结果栏，对照表3－4，判定合格或不合格。

4. *碎石或卵石中针状和片粒颗粒的总含量试验*

本方法适用于测定碎石或卵石中针状和片状颗粒的总含量。

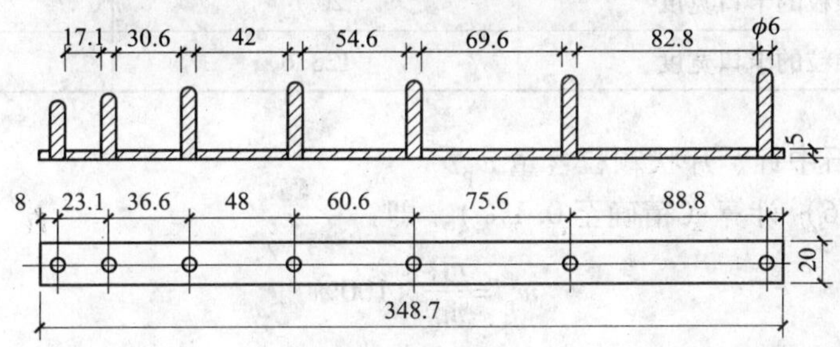

图3－6　针状规准仪

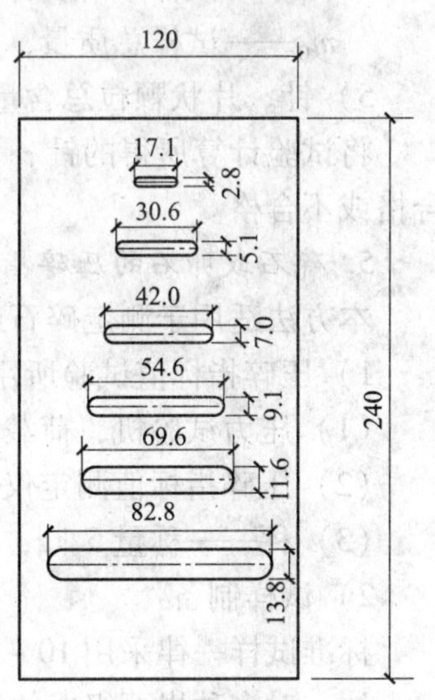

图3－7　片状规准仪

1）针、片状颗粒含量试验应采用的仪器设备

（1）针状规准仪和片状规准仪。

（2）天平：称量 2 kg，感量 2 g。

（3）案秤：称量 20 kg，感量 20 g。

（4）试验筛：孔径分别为 4.75 mm、9.50 mm、19.0 mm、26.50 mm、31.5 mm、37.5 mm、63.0 mm、75.0 mm，根据需要选用。

（5）游标卡尺。

2）试样制备

试验前，将试样在室内风干至表面干燥，并用四分法缩分至表3－19 所示规定的数量称重（m_0）；然后，筛分成表3－20 所规定的粒级备用。

表3－19　针、片状试验所需的试样最少质量

最大粒径/mm	10.0	16.0	20.0	25.0	31.5	40.0 以上
试样最少质量/kg	0.3	1	2	3	5	10

3）试验步骤

（1）按表3－20所规定的粒级用规准仪逐粒对试样进行鉴定，凡颗粒长度大于针状规准仪上相对应间距者，为针状颗料。厚度小于片状规准仪上相应孔宽者，为片状颗粒。

表3－20　针、片状试验的粒级划分及相应的规准仪孔宽或间距　　mm

粒级	5～10	10～16	16～20	20～25	25～31.5	31.5～40
片状规准仪上相对应的孔宽	3	5.2	7.2	9	11.3	14.3
针状规准仪上相对应的间距	18	31.2	43.2	54	67.8	85.8

（2）粒径大于40 mm的碎石或卵石可用卡尺鉴定其针、片状颗粒，卡尺卡口的设定宽度应符合表3－21的规定。

（3）称量由各粒级挑出的针状和片状颗粒的总质量（m_1）。

表3－21　大于40 mm粒级颗粒卡尺卡口的设定宽度　　mm

粒级	40～63	63～80
鉴定片状颗粒的卡口宽度	20.6	28.6
鉴定针状颗粒的卡口宽度	123.6	171.6

4）碎石或卵石中针、片状颗粒含量 w_p

应按式（3－16）计算（精确至0.1%），即：

$$w_p = \frac{m_1}{m_0} \times 100\% \tag{3-16}$$

式中　m_1——试样中所含针、片状颗粒的总质量，g；

m_0——试样总质量，g。

5）针、片状颗粒总含量试验结果判定

将试验计算所得的针、片状颗粒含量 w_p 填入报告表中检测结果栏，对照表3－4，判定合格或不合格。

5. *碎石或卵石的压碎指标值试验*

本方法适用于测定碎石或卵石抵抗压碎的能力，以间接地推测其相应的强度。

1）压碎指标值试验所用仪器设备

（1）压力试验机，荷载300 kN。

（2）压碎指标值测定仪。

（3）秤——称量5 kg，感量5 g。

2）试样制备

标准试样一律采用10～20 mm的颗粒，并在气干状态下进行试验。

注：对多种岩石组成的卵石，如其粒径大于20 mm颗粒的岩石矿物成分与10～20 mm颗粒有显著差异时，对大于20 mm颗粒，应经人工破碎后筛取10～20 mm标准粒级，另外进行压碎指标值试验。

试验前，先将试样筛去10 mm以下及20 mm以上的颗粒，再用针状和片状规准仪剔除其针状和片状颗粒；然后，称取每份3 kg的试样3份备用。

3）压碎指标值试验步骤

（1）置圆筒于底盘上，取试样一份，分两层装入筒内，每装完一层试样后，在底盘下面垫放一直径为 10 mm 的圆钢筋，将筒按住，左、右交替颠击地面各 25 下。第二层颠实后，试样表面距盘底的高度应控制为 100 mm 左右。

（2）整平筒内试样表面，把压头装好（注意应使加压头保持平整），放到试验机上在 160 ~ 300 s 内均匀地加荷到 200 kN，稳定 5 s。然后，卸荷，取出测定筒。倒出筒中的试样并称其质量（m），用孔径为 2.5 mm 的筛筛除被压碎的细粒，称量剩留在筛上的试样质量（m_1）。

4）碎石或卵石的压碎指标值 δ_a

碎石或卵石的压碎指标值 δ_a 应按式（3 - 17）计算（精确至 0.1%），即：

$$\delta_a = \frac{m_0 - m_1}{m_0} \times 100\% \qquad (3-17)$$

式中 m_0——试样的质量，g；

m_1——压碎试验后筛余的试样质量，g。

对多种岩石组成的卵石，如对 19.5 mm 以下和 19.5 mm 以上的标准粒级（10 ~ 20 mm）分别进行检验，则其总的压碎指标值 δ_a 应按式（3 - 18）计算，即：

$$\delta_a = \frac{a_1\delta_{a1} + a_2\delta_{a2}}{a_1 + a_2} \times 100\% \qquad (3-18)$$

式中 a_1，a_2——试样中 19.52 mm 以下和 19.5 mm 以上两种粒级的颗粒含量百分率；

δ_{a1}，δ_{a2}——两粒级以标准粒级试验的分计压碎指标值，%，以 3 次试验结果的算术平均值作为压碎指标准测定值。

5）压碎指标值试验结果判定

以 3 次试验结果的算术平均值作为压碎指标测定值，填入报告表中检测结果栏，对照表 3 - 4，判定合格或不合格。

6. *碎石或卵石的含水率试验*

本方法适用于测定碎石或卵石的含水率。

1）含水率试验所用仪器设备

（1）烘箱：能使温度控制在 105 ℃ ±5 ℃；

（2）天平：称量 5 kg，感量 5 g。

（3）容器：如浅盘等。

2）含水率试验步骤

（1）取重量约等于表 3 - 16 所要求的试样，分成两份备用。

（2）将试样置于干净的容器中，称取试样和容器的总质量（m_1），并在 105 ℃ ±5 ℃的烘箱中烘干至恒重。

（3）取出试样，冷却后称取试样与容器的总质量（m_2），并称出容器的质量（m_3）。

3）含水率 w_{wc}

应按式（3 - 19）计算（精确至 0.1%），即：

$$w_{wc} = = \frac{m_2 - m_3}{m_3 - m_1} \times 100\% \qquad (3-19)$$

式中 m_1——烘干前试样与容器总质量，g；

m_2——烘干后试样与容器总质量，g；

m_3——容器质量，g。

以两次试验结果的算术平均值作为测定值。

4）试验结果判定

以两次试验结果的算术平均值作为测定值，填入报告表中的检测结果栏（表3－22）。

表3－22　卵石或碎石检测报告

报告日期：　　　　　　　　　　　　　　　　　　　　　　　　　　　No.

委托单位		样品编号	
工程名称		试样代表数量	
样品产地、名称		收样日期	年　月　日
检验条件		检验依据	

检验项目	检测结果	附记	检验项目	检测结果	附记
表观密度/(kg·m^{-3})			有机物含量/%		
松堆积密度/(kg·m^{-3})			坚固性质量损失率/%		
紧堆积密度/(kg·m^{-3})			岩石强度/(N·mm^{-2})		
含水率/%			压碎指标值/%		
吸水率/%			SO_3^-含量/%		
含泥量/%			碱活性		
泥块含量/%					
针、片状颗粒总含量/%					

颗粒级配											
公称粒径/mm	75.0	63.0	53.0	37.5	31.5	26.50	19.0	16.0	9.50	4.75	2.36
标准颗粒级配范围累计筛余/%											
实际累计筛余/%											

检验结果			
结论		备注	

技术负责人＿＿＿＿＿＿　校核＿＿＿＿＿＿　检验＿＿＿＿＿＿　检验单位＿＿＿＿＿＿（盖章）

复习思考题

一、名词解释： 混凝土；普通混凝土；粗细程度；颗粒级配；细度模数，级配区，最大粒径，岩石立方体强度

二、简答题

1. 如何检验砂石的颗粒级配和粗细程度？

2. 为什么要检验砂的泥土含量、泥块含量和石粉含量？

3. 砂中的有害杂质有哪些？对混凝土的质量有什么影响？

4. 碎石或卵石中的针、片状颗粒对混凝土有哪些影响？如何检验？

5. 为什么要控制砂的粗细程度和颗粒级配？

6. 为什么要检测砂石的含水率？

7. 碎石和卵石对混凝土的性能有什么影响？

三、判断正误

1. 混凝土用砂宜选用Ⅱ区中砂。

2. 采用碎石拌制的混凝土比卵石强度高。

3. 拌制混凝土，采用粗砂的用水量高于中砂。

4. 两种砂子的细度模数相同，其级配也一定相同。

5. 在结构尺寸和施工条件允许的情况下，尽可能选择较粗的粗骨料，可以节约水泥。

6. 针、片状颗粒含量增多，会降低混凝土的强度。

7. 泥土的存在会增加混凝土拌合用水量，同时会降低骨料与水泥浆的粘结强度，而降低混凝土的强度。

四、计算题

某砂样的筛分析试验，各孔径筛的筛上累计筛余百分数见表3-23：（1）计算该砂的细度模数；（2）已知0.60 mm筛的筛上累计筛余百分数：Ⅰ区砂为（95~71），Ⅱ区砂为（70~41），Ⅲ区砂为（40~16），判断该砂样属哪个级配区？是否合格？

表3-23　计算题用表

筛孔尺寸/mm	4.75	2.36	1.18	0.60	0.30	0.15
分计筛余百分数 *A*/%	6	7.4	9.6	39.0	20.0	16.5

模块 4

混凝土的验收及性能检测

教学目标

知识目标：掌握混凝土的和易性的概念和影响因素；掌握混凝土强度概念及强度等级的分类；理解混凝土强度的影响因素及提高措施；熟悉混凝土外加剂常见种类的品种；掌握其用途和使用方法；掌握混凝土配合比设计的规定；熟悉混凝土的耐久性及其影响因素；了解混凝土变形的性能；熟悉混凝土的质量评定方法。

技能目标：掌握混凝土的和易性的检测方法和调整措施；掌握混凝土强度的检测方法；熟练掌握混凝土配合的设计程序和要求；了解混凝土质量评定的方法；了解混凝土外加剂技术要求与检测方法。

任务引入

河北省某新型建材公司与开元房地产开发有限公司签订了商品混凝土供应合同，招标内容是包括 C10 ~ C45 共 17 个品种的商品混凝土，约 320 000 m^3。李辉是某职业技术学院的建筑工程系毕业生，刚应聘到该建材公司负责产品质量检验工作。为了尽快熟悉岗位工作，看到一张商品混凝土出场验收单，向总工程师王工请教如何做好混凝土施工的质量控制。王工说，混凝土作为施工现场用量大、用途广的结构材料，硬化前后混凝土的技术性能直接影响建筑物的结构安全和使用寿命，对施工质量的影响很大。因此，一方面，要严格设计和执行混凝土配合比；另一方面，根据《普通混凝土拌合物性能试验方法标准》（GB/T 50080—2002）、《普通混凝土长期性能和耐久性能试验方法标准》（GB/T 50082—2009）、《混凝土强度检验评定标准》（GB/T 50107—2010）和《普通混凝土力学性能试验方法标准》（GB/T 50081—2002）等国家标准，按照混凝土施工质量验收规范，认真验收检验混凝土的技术性能，尽量排除质量隐患，并做好记录（可以参考表 4 – 1），以备将来查找原因。

表 4 – 1　商品混凝土出场和进场验收单

<table>
<tr><td>供货单位</td><td colspan="2"></td><td>合同编号</td><td colspan="2"></td></tr>
<tr><td>购货单位</td><td></td><td>生产编号</td><td></td><td>生产日期</td><td></td></tr>
<tr><td>工程名称</td><td></td><td>施工单位</td><td></td><td></td><td></td></tr>
</table>

续表

<table>
<tr><td>混凝土强度等级</td><td colspan="2"></td><td colspan="2">抗渗等级</td><td></td><td colspan="2">其他技术要求</td><td></td></tr>
<tr><td>混凝土输送方式</td><td colspan="3"></td><td colspan="3">配合比编号</td><td colspan="2"></td></tr>
<tr><td>供应方量/m³</td><td></td><td>车号</td><td></td><td colspan="2">累计车次</td><td></td><td>司机</td><td></td></tr>
<tr><td>运距/km</td><td></td><td>到场时间</td><td></td><td colspan="2">开始浇筑时间</td><td></td><td>完成浇筑时间</td><td></td></tr>
<tr><td>出场时间</td><td></td><td></td><td></td><td></td><td></td><td></td><td></td><td></td></tr>
<tr><td rowspan="2">签字栏</td><td colspan="2">现场验收人</td><td colspan="4">供应单位质量员</td><td colspan="2">供应单位签发人</td></tr>
<tr><td colspan="2"></td><td colspan="4"></td><td colspan="2"></td></tr>
</table>

任务分析

混凝土是施工过程中用量最大、直接影响施工质量的建筑材料。同时，混凝土施工属于隐蔽施工，施工完毕后很难检查出来质量的原因，因此，其质量控制主要采取严格控制混凝土配合比设计、严格执行混凝土的生产配料工艺、做好混凝土浇筑前的和易性检查，制作强度试件并进行强度检验评定，保证使用符合施工要求的混凝土；同时，科学、合理地进行浇筑、养护等施工程序，保证施工操作质量；杜绝乱加水、擅自改变水灰比等违规现象。因此，李辉必须掌握：

（1）混凝土和易性的概念和检测方法及调整措施。

（2）混凝土强度的概念和检测评定方法及提高措施。

（3）混凝土配合比的概念和设计方法。

（4）混凝土耐久性的概念和改进措施。

（5）混凝土的变形性能。

（6）混凝土外加剂的概念和检测方法及其应用知识。

因此，李辉听取王工的建议，找到过去学过的建筑材料、建筑施工等课本以及混凝土相关的标准和质量验收规范等书籍，认真结合施工现场的工作任务，信心十足地开始复习和学习，争取尽快成为一名合格的施工管理人员。

相关知识

4.1　混凝土和易性及检测

4.1.1　混凝土拌合物和易性的概念

混凝土拌合物又称为新拌混凝土，是指将混凝土中各种原材料（水泥、砂、石子、水、外加剂、矿物掺合料等）按设计好的比例混合，经搅拌形成的混合物。

和易性是指混凝土拌合物易于施工操作（拌和、运输、浇注、捣实），并能获致质量稳定均匀、成型密实的性能。和易性是一项综合的技术性质，包括有流动性、黏聚性和保水性三个方面的含义，又称为工作性。混凝土拌合物必须具有良好的和易性，才能满足施工的要求。

流动性是指混凝土拌合物在本身自重或施工机械振捣的作用下，能产生流动，并均匀密实地填满模板的性能。流动性大小反映了混凝土拌合物的稀稠，直接影响浇筑、振捣施工的难易和混凝土的质量。流动性好，混凝土容易操作成型。若混凝土拌合物太干稠，则混凝土难以捣实，易形成内部孔隙；反之，若太稀，则会造成在运输、振捣过程中，出现水泥浆上浮，粗、细骨料下沉而分层，造成质量不均的缺陷。

黏聚性是指混凝土各组成材料相互之间具有一定的黏聚能力，从而使得混凝土保持整体均匀、完整和稳定的性能。黏聚性好，在运输和浇筑过程中不至于产生分层和离析、泌水的现象。黏聚性差，会造成混凝土不均匀，产生“蜂窝、麻面”等现象，强度下降，耐久性降低。

保水性是指混凝土拌合物在施工过程中，具有一定的保持内部水分的能力而不至于产生严重的泌水现象而流浆。由于混凝土由具有不同密度、粒径的材料所组成，在搅拌、运输、浇筑、振捣等过程中，会在自重和外力作用下固体颗粒下沉，水上浮于混凝土表面，形成泌水，造成硬化后的混凝土表面酥软；而且当水分遇到钢筋和骨料下面，会影响混凝土整体的均匀性，加重钢筋的锈蚀。保水性差的混凝土，因为泌水增加透水通道，降低抗渗性，影响耐久性。

从以上所述可以看出：混凝土的流动性、黏聚性、保水性三者之间既相互联系又互相矛盾，不能片面地追求大流动性，而忽视保水性和黏聚性。必须要保证三者同时良好，才能满足混凝土的成型能力。

任务一实施

4.1.2　拌合物和易性的检测和评定

混凝土拌合物的和易性内涵比较复杂，难以用一种简单的测定方法和指标来全面、恰当地评价。根据我国现行标准《普通混凝土拌合物性能试验方法标准》（GB/T 50080—2002）的规定，用坍落度与坍落度扩展法和维勃稠度来测定混凝土拌合物的流动性，并辅以直观经验判定黏聚性和保水性，综合评定拌合物和易性是否满足施工要求。

坍落度及扩展法适用于坍落测定粗骨料最大粒径不大于40 mm，坍落度值不小于10 mm的塑性拌合物的稠度测定；维勃稠度法适合于测定粗骨料最大粒径不大于40 mm，维勃稠度值在5 ~ 30之间的混凝土拌合物的稠度测定。

（一）混凝土拌合物试样的制备

1. 现场取样

对于预制混凝土拌合物的质量，每车应目测检查；混凝土坍落度检验的试样，每100 m^3 相同配合比的混凝土取样检验，不得少于一次；当一个工作班相同配合比的混凝土不足100 m^3 时，也不得少于一次。现场施工粉煤灰混凝土的坍落度的检验，每工作班至少测定两次，其测定值允许偏差为 ±20 mm。

2. 拌合物的制备

1）试验仪器

搅拌机（容量为75 ~ 100 L，转速为18 ~ 22 r/min）；磅秤（称量50 kg，感量50 g）；天

平（称量5 kg，感量1 g）；量筒（200 mL、100 mL各一只）；拌板（1.5 m×2.0 m左右）；拌铲、量筒、盛器、抹布等。

2）材料备置

在试验室拌制混凝土进行试验时，拌合用的骨料应提前运入室内。拌合时试验室的温度应保持在20 ℃±5 ℃范围。需要模拟施工现场的条件时，所用原材料的温度应与施工现场保持一致。

材料用量以质量计，称量的精确度：集料为±1%；水、水泥和外加剂，均为±0.5%。

混凝土试配时的最小搅拌量：当集料最大粒径不大于30 mm时，拌制数量为20 L；最大粒径为40 mm时，拌制数量为25 L。搅拌量不应小于搅拌机额定搅拌量的1/4。

3）拌合方法

（1）人工拌料。按所定配合比备料，以全干状态为准；将拌板和拌铲用湿布润湿后，将砂倒在拌板上；然后，加入水泥，用铲自拌板一端翻拌至另一端；接着，再翻拌回来，如此重复，直至颜色混合均匀；再加入石子，翻拌至混合均匀为止；将干混合料堆成堆，在中间作一凹槽，将已称量好的水倒入凹槽中一半左右（勿使水流出）；然后，仔细翻拌，并徐徐加入剩余的水，继续翻拌。每翻拌一次，用铲在混合料上铲切一次，直至拌合均匀为止；拌合时力求动作敏捷，拌合时间从加水时算起（应大致符合以下规定：拌合物体积为30 L以下时，为4～5 min；拌合物体积为30～50 L时，为5～9 min；拌合物体积为51～75 L时，为9～12 min）。

（2）机械搅拌方法。按所定配合比备料，以全干状态为准；预拌一次，即用按配合比的水泥、砂和水组成的砂浆和少量石子，在搅拌机中涮膛；然后，倒出多余的砂浆，其目的是使水泥砂浆先黏附满搅拌机的筒壁，以免正式拌合时影响混凝土的配合比；开动搅拌机，将石子、砂和水泥依次加入搅拌机内，干拌均匀，再将水徐徐加入。全部加料时间不得超过2 min。水全部加入后，继续拌合2 min；将拌合物从搅拌机中卸出，倒在拌板上，再经人工拌合1～2 min，即可做拌合物的各项性能试验或成型试件。

从开始加水时算起，全部操作必须在30 min以内完成。

（二）坍落度法的测定

（1）坍落度法。将混凝土拌合物按规定方法装入标准的圆锥形筒（坍落度筒）内，并插捣均匀。刮平后，将筒平稳垂直向上提起；拌合物在自重作用下向下坍落，测量筒高与坍落后的混凝土试体最高点的高度差（mm），即为坍落度。通常用 *T* 表示，如图4-1所示。测定坍落度的同时，可以检查黏聚性和保水性。

（2）坍落度扩展法。在做坍落度试验的基础上，当混凝土拌合物的坍落度值大于220 mm，用钢尺测量混凝土扩展后最终的最大直径和最小直径。在这两个直径之差小于50 mm的条件下，用其算术平均值作为坍落扩展值。

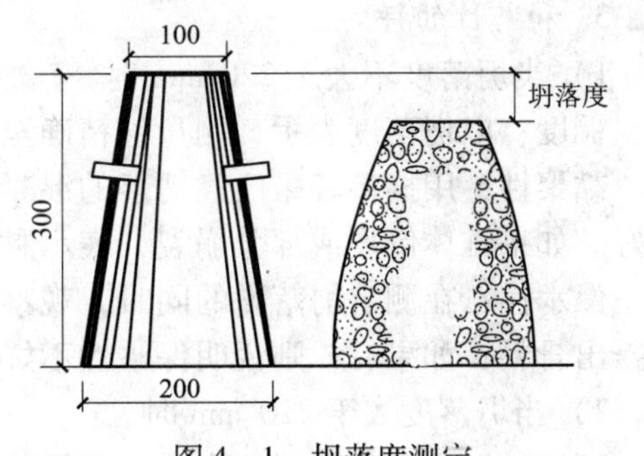

图4-1　坍落度测定

1. 主要仪器

坍落度测定仪：坍落度筒（截头圆锥形，由薄钢板或其他金属板制成）、捣棒（端部应磨

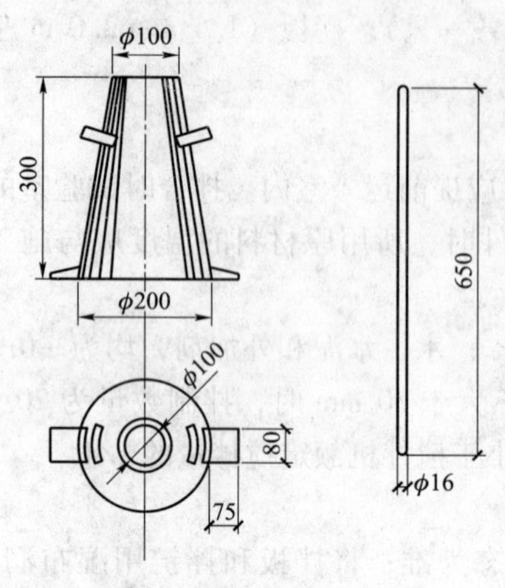

图4-2　坍落度测定仪

圆，直径为16 mm，长度为650 mm、装料漏斗、小铁铲、钢直尺、抹刀等，如图4-2所示。

2. 测定步骤

（1）湿润坍落度筒及各种拌合用具，保证筒内壁和底板上不得有明水。并把坍落度筒放在不吸水的刚性水平板上；然后，用脚踩住两边的踏脚板，使坍落度筒在装料时保持位置固定。

（2）把按要求取得或制得的混凝土试样，用小铲分3层均匀地装入坍落度筒内，使捣实后每层高度为筒高的1/3左右。每层用捣棒插捣25次，插捣应沿螺旋方向由外向中心进行，每次插捣应在截面上均匀分布。插捣筒边混凝土时，捣棒可以稍稍倾斜。插捣底层时，捣棒应贯穿整个深度；插捣第二层或顶层时，捣棒应插透本层至下一层的表面。浇灌顶层时，混凝土应灌到高出筒口。插捣过程中，如混凝土沉落到低于筒口，则应随时添加。顶层插捣完后，刮去多余的混凝土，并用抹刀抹平。

（3）清除筒边、底板上的混凝土后，垂直、平稳地提起坍落度筒，应在5～10 s内完成；从开始装料至提起坍落度筒的整个过程，应不间断地进行，并应在150 s内完成。

（4）提起坍落度筒后，立即量测筒高与坍落后混凝土试体最高点之间的高度差，即为该混凝土拌合物的坍落度值（以mm为单位，读数精确至5 mm）。测定坍落度后，观察拌合物的黏聚性和保水性，并做好记录。

如混凝土发生崩坍或一边剪坏的现象，则应重新取样进行测定。如第二次试验仍出现上述现象，则表示该混凝土和易性不好，应予以记录备查，见图4-3。

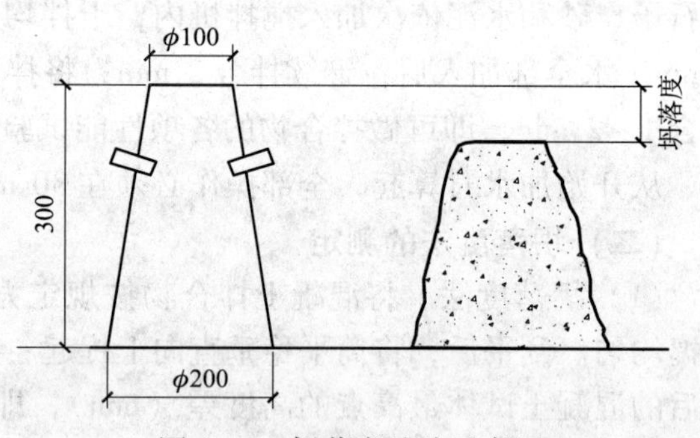

图4-3　坍落度试验示意图

（5）当混凝土拌合物的坍落度值大于220 mm，用钢尺测量混凝土扩展后最终的最大直径和最小直径。在这两个直径之差小于50 mm的条件下，用其算术平均值作为坍落扩展值；否则，此次试验无效。

3. 和易性的评定

1）当坍落度不大于220 mm时

稠度：以坍落度表示，测量值精确至1 mm，结果修约至5 mm。

黏聚性：用捣棒轻敲已经坍落的混凝土试体侧面，如果锥体继续整体下沉，表示黏聚性良好。如果锥体倒塌或部分崩裂，表示黏聚性不好。

保水性：在测定坍落度的同时，观察锥体的根部是否有过多的浆体流出或拌合物因失浆而露出骨料；如果有，则说明保水性不好。

2）当坍落度大于220 mm时

稠度：以坍落度扩展值表示，测量值精确至1 mm，结果修约至5 mm。

抗离析性：提起坍落度筒后，如果混凝土拌合物在扩展的过程中始终保持均质性。不论扩展中心还是边缘，粗骨料的分布是均匀的，无浆体从边缘析出，表明拌合物的抗离析性好；否则，抗离析性不好。

（三）维勃稠度的测定

测定方法：将坍落度筒放在内径为240 mm、高度为200 mm圆筒中，圆筒安装在专用的振动台上，如图4－4所示。按坍落度试验的方法，将新拌混凝土装入坍落度筒内后，再拔去坍落筒，并在新拌混凝土顶上置一透明圆盘。开动振动台并记录时间，从开始振动至透明圆盘底面被水泥浆布满瞬间止，所经历的时间以秒计（精确至1 s），即为新拌混凝土的维勃稠度值。

1. 主要仪器

（1）维勃稠度测定仪，如图4－4所示；包括：

① 振动台台面长380 mm、宽260 mm，支撑在4个减振器上。台面底部安装有频率为50 Hz ± 3 Hz的振动器。装有容器时台面的振幅应为0.5 mm ±0.1 mm。

② 容器1由钢板制成，内径为240 mm ± 5 mm，高为200 mm ± 2 mm，筒壁厚3 mm，筒底厚为7.5 mm。

③ 坍落度筒的内部尺寸为：底部直径200 mm ±2 mm，顶部直径100 mm ± 2 mm，高度为300 mm ±2 mm。

④ 旋转架与测杆及喂料斗相连。测杆下部安装有透明且水平的圆盘，并用测杆螺钉把测杆固定在套管中。旋转架安装在支柱上，通过十字凹槽来固定方向，并用定位螺钉来固定其位置。就位后，测杆或喂料斗的轴线均应与容器的轴线重合。

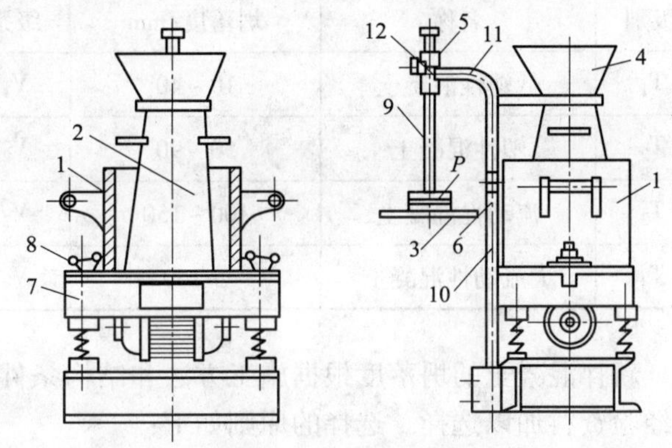

图4－4　维勃稠度测定仪

1—容器；2—坍落度筒；3—圆盘；4—喂料斗；5—套管；6—定位螺钉；7—振动台；8—导向器；9—测杆；10—支柱；11—旋转架；12—测杆螺钉

透明圆盘直径为230 mm ±2 mm，厚度为10 mm ±2 mm。荷重块直接固定在圆盘上。由测杆、圆盘及荷重块组成的滑动部分总质量应为2 750 g ±50 g。

（2）捣棒、小铲、秒表（精度0.5 s）等。

2. 测定步骤

（1）把维勃稠度仪放置在坚实、水平的地面上，用湿布把容器、坍落度筒、喂料斗内壁及其他用具润湿。

（2）将喂料斗提到坍落度筒上方扣紧，校正容器位置，使其中心与喂料斗中心重合；然后，拧紧固定螺钉。

（3）把按要求取得的混凝土试样用小铲分3层以喂料斗均匀地装入筒内，装料及插捣的方法应符合坍落度法的试验步骤。

（4）把喂料斗转离，垂直地提起坍落度筒。此时应注意，不使混凝土试体产生横向的扭动。

（5）把透明圆盘转到混凝土圆台体顶面，放松测杆螺钉，降下圆盘，使其轻轻接触到混凝土顶面。

(6) 拧紧定位螺钉，并检查测杆螺钉是否已经完全放松。

(7) 开启振动台，同时用秒表计时；当振动到透明圆盘的底面被水泥浆布满的瞬间停表计时，并关闭振动台。

3. 和易性的评定

由秒表读出的时间（s），即为该混凝土拌合物的维勃稠度值，精确至1 s。如维勃稠度值小于5 s或者大于30 s，此时，混凝土的稠度已超出本仪器的适用范围。

4. 流动性（坍落度）的级别与选择

根据坍落度和维勃稠度大小，各分为4个等级，见表4－2。

表4－2　混凝土拌合物和易性的级别

坍落度级别			维勃稠度级别		
级别	名称	坍落度/mm	级别	名称	维勃稠度/s
T_1	低塑性混凝土	10～40	V_1	超干硬性混凝土	≥31
T_2	塑性混凝土	50～90	V_2	特干硬性混凝土	30～21
T_3	流动性混凝土	100～150	V_3	干硬性混凝土	20～11
T_4	大流动性混凝土	≥160	V_4	半干硬性混凝土	10～5

新拌混凝土的坍落度根据施工方法和结构条件（断面尺寸、钢筋分布情况），并参考有关经验资料加以选择。选择的原则如下：

(1) 结构构件类型及截面尺寸大小。构件截面尺寸较大时，选用较小的坍落度，以节约水泥。

(2) 结构构件的配筋疏密。钢筋较疏时，选用较小的坍落度。

(3) 输送方式及施工捣实方法。机械振捣时，选用较小的坍落度；人工振捣时，选用较大的坍落度。

(4) 当采用泵送混凝土时，可以通过掺加高效减水剂等措施提高流动性，使得坍落度达到80～180 mm。

根据《混凝土结构工程施工质量验收规范》（GB 50204—2002，2011年版）的规定，混凝土浇筑的坍落度宜按表4－3所示选用。

表4－3　混凝土浇筑时的坍落度

项目	结构种类	坍落度/mm
1	基础或地面等的垫层、无配筋的大体积结构（挡土墙、基础等）或配筋稀疏的结构	10～30
2	板、梁或大型及中型截面的柱子等	30～50
3	配筋密列的结构（薄壁、斗仓、筒仓、细柱等）	50～70
4	配筋特密的结构	70～90

4.1.3　影响混凝土和易性的因素

影响混凝土和易性的因素有很多，主要有原材料的性质、水泥浆的用量、水灰比、砂率、环境因素、搅拌时间和运输时间、施工条件等。

1. 水泥浆数量的影响

水泥浆的用量是指混凝土中水泥浆的数量。水泥浆的作用一方面是包裹骨料，另一方面是填充在骨料空隙，形成润滑层，使拌合物具有一定的流动性。

在保持水灰比不变的情况下，混凝土拌合物中水泥浆用量越多，流动性越大；反之，越小。但水泥浆用量过多，会使得拌合物产生流浆现象，黏聚性及保水性变差，对强度及耐久性产生不利影响，而且增加水泥的用量；水泥浆用量过小，不能填满骨料的间隙，或者不能保证骨料表面有足够厚的润滑层，拌合物产生崩塌现象，黏聚性变差。

因此，水泥浆不能用量太少，但也不能用量太多，应以满足拌合物流动性、黏聚性、保水性要求为宜。

2. 水泥浆的稠度（水灰比）

水灰比（W/C）即水泥混凝土中用水量与水泥质量之比。当水泥浆用量一定时，水泥浆的稠度决定于水灰比大小。水灰比越小，水泥浆越稠，混凝土拌合物的流动性越小。但水灰比过小时，水泥浆干稠，拌合物流动性过低，给施工造成困难。水灰比过大，水泥浆太稀，又造成拌合物的黏聚性和保水性变差，产生流浆及离析现象，并严重影响混凝土的强度。因此，水灰比过大或过小，都会造成和易性变差，而影响施工质量。水灰比大小应根据混凝土强度和耐久性要求合理选用，取值范围为0.40～0.75。

无论是水泥浆的数量还是水泥浆的稠度，实际上对混凝土拌合物流动性起决定作用的是单位体积用水量的多少，即不变用水量法则：在配制混凝土时，若所用粗、细骨料种类及比例一定，水灰比在一定范围内（0.4～0.8）变动时，为获得要求的流动性，所需拌合用水量基本是一定的。即骨料一定时，混凝土的坍落度只与单位用水量有关。但是单纯依靠增减用水量来调整流动性，又会影响混凝土的强度和耐久性，因此，一般应该在保证水灰比不变的前提下，改变水泥浆的用量，来调整和易性。

3. 砂率的影响

砂率是指混凝土中砂的质量占砂、石总质量的百分率。砂率的变动会影响到砂、石的总表面积和砂、石骨料的空隙率，明显影响拌合物的和易性。

砂率过大，由于砂子的粒径小，总表面积大，砂、石相互填充的空隙率大，在同样的水泥浆用量的情况下，水泥浆显得不够，拌合物干稠，流动性小；砂率过小，砂浆数量不足，减弱了骨料之间的润滑作用，流动阻力增大，流动性降低，并且影响黏聚性和保水性，造成离析或流浆。故砂率大小，影响拌合物的工作性及水泥用量。当采用合理砂率时，砂不但能保证填满石子之间的间隙，而且还能使粗骨料之间有一定厚度的润滑层，以减小流动摩擦阻力，达到较好的流动性。

所谓合理砂率，就是指在用水量及水泥用量一定的情况下，能使混凝土拌合物获得最大的流动性，而且能保持黏聚性及保水性良好时的砂率值。或指混凝土拌合物获得所要求的流动性及良好的黏聚性及保水性，而水泥用量为最少时的砂率值，如图4－5和图4－6所示。

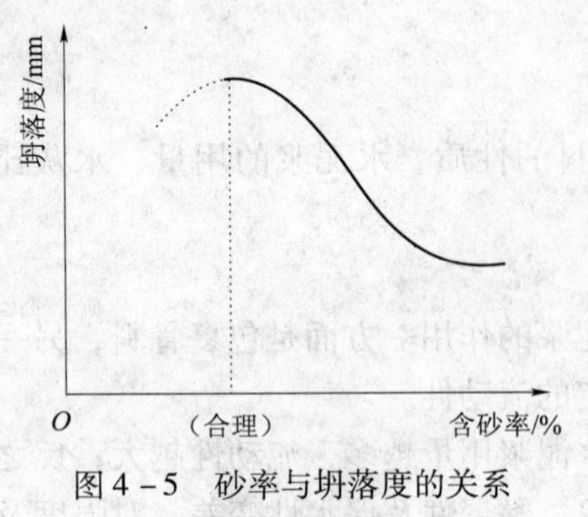

图 4－5　砂率与坍落度的关系
（水与水泥用量一定）

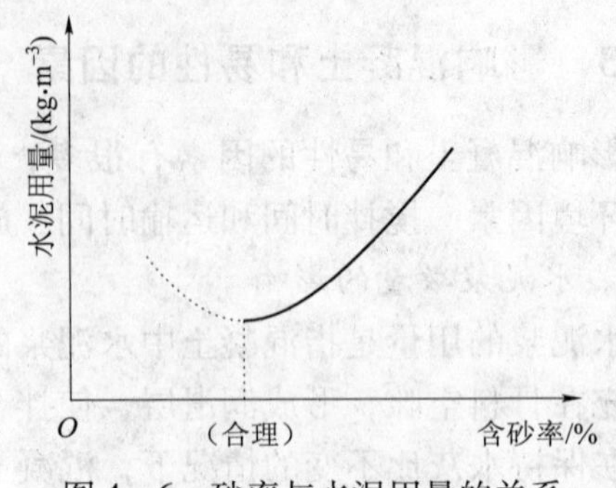

图 4－6　砂率与水泥用量的关系
（达到相同的坍落度）

4. 组成材料性质的影响

（1）水泥品种的影响。水泥对和易性的影响主要表现在水泥的需水性上。需水量大的水泥品种，达到同样的流动性，需要较多的用水量。

（2）骨料性质的影响。由于卵石表面圆滑，拌制的混凝土拌合物的和易性优于碎石；骨料的粒径越大，总比表面积越小，制得拌合物的流动性大；级配良好，空隙率小，制得拌合物的流动性大。

（3）外加剂（如减水剂、引气剂等）对混凝土的和易性有很大的影响。少量的外加剂能使混凝土拌合物在不增加水泥用量的条件下，获得良好的和易性。不仅流动性显著增加，而且还能有效地改善拌合物的黏聚性和保水性。

5. 拌合物存放时间及环境温度的影响

环境温度升高，水分蒸发及水化反应加快，使得拌合物变稠，相应坍落度下降，流动性变差，导致和易性不良。因此，一定要根据施工环境的温度合理选择用水量，以保证施工所需的和易性。

从加水拌合开始，时间延长，水分蒸发得越多，拌合物越稠，坍落度下降越大。这种现象称为坍落度损失。因此，对于现在商品混凝土，一定要控制好从加水搅拌到浇筑施工之间的时间间隔，避免因为坍落度损失过大而影响施工质量。

6. 施工工艺

同样的配合比设计，采用机械搅拌可以达到比人工拌合更大的和易性。

4.1.4　改善新拌混凝土和易性的措施

1. 调节混凝土的材料组成

（1）采用合理砂率，并尽可能使用较低的砂率。

（2）选用级配合格、杂质少的砂、石骨料。

（3）在可能的条件下，尽量采用较粗的砂、石。

（4）当拌合物坍落度太小时，保持水灰比不变，增加适量的水泥浆；当拌合物坍落度太大时，保持砂率不变，增加适量的砂石。当黏聚性或保水性不好时，可以适当增加砂率，但是水灰比不能随意调整，因为水灰比对强度和耐久性影响较大。

2. 掺加各种外加剂（如减水剂、引气剂等）

外加剂的品种和用量要控制好。

3. 采用机械施工、提高振捣机械的效能

4.2　硬化混凝土的强度及其检测与评定

强度是混凝土硬化后的主要力学性能，与混凝土的其他性能关系密切。硬化后，混凝土必须具备足够的强度，才能保证结构的安全。在国家标准《普通混凝土力学性能试验方法标准》（GB/T 50081—2002）中规定：混凝土的强度有立方体抗压强度、轴心抗压强度、抗拉强度、抗剪强度和与钢筋的粘结强度等。其中，以抗压强度最大，抗拉强度最小，因此，混凝土主要用于承受压力荷载。其中，抗压强度是结构设计的主要依据，也是评定混凝土质量的主要参数。

4.2.1　混凝土的抗压强度和强度等级

混凝土的抗压强度，是指其标准试件在压力作用下直到破坏时单位面积承受的最大压力。混凝土的抗压强度，与各种其他强度、其他性能都具有一定的关联性。

按照国家标准《普通混凝土力学性能试验方法标准》（GB/T 50081—2002）的规定，混凝土立方体抗压强度（简称混凝土抗压强度），是指按标准方法制作的边长为150 mm的立方体试件，在标准养护条件（温度为20 ℃ ±2 ℃，相对湿度大于95%或置于水中）下，养护至28 d龄期，经标准方法测试、计算得到的抗压强度值，称为混凝土立方体的抗压强度（用$f_{cu,k}$表示）。当混凝土的强度等级低于C60时，对非标准尺寸（边长100 mm或200 mm）的立方体试件，其测定结果应乘以换算系数，换算成标准试件的强度值。其原因是：试件尺寸越大，测得的抗压强度值越小，即边长为100 mm的立方体试件，应乘以0.95；边长为200 mm的立方体试件，应乘以1.05。

为便于设计选用和施工控制混凝土，将混凝土强度分成若干等级，即强度等级。强度等级是按立方体抗压强度标准值（$f_{cu,k}$）划分的。普通混凝土通常划分为C15、C20、C25、C30、C35、C40、C45、C50、C55、C60、C65、C70、C75、C80十四个等级（≥C60以上的混凝土为高强混凝土）。立方体抗压强度标准值是按标准试验方法测得的立方体抗压强度总体分布中的一个值，强度低于该值的百分率不超过5%（即具有95%以上的保证率）。强度等级表示中的“C”为混凝土强度符号，“C”后边的数值，即为立方体抗压强度的标准值。例如强度等级为C40，表示立方体抗压强度标准值$f_{cu,k}=40$ MPa。

结构设计中，考虑到受压构件常为棱柱体（或圆柱体），所以，采用棱柱体试件比立方体试件能更好地反映混凝土的实际受压情况。由棱柱体试件测得的抗压强度称为棱柱体抗压强度（又称轴心抗压强度）。目前，我国采用150 mm×150 mm×300 mm的棱柱体作为轴心抗压强度的标准试件。试验表明，棱柱体试件抗压强度与立方体试件抗压强度之比为0.7~0.8。

任务实施二

4.2.2　抗压强度检验

1. 主要仪器及其设备

（1）压力试验机（测量精度为±1%，压力机量程应该能使试件破坏时的荷载位于全量程的20%~80%范围内）；试验机的上、下压板及试件之间可垫以钢垫板，钢垫板的两个承压面均应机械加工而成。与试件接触的压板或垫板的尺寸均要大于试件的承压面，其不平度应为每100 mm不超过0.02 mm。

(2) 捣实工具：振动台（频率50 Hz ±3 Hz，空载振幅约为0.5 mm）；振动棒（直径为30 mm的高频振动棒）；捣棒（端部应磨圆，直径16 mm，长度为650 mm）；抹刀等。

(3) 搅拌机。

(4) 试模。试模由铸铁或钢制成，应该具有足够的刚度并便于拆装，试模内表面应蚀光，其不平度应不大于试件边长的0.05%，组装后各相邻面的垂直度应该不超过±0.5°。

(5) 混凝土标准湿汽养护室或养护箱（温度为20 ℃ ±2 ℃，相对湿度为90%以上）。

2. 抗压强度试件的制备

(1) 混凝土立方体抗压强度测定，以3个试件为一组。每组试件所用拌合物的取样或拌制方法，按和易性试验中的方法进行。

(2) 混凝土试件的尺寸按集料最大粒径选定，见表4-4。

表4-4 混凝土试件的尺寸

粗集料最大粒径/mm	试件尺寸/mm	结果乘以换算系数
31.5	100×100×100	0.95
40	150×150×150	1.00
60	200×200×200	1.05

(3) 制作试件前，应将试模擦拭干净，并在试模内表面涂一层脱模剂，拧紧螺栓，再将混凝土拌合物装入试模成型。

3. 振捣成型

对于坍落度不大于70 mm的混凝土拌合物，将其一次装入试模并高出试模表面。将试件移至振动台上，开动振动台振至混凝土表面出现水泥浆并无气泡向上冒出时为止。振动时应防止试模在振动台上跳动。刮去多余的混凝土，用抹刀抹平。记录振动时间。

对于坍落度大于70 mm的混凝土拌合物，将其分两层装入试模，每层厚度大约相等。用捣棒按螺旋方向从边缘向中心均匀插捣，次数一般每100 cm^2 应不少于12次。用抹刀沿试模内壁插入数次，最后刮去多余混凝土并抹平。

4. 养护

按照试验目的不同，试件可采用标准养护或与构件同条件养护。

采用标准养护的试件成型后表面应覆盖，以防止水分蒸发，并在20 ℃ ±5 ℃的条件下静置1～2昼夜（但不得超过2昼夜），然后编号拆模。

拆模后的试件立即放入温度为20 ℃ ±2 ℃、湿度为95%以上的标准养护室（或养护箱）内进行养护，直至试验龄期28 d。在标准养护室内试件应搁放在架上，彼此间隔为10～20 mm，避免用水直接冲淋试件。当无标准养护室时，混凝土试件可在温度为20 ℃ ±2 ℃的不流动氢氧化钙饱和溶液中养护，水的pH值不得小于7。

当采用同条件养护时，试件成型后应该覆盖表面。试件的拆模时间，可与实际构件拆模时间相同。拆模后试件的养护，也要与实际工程相同。

5. 混凝土的立方体抗压强度测定试验

(1) 试件从养护室内取出后，应尽快试验。将试件擦拭干净，测量其尺寸（精确至1 mm），据此计算出试件的受压面积。如实测尺寸与公称尺寸之差不超过1 mm，则按公称尺寸计算。

(2) 将试件安放在试验机的下压板上，试件的承压面与成型面垂直。开动试验机，当上压板与试件接近时，调整球座，使其接触均匀。

（3）加荷时应连续而均匀，加荷速度为：当混凝土强度等级低于 C30 时，取 0.3 ~ 0.5 MPa/s；不低于 C30 且小于 C60 时，取 0.5 ~ 0.8 MPa/s；不低于 C60 时，取 0.8 ~ 1.0 MPa/s。当试件接近破坏而开始迅速变形时，停止调整试验机油门，直至试件破坏，记录破坏荷载 P（N）。

6. 结果评定

（1）混凝土立方体抗压强度按式（4－1）计算（精确至 0.01 MPa），即：

$$f_{cu} = \frac{F}{A} \tag{4-1}$$

式中 f_{cu}——混凝土立方体试件抗压强度，MPa；

F——破坏荷载，N；

A——试件受压面积，mm^2。

（2）取标准试件 150 mm × 150 mm × 150 mm 的抗压强度值为标准，对于 100 mm × 100 mm × 100 mm 和 200 mm × 200 mm × 200 mm 的非标准试件，须将计算结果乘以相应的换算系数换算为标准强度。换算系数见表 4－4。

（3）以 3 个试件强度值的算术平均值，作为该组试件的抗压强度代表值（精确至 0.1 MPa）。3 个测值中的最大值或最小值与中间值之差，超过中间值的 15% 时，取中间值作为该组试件的抗压强度代表值；如最大值和最小值与中间值之差，均超过中间值的 15% 时，则该组试件的试验结果无效。

7. 影响抗压强度的主要因素

影响混凝土抗压强度的因素很多，如水泥石强度、水泥石与骨料的粘结强度、材料的质量、材料的配合比及施工条件等。其主要因素有以下几点。

1）水泥强度等级和水灰比的影响

水泥强度等级及水灰比，是影响混凝土强度最主要的因素。当水泥强度相同时，混凝土的强度主要决定于水灰比。水泥水化所需的化学结合水，一般只占水泥质量的 23% 左右；但实际拌制混凝土时，为了获得良好的流动性，常需加入较多的水。多余的水所占空间在混凝土硬化后形成毛细孔，使混凝土密实度降低、强度下降，如图 4－7 所示。

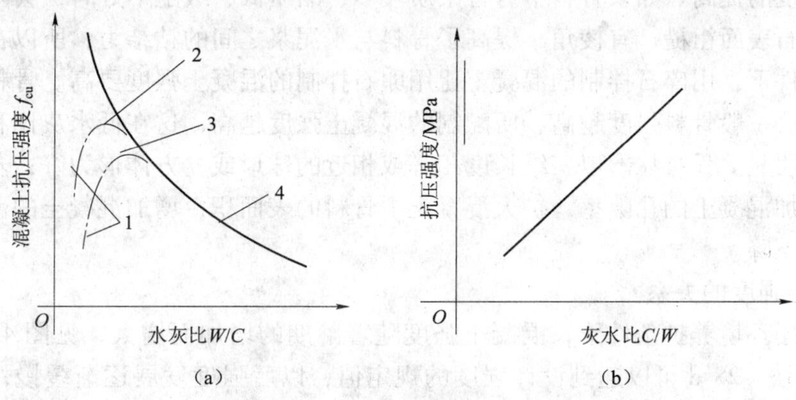

图 4－7　混凝土强度与水灰比的关系

（a）强度与水灰比的关系；（b）强度与灰水比的关系

1—不密实混凝土；2—机械振动；3—人工捣实；4—充分密实的混凝土

试验证明，在水泥强度等级相同的条件下，水灰比越小，水泥石的强度越高，粘结强度越高，从而使混凝土强度也越高。但是，水灰比过小、拌合物过稠，在一定的施工振捣条件下，混凝土不能被很好地振捣密实，产生过多的蜂窝、空洞，导致强度严重下降。

根据大量工程实践经验统计，可以建立以下的混凝土强度与水灰比、水泥强度等因素的经验公式，即：

$$f_{cu}=\alpha_a f_{ce}\left(\frac{C}{W}-\alpha_b\right) \tag{4-2}$$

式中 f_{cu}——混凝土 28 d 龄期的立方体抗压强度，MPa；

C——水泥的用量，kg；

W——水的用量，kg；

f_{ce}——水泥的实测强度，MPa。若无法取得时，可以采用 $f_{ce}=f_{ce,g}\gamma_c$ 计算。$f_{ce,g}$ 是水泥的强度等级值，MPa；γ_c 是水泥强度富余系数，应该按照各地区的实际统计资料定出；

α_a，α_b——回归系数，与骨料的品种有关，其数值应通过试验取得；若试验资料采用《普通混凝土配合比设计规程》（JGJ 55—2011）中的数据，见表 4－5。

表 4－5　经验系数 α_a、α_b 选用表

粗骨料	α_a	α_b
碎石	0.53	0.20
卵石	0.49	0.13

以上经验公式只适用于流动性混凝土和低流动性混凝土，对于干硬性混凝土则不适用。利用混凝土强度公式，可根据所用的水泥强度和水灰比来估计所配制混凝土的强度，也可根据水泥强度和要求的混凝土强度等级来计算应采用的水灰比。

2）骨料的影响

当骨料级配良好、砂率适当时，由于砂、石相互填充时间隙小，达到较大的密实度，有利于混凝土强度的提高。如果骨料中有害杂质较多、品质低、级配不好时，会降低混凝土的强度。由于碎石表面粗糙、有棱角，提高了骨料与水泥浆之间的粘结力，所以在原材料、坍落度相同的条件下，用碎石拌制的混凝土比用卵石拌制的混凝土强度要高。骨料的强度影响混凝土的强度。一般骨料强度越高，所配制的混凝土强度越高，这在低水灰比和配制高强度混凝土时特别明显。骨料粒形以三维长度相等或相近的球形或立方体形为好；若针、片状颗粒过多，会增加混凝土的孔隙率，扩大混凝土中骨料的表面积，增加混凝土的薄弱环节，导致混凝土强度下降。

3）龄期与强度的关系

在正常使用环境养护条件下，混凝土强度随着龄期的增加而增大，见图 4－7。最初的 3～7 d 发展较快，28 d 可以达到设计强度的规定值，以后强度发展逐渐缓慢，甚至可持续百年不衰。

普通水泥制成的混凝土，在标准养护条件下，其强度的发展大致与其龄期的对数成正比（龄期不小于 3 d），可按式（4－3）计算，即：

$$f_n = \frac{f_{28}\lg n}{\lg 28} \tag{4-3}$$

式中　f_n——n d 龄期混凝土的抗压强度，MPa；

f_{28}——28 d 龄期混凝土的抗压强度，MPa；

$\lg n$，$\lg 28$——n（$n \geqslant 3$）和28的常用对数。

4）养护温度及湿度的影响

混凝土成型后，必须在一定时间内保持适当的温度和足够的湿度，以使水泥充分水化，这就是混凝土的养护。

养护温度高，水泥水化速度加快，混凝土的强度发展也快；反之，在低温下混凝土强度发展迟缓。当温度降至冰点以下时，则由于混凝土中的水分大部分结冰，不但水泥停止水化，强度停止发展，而且由于混凝土孔隙中的水结成冰，产生体积膨胀（约9%），从而对孔壁产生相当大的压应力（可达到100 MPa），使硬化中的混凝土结构遭到破坏，导致混凝土因已获得强度遭到损失而破坏。

同时，水是水泥水化反应的必要条件。只有保持混凝土周围环境的湿度适当，才能保证水泥水化反应的正常进行，使混凝土的强度充分发展。如果湿度不够，不但会导致水化反应不正常进行甚至停止，而且严重降低混凝土的强度。

根据式（4-3），可以由所测混凝土的早期强度，估算其28 d龄期的强度；也可由混凝土的28 d强度，推算28 d前混凝土达到某一强度需要养护的天数，来确定混凝土拆模、构件起吊、放松预应力钢筋、制品养护、出厂等日期。但由于影响强度的因素很多，故按此式计算的结果只能作为参考。

5）试验条件混凝土强度测定值的影响

试验条件是指试件的尺寸、形状、表面状态及加荷速度等。试验条件不同，会影响混凝土强度的试验值。

（1）试件尺寸。相同的混凝土，试件尺寸越小，测得的强度越高。当试件尺寸大时，内部的孔隙、裂纹等缺陷出现的概率也大，导致有效受力面积减小及应力集中，引起强度降低。我国标准规定，采用150 mm×150 mm×150 mm的立方体试件为标准试件；当采用非标准的其他尺寸试件时，所测得的抗压强度乘以换算系数：当试件尺寸为200 mm×200 mm×200 mm时，换算系数为1.05；当试件尺寸为100 mm×100 mm×100 mm时，换算系数为0.95；

（2）试件的形状。当试件受压面积（$a \times a$）相同，而高度（h）不同时，高宽比（h/a）越大，抗压强度值越小。这是由于试件受压时，试件受压面与试件承压板之间的摩擦力，对试件与承压板的横向膨胀起着约束作用。该约束有利于强度的提高，如图4-8所示。越接近试件的端面，这种约束作用就越大，在距端面大约（$\sqrt{3}/2$）a的范围以外，约束作用才消失。通常称这种约束作用为环箍效应，如图4-9所示。

（3）表面状态。混凝土强度试件承压面的干燥、洁净、润滑状态，也是影响混凝土强度的重要因素。当试件受压面上有油脂润滑时，试件受压时的环箍效应大大减小，试件将出现直裂破坏，如图4-10所示，测出的强度值也较低。

（4）加荷速度。加荷速度越大，测得的混凝土强度值也越大；当加荷速度超过1.0 MPa/s时，这种趋势更加显著。因此，我国标准规定，混凝土抗压强度的加荷速度为

0.3～0.8 MPa/s，并且应连续、均匀地进行加荷。

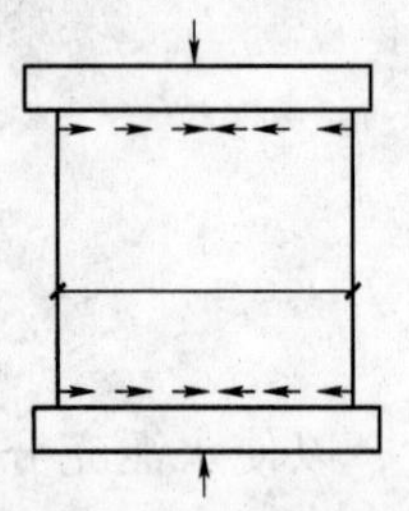
图 4－8　压力机压板对试件的约束作用

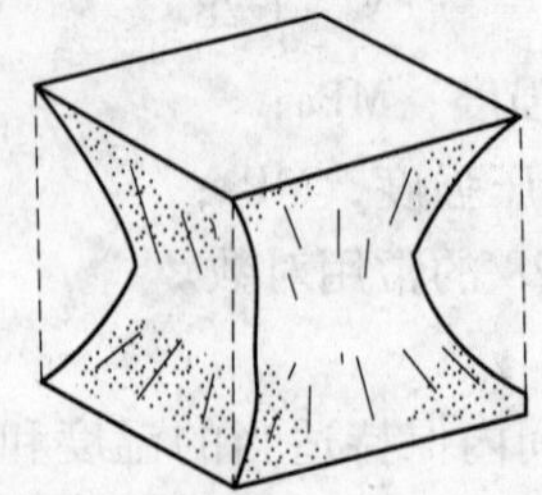
图 4－9　试件破坏后残存的棱锥体

图 4－10　不受压板约束试件的破坏情况

8. 提高混凝土强度的措施

（1）采用高强度等级水泥或早强型水泥。

在混凝土配合比相同的情况下，水泥的强度等级越高，混凝土的强度越大。采用早强型水泥，可提高混凝土的早期强度，有利于加快施工进度。

（2）采用低水灰比的干硬性混凝土。

低水灰比的干硬性混凝土拌合物游离水分少，硬化后留下的孔隙少，混凝土密实度高，强度可显著提高。因此，降低水灰比，是提高混凝土强度的最有效途径。但水灰比过小，将影响拌合物的流动性，造成施工困难。一般采取同时掺加减水剂的方法，使混凝土在低水灰比下仍具有良好的和易性。

（3）采用湿热处理养护混凝土。

湿热处理可分为蒸汽养护、蒸压养护两类。蒸汽养护是指将成型后的混凝土制品放在 100 ℃以下的常压蒸汽中进行养护，以加快混凝土强度发展的速度。混凝土经 16～20 h 的蒸汽养护后，其强度即可达到标准养护条件下 28 d 强度的 70%～80%；蒸压养护是指在 175 ℃温度和 8 个大气压的蒸压釜中进行养护，可以提高混凝土强度的早期强度。

（4）采用机械搅拌和振捣。

机械搅拌比人工拌合，能使混凝土拌合物更均匀，特别是在拌合低流动性混凝土时，可以增加混凝土的密实度，以便达到更高的强度值。

（5）选用的质量优良、级配良好的骨料。

任务实施三

4.3　混凝土强度评定

混凝土的质量控制贯穿混凝土生产和使用的全过程，包括原材料的质量检验、混凝土配合比的设计和调整；混凝土拌合时的原材料称量精度控制、加料顺序、搅拌时间，拌合物的运输、浇筑、振捣和养护；混凝土生产后的合格性控制。混凝土的强度检验与评定，是混凝土质量控制的主要内容。

由于混凝土生产受到许多因素的影响，因此其强度值的波动是正常的，但是必须按照国家标准《混凝土强度检验评定标准》（GB/T 50107—2010）规定的方法进行。

4.3.1 混凝土的取样

应根据采用的混凝土强度检验评定方法要求，制定取样计划。

(1) 混凝土强度试样应在混凝土的浇筑地点随机取样；预拌混凝土的出厂检验应在搅拌地点取样，交货检验应在交货地点取样。

(2) 试件的取样频率和数量应符合下列规定：

① 每100盘，但不超过100 m^3 的同配合比混凝土，取样次数不应少于一次。

② 每一工作班拌制的同配合比混凝土，不足100盘和100 m^3时其取样次数不应少于一次。

③ 当一次连续浇筑的同配合比混凝土超过1 000 m^3 时，每200 m^3 取样不应少于一次。

④ 对房屋建筑，每一楼层、同一配合比的混凝土，取样不应少于一次。

⑤ 每次取样应至少留置一组标准养护试件。

4.3.2 混凝土试件的制作与养护

(1) 每组3个试件应由同一盘或同一车的混凝土中取样制作。

(2) 检验评定混凝土强度用的混凝土试件，其成型方法及标准养护条件应符合现行国家标准《普通混凝土力学性能试验方法标准》(GB/T 50081) 的规定。

(3) 采用蒸汽养护的构件，其试件应先随构件同条件养护，然后应置入标准养护条件下继续养护，两段养护时间的总和应为设计规定龄期。

4.3.3 混凝土试件的立方体抗压强度试验

应根据现行国家标准《普通混凝土力学性能试验方法标准》(GB/T 50081) 执行。其强度代表值的确定，应符合下列规定：

(1) 取3个试件强度的算术平均值作为每组试件的强度代表值。

(2) 当一组试件中强度的最大值或最小值与中间值之差超过中间值的15%时，取中间值作为该组试件的强度代表值。

(3) 当一组试件中强度的最大值和最小值与中间值之差均超过中间值的15%时，该组试件的强度不应作为评定的依据。

当采用非标准尺寸试件时，应将其抗压强度乘以尺寸折算系数，折算成边长为150 mm的标准尺寸试件抗压强度。尺寸折算系数按下列规定采用：

(1) 当混凝土强度等级低于C60时，对边长为100 mm的立方体试件取0.95，对边长为200 mm的立方体试件取1.05。

(2) 当混凝土强度等级不低于C60时，宜采用标准尺寸试件；使用非标准尺寸试件时，尺寸折算系数应由试验确定，其试件数量不应少于30对组。

每批混凝土试样应制作的试件总组数，除满足规定的混凝土强度评定所必需的组数外，还应为检验结构或构件施工阶段混凝土强度留置必需的试件。

4.3.4 混凝土的强度检验评定

1. 统计方法评定

(1) 采用统计方法评定时，应按下列规定进行：

① 当连续生产的混凝土，生产条件在较长时间内保持一致，且同一品种、同一强度等级混凝土的强度变异性保持稳定时，应按（2）的规定进行评定。

② 其他情况应按（3）的规定进行评定。

（2）一个检验批的样本容量应为连续的 3 组试件，其强度应同时符合下列规定：

$$m_{f_{cu}} \geqslant f_{cu,k} + 0.7\sigma_0 \tag{4-4}$$

$$f_{cu,min} \geqslant f_{cu,k} - 0.7\sigma_0 \tag{4-5}$$

检验批混凝土立方体抗压强度的标准差应按下式计算：

$$\sigma_0 = \sqrt{\frac{\sum_{i=1}^{n} f_{cu,i}^2 - nm_{f_{cu}}^2}{n-1}} \tag{4-6}$$

当混凝土强度等级不高于 C20 时，其强度的最小值尚应满足下式要求：

$$f_{cu,min} \geqslant 0.85 f_{cu,k} \tag{4-7}$$

当混凝土强度等级高于 C20 时，其强度的最小值尚应满足下列要求：

$$f_{cu,min} \geqslant 0.90 f_{cu,k} \tag{4-8}$$

式中 $m_{f_{cu}}$——同一检验批混凝土立方体抗压强度的平均值，N/mm^2，精确到 0.1 N/mm^2；

$f_{cu,k}$——混凝土立方体抗压强度标准值，N/mm^2，精确到 0.1 N/mm^2；

σ_0——检验批混凝土立方体抗压强度的标准差，N/mm^2，精确到 0.01 N/mm^2；当检验批混凝土强度标准差 σ_0 计算值小于 2.5 N/mm^2 时，应取 2.5 N/mm^2；

$f_{cu,i}$——前一个检验期内同一品种、同一强度等级的第 i 组混凝土试件的立方体抗压强度代表值，N/mm^2，精确到 0.1 N/mm^2；该检验期不应少于 60 d，也不得大于 90 d；

n——前一检验期内的样本容量，在该期间内样本容量不应少于 45；

$f_{cu,min}$——同一检验批混凝土立方体抗压强度的最小值，N/mm^2，精确到 0.1 N/mm^2。

（3）当样本容量不少于 10 组时，其强度应同时满足下列要求：

$$m_{f_{cu}} \geqslant f_{cu,k} + \lambda_1 \cdot S_{f_{cu}} \tag{4-9}$$

$$f_{cu,min} \geqslant \lambda_2 \cdot f_{cu,k} \tag{4-10}$$

同一检验批混凝土立方体抗压强度的标准差应按下式计算：

$$S_{f_{cu}} = \sqrt{\frac{\sum_{i=1}^{n} f_{cu,i}^2 - nm_{f_{cu}}^2}{n-1}} \tag{4-11}$$

式中 $S_{f_{cu}}$——同一检验批混凝土立方体抗压强度的标准差，N/mm^2，精确到 0.01 N/mm^2；当检验批混凝土强度标准差 $S_{f_{cu}}$ 计算值小于 2.5 N/mm^2 时，应取 2.5 N/mm^2；

λ_1，λ_2——合格评定系数，按表 4-6 取用；

n——本检验期内的样本容量。

表 4-6 混凝土强度的合格评定系数

试件组数	10～14	15～19	≥20
λ_1	1.15	1.05	0.95
λ_2	0.90	0.85	

2. 非统计方法评定

当用于评定的样本容量小于 10 组时，应采用非统计方法评定混凝土强度。

按非统计方法评定混凝土强度时，其强度应同时符合下列规定：

$$m_{f_{cu}} \geqslant \lambda_3 \cdot f_{cu,k} \tag{4-12}$$

$$f_{cu,min} \geqslant \lambda_4 \cdot f_{cu,k} \tag{4-13}$$

式中　λ_3，λ_4——合格评定系数，应按表 4－7 取用。

表 4－7　混凝土强度的非统计法合格评定系数

混凝土强度等级	<C60	≥C60
λ_3	1.15	1.10
λ_4	0.95	

3. 混凝土强度的合格性判断

当检验结果能满足规定时，则该批混凝土强度判定为合格；当不能满足上述规定时，该批混凝土强度判定为不合格。由不合格批混凝土制成的结构或构件，应进行鉴定。对不合格的混凝土可采用从结构或构件中钻取试件的方法或采用非破损检验方法，对混凝土的强度进行检测，作为混凝土强度处理的依据。具体报表格式见表 4－8。

表 4－8　混凝土强度评定报告表

单位工程：

<table>
<tr><td colspan="2">验收批名称</td><td colspan="6"></td><td colspan="3">混凝土强度等级</td><td colspan="2"></td></tr>
<tr><td colspan="2" rowspan="2">水泥品种
及强度等级</td><td colspan="6">配合比（重量比）</td><td rowspan="2">坍落度
/cm</td><td rowspan="2">养护条件</td><td rowspan="2">同批混凝土
代表数量/m^3</td><td colspan="2" rowspan="2">结构
部位</td></tr>
<tr><td>水</td><td>水泥</td><td>砂</td><td>石子</td><td>外加剂</td><td>掺合料</td></tr>
<tr><td colspan="2"></td><td></td><td></td><td></td><td></td><td></td><td></td><td></td><td></td><td></td><td colspan="2"></td></tr>
<tr><td colspan="13">验件组数 n =　　　　合格判定系数 λ_1 =　　λ_2 =</td></tr>
<tr><td colspan="13">同一验收批强度平均值 $m_{f_{cu}}$ =　　　　最小值 $f_{cu,min}$ =</td></tr>
<tr><td colspan="13">同一验收批强度标准差 $S_{f_{cu}}$ =</td></tr>
<tr><td colspan="13">验收批各组试件强度/MPa</td></tr>
<tr><td colspan="13"></td></tr>
<tr><td colspan="13"></td></tr>
<tr><td colspan="13"></td></tr>
<tr><td>非
统
计
方
法
评
定</td><td colspan="6">评定条件：

计算：</td><td>统
计
方
法
评
定</td><td colspan="5">评定条件：

计算：</td></tr>
<tr><td colspan="13">验收评定结论：</td></tr>
</table>

技术负责人：　　　　　　质量检查员：　　　　　　年　　月　　日

4.4 混凝土耐久性

作为直接影响建筑结构安全的混凝土材料，不仅应具有较高的强度，还应具有较好的耐久性。耐久性是指混凝土在使用条件下抵抗周围环境中各种因素长期作用而不破坏的能力。根据《混凝土耐久性检验评定标准》（JGJ/T 193—2009）的规定，耐久性主要包括抗水渗透性能、抗冻性能、抗硫酸盐侵蚀性能、抗碳化性能、抗碱－骨料反应等性能。其试验方法参照《普通混凝土长期性能和耐久性能试验方法标准》（GB/T 50082—2009）。

4.4.1 混凝土的抗水渗透性能

混凝土抵抗压力水液体渗透作用的能力，称为抗渗性，它直接影响混凝土的抗冻性和抗腐蚀性能。混凝土的抗渗性用抗渗等级表示。抗渗等级是以 28 d 龄期的混凝土标准试件，按规定方法进行试验，按其所能承受的最大不透水压力来确定。抗渗等级分为 P4、P6、P8、P10、P12 及 P12 以上等级，分别表示能抵抗的最大不透水压力为 0.4 MPa、0.6 MPa、0.8 MPa、1.0 MPa、1.2 MPa。

影响混凝土抗渗性的因素很多，主要有混凝土的孔隙率和孔隙特征。开口的贯通孔隙越多，其抗渗性越差。因此，提高混凝土抗渗性的关键，是提高密实度和降低开口孔隙率的数量。具体措施是降低水灰比，采用减水剂，掺加引气剂，选用杂质少、级配良好的骨料，提高搅拌、振捣、养护的施工质量等。

4.4.2 混凝土抗冻性

混凝土抗冻性是指混凝土在使用环境中，经受多次冻融循环作用，能保持强度和外观完整性的能力。在寒冷地区，特别是接触水有受冻的环境中的混凝土，要求具有较高的抗冻性。混凝土的抗冻性用抗冻等级来表示。快冻法的抗冻等级分为 F50、F100、F150、F200、F250、F300、F350、F400 及 F400 以上九个等级，慢冻法的抗冻等级分为 D50、D100、D150、D200 及 D200 以上五个。抗冻等级中的数字，表示按规定条件测得混凝土能够承受的最大冻融循环次数。

混凝土受冻破坏的原因，是由于混凝土内部的水在负温下结冰，引起体积膨胀，产生的膨胀应力超过自身的抗拉强度，产生裂缝。经过多次冻融循环，裂缝扩展直至破坏。影响混凝土抗冻性的主要因素是，混凝土的密实度、强度等级、内部的孔隙率和孔隙结构特征。孔径微小的开口孔隙越多，当吸水饱和时，产生的破坏越严重。密实的混凝土和具有封闭孔隙的混凝土，具有较高的抗冻性。因此，掺入引气剂、减水剂、防冻剂，可以有效地减少开口孔隙，提高混凝土的抗冻性。

4.4.3 混凝土的抗侵蚀性能

当混凝土所处环境水中有腐蚀性介质时，必须重视混凝土的腐蚀问题。混凝土的腐蚀，主要是指对混凝土抗硫酸盐侵蚀性能和抗氯离子渗透性能。

混凝土抗硫酸盐侵蚀性能分为 KS30、KS60、KS90、KS120、KS150 及 KS150 以上等等级。

抗氯离子渗透性能，当采用氯离子迁移系数 RCM 法划分等级时，见表 4－9；当采用电通量法划分抗氯离子渗透性能等级时，见表 4－10。

表 4－9　混凝土抗氯离子渗透性能的等级划分（RCM 法）

等　级	RCM－Ⅰ	RCM－Ⅱ	RCM－Ⅲ	RCM－Ⅳ	RCM－Ⅴ
氯离子迁移系数 D_{RCM}（RCM 法）（$\times 10^{-12}\ m^2s$）	$D_{RCM} \geqslant 4.5$	$3.5 \leqslant D_{RCM} < 4.5$	$2.5 \leqslant D_{RCM} < 3.5$	$1.5 \leqslant D_{RCM} < 2.5$	$D_{RCM} < 1.5$

表 4－10　混凝土抗氯离子渗透性能的等级划分（电通量法）

等　级	Q－Ⅰ	Q－Ⅱ	Q－Ⅲ	Q－Ⅳ	Q－Ⅴ
电通量 Q_s/C	$Q_s \geqslant 4\ 000$	$2\ 000 \leqslant Q_s < 4\ 000$	$1\ 000 \leqslant Q_s < 2\ 000$	$500 \leqslant Q_s < 1\ 000$	$Q_s < 500$

水泥石的腐蚀机理和种类，已经在水泥一章讲述。海水中的氯离子，会加速对钢筋的锈蚀。提高混凝土的抗腐蚀性措施，主要是提高混凝土的密实度，依据环境中腐蚀介质的特点，合理选用水泥的品种。同时，保证混凝土对钢筋的保护层厚度。

4.4.4　混凝土的碳化

混凝土的碳化是指空气中的二氧化碳渗透入混凝土内部，与水泥石中的氢氧化钙起化学反应，生成碳酸钙和水。碳化又叫中性化。

碳化对混凝土性能有明显的影响，首先是减弱对钢筋的保护作用。由于水泥水化过程中生成大量氢氧化钙，使混凝土孔隙中充满饱和的氢氧化钙溶液，其 pH 值可达到 12.6～13。这种强碱性环境，能使混凝土中的钢筋表面生成一层钝化薄膜，从而保护钢筋免于锈蚀。碳化作用降低了混凝土的碱度，当 pH 值低于 10 时，钢筋表面钝化膜破坏，导致钢筋锈蚀。产生体积微膨胀，使保护层产生裂缝及剥离，降低混凝土的强度。此外，碳化作用还会引起混凝土的收缩，使混凝土表面碳化层产生拉应力，可能产生微细裂缝，从而降低了混凝土的抗折强度。国家标准《普通混凝土长期性能与耐久性试验方法标准》（GB/T 50082—2009）中将抗碳化性能划分为 T－Ⅰ、T－Ⅱ、T－Ⅲ、T－Ⅳ、T－Ⅴ 5 个等级，具体碳化深度指标见表 4－11。对于砂轻混凝土的指标要求，见表 4－12。

表 4－11　混凝土抗碳化性能的等级划分

等　级	T－Ⅰ	T－Ⅱ	T－Ⅲ	T－Ⅳ	T－Ⅴ
碳化深度 d /mm	$d \geqslant 30$	$20 \leqslant d < 30$	$10 \leqslant d < 20$	$0.1 \leqslant d < 10$	$d < 0.1$

表 4－12　砂轻混凝土的碳化深度值

等　级	使用条件	碳化深度/mm
1	正常湿度（室内）	≤40

续表

等　级	使用条件	碳化深度/mm
2	正常湿度（室外）	≤35
3	潮湿，室外	≤30
4	干温交替	≤25
注：(1) 正常湿度系指相对湿度为55% ~65%。 (2) 潮湿系指相对湿度为65% ~80%。 (3) 碳化深度值相当于在正常大气条件下，即 CO_2 的体积浓度为0.03%、温度为20 ℃ ±3 ℃的环境条件下，自然碳化50年时混凝土的碳化深度。		

影响混凝土碳化的因素如下：

(1) 水泥品种。掺混合材料的水泥，因其氢氧化钙含量较少，碳化比普通水泥快。

(2) 水灰比。水灰比大的混凝土，因孔隙较多，二氧化碳易于进入，碳化也快。

(3) 环境湿度。在相对湿度为50% ~75%的环境中，碳化最快；相对湿度小于25%或达到100%时，碳化停止。因为碳化需要水分，但不能堵塞二氧化碳的通道。

(4) 空气中二氧化碳浓度越高，碳化速度也越快。

因此，提高混凝土抗碳化的措施和方法有：合理选择水泥品种，降低水灰比，掺入减水剂或引气剂，改善养护条件，减少开口孔隙，降低水和二氧化碳的渗入。

4.4.5　碱-骨料反应

碱-骨料反应是指水泥中所含的碱（Na_2O 或 K_2O）与骨料的活性成分（活性 SiO_2），在混凝土硬化后潮湿条件下逐渐发生化学反应，反应生成复杂的碱-硅酸凝胶；这种凝胶吸水膨胀，导致混凝土开裂的现象。碱-骨料反应的速度很慢，需几年或几十年，因而对混凝土的耐久性十分不利。

发生碱-骨料反应的主要原因如下：

(1) 水泥中含有较高含量的碱（Na_2O 或 K_2O）。

(2) 骨料中有较高含量的活性二氧化硅。

(3) 水泥石中含有足量的游离水分。

预防碱-骨料反应的主要措施有：选用非活性骨料；选用低碱水泥，降低水泥的用量；提高混凝土的密实度，减少水的侵入；掺加火山灰等混合材料，以减少膨胀值。

4.4.6　提高混凝土耐久性的措施

提高混凝土耐久性不足，其根本原因在于混凝土存在内外相连的微孔隙，即混凝土不够密实。因而，提高混凝土的密实度是改善其耐久性的根本途径，有效措施包括以下几点：

(1) 根据环境合理选择水泥品种。

(2) 控制水灰比并保证有足够的水泥用量。

(3) 合理选用能明显改善混凝土抗冻性、抗渗性的外加剂。

(4) 选用质量良好的砂、石骨料，质量良好、技术条件合格的砂、石骨料，是保证混凝土耐久性的重要条件。

(5) 采用先进的施工工艺和加强施工管理，降低混凝土的孔隙率，改善其孔隙构造等。

4.5　混凝土的变形

混凝土硬化过程中及硬化后，受到外力或环境因素的影响而产生各种变形，在能够自由变形的情况下，体积发生变化，不会产生应力；但是实际情况下，受到基础、相邻构件及内部的各种组成材料相互之间的约束，使得混凝土构件的内部因变形而产生应力；当这种内应力超过混凝土内部的抗拉强度时，会产生混凝土变形。引起混凝土变形的因素很多，归纳起来有两类：非荷载作用下的变形和荷载作用下的变形。

4.5.1　混凝土在非荷载作用下的变形

(1) 化学收缩。混凝土在硬化过程中，由于水泥水化产物的体积小于水化前反应物（水和水泥）的体积，引起混凝土产生收缩，称为化学收缩。

其收缩量随着混凝土龄期的延长而增加，但大致与时间的对数成正比。一般在混凝土成型后 40 d 内收缩量增加较快，以后逐渐趋向稳定。化学收缩率很小，是不可恢复的，但可使混凝土内部产生微细裂缝，影响混凝土的强度和耐久性。

(2) 温度变形。混凝土与其他材料一样，也具有热胀冷缩的性质。混凝土热胀冷缩的变形，称为温度变形。混凝土温度膨胀系数约为 1×10^{-5}，即温度升高 1 ℃，膨胀 0.01 mm/m。

温度变形对大体积混凝土极为不利。混凝土在硬化初期，水泥水化放出较多的热量，而混凝土是热的不良导体，散热很慢，使混凝土内部温度升高；但外部混凝土温度则随气温下降，致使内、外温差达 50 ℃～70 ℃，造成内部膨胀及外部收缩，使外部混凝土产生很大的拉应力，严重时使混凝土产生裂缝。因此，对大体积混凝土工程，应设法降低混凝土的发热量，如采用低热水泥、减少水泥用量、采用人工降温措施及对表层混凝土加强保温、保湿等，以减小内外温差，防止裂缝的产生和发展。对纵向长度较大的混凝土及钢筋混凝土结构，应考虑混凝土温度变形所产生的危害，每隔一段长度应设置温度伸缩缝，以及在结构内配置温度钢筋。

(3) 干湿变形。混凝土的干湿变形，主要取决于周围环境湿度的变化，表现为干缩湿胀。混凝土在干燥空气中存放时，其内部吸附水分蒸发而引起凝胶体失水产生紧缩，以及毛细管内游离水分蒸发，毛细管内负压增大，也使混凝土产生收缩。如干缩后的混凝土再次吸水变湿后，一部分干缩变形是可以恢复的。

混凝土在水中硬化时体积不变，甚至有轻微膨胀。这是由于凝胶体中胶体粒子的吸附水膜增厚，胶体粒子间距离增大所致。

混凝土的湿胀变形量很小，一般无破坏作用。但干缩变形对混凝土危害较大，干缩可能使混凝土表面出现拉应力而导致开裂，严重影响混凝土的耐久性。一般条件下，混凝土的极限收缩值达 $(50\sim90)\times10^{-5}$ mm/mm。在工程设计中，混凝土的线收缩采用 $(15\sim20)\times10^{-5}$ mm/mm，即收缩 0.15～0.20 mm/m。

影响混凝土干缩的因素有水泥品种和细度、水泥用量和用水量等。火山灰质硅酸盐水泥比普通硅酸盐水泥干缩大；水泥越细，收缩也越大；水泥用量多，水灰比大，收缩也大；混凝土中砂、石用量多，收缩小；砂、石越干净，振捣越好，收缩也越小。

4.5.2 混凝土在荷载作用下的变形

分为短期荷载作用下的变形和长期荷载作用下的变形两种情形。

(1) 混凝土的短期荷载作用下的变形，即弹塑性变形和弹性模量。混凝土是一种由水泥石、砂、石、游离水、气泡等组成的不匀质多组分三相复合材料，它是一个弹塑性体。受力时既产生弹性变形，又产生塑性变形，其应力与应变的关系呈曲线。卸荷后能恢复的应变 $\varepsilon_{弹}$，是由混凝土的弹性性质引起的，称为弹性应变；剩余的不能恢复的应变 $\varepsilon_{塑}$，则是由混凝土的塑性性质引起的，称为塑性应变。

在应力－应变曲线上，任意一点的应力与应变的比值称为弹性模量。它反映了混凝土所受应力与所产生的应变之间的关系。在结构设计、计算钢筋混凝土的变形和裂缝的开展、大体积混凝土的温度应力时，都是不可缺少的参数。

影响混凝土弹性模量大小的因素，主要有混凝土的强度、骨料的含量及骨料的弹性模量、养护条件等。混凝土的强度越高，弹性模量越大。混凝土的强度等级为 C10 ~ C60 时，其弹性模量为（1.75 ~ 3.60）$\times 10^4$ MPa。骨料含量越大，弹性模量越大；骨料本身的弹性模量越大，混凝土的弹性模量越大。

(2) 长期荷载作用下的变形——徐变。

混凝土在长期荷载作用下，除了产生瞬间的弹性变形和塑性变形外，还会产生随着时间而增长的非弹性变形，这种变形称为徐变。

在加荷的瞬间，混凝土产生瞬时变形，随着时间的延长，又产生徐变变形。在荷载初期，徐变变形增长较快，以后逐渐变慢并稳定下来，最终徐变应变达（3 ~ 15）$\times 10^{-4}$。在荷载除去后，一部分变形瞬时恢复，其值小于在加荷瞬间产生的瞬时变形。在卸荷后的一段时间内，变形还会继续恢复，称为徐变恢复。最后残存的不能恢复的变形，称为残余变形。

一般认为，徐变实际上是由于水泥中凝胶体在长期荷载作用下的黏性流动，是凝胶孔水向毛细孔内迁移的结果。混凝土的徐变，受很多因素的影响。混凝土的水灰比较小或水中养护时，徐变较小；水灰比相同的混凝土，其水泥用量越多，徐变越大；混凝土所用骨料的弹性模量越大，徐变越小；当然，所受应力越大，徐变越大。

混凝土产生徐变，可以减弱钢筋混凝土内的应力集中，使应力重新分布，缓解局部集中的应力作用；对于大体积混凝土，则能消除一部分温度变形产生的应力。但是，同时会降低预应力混凝土中的预加应力。

4.6 混凝土外加剂

4.6.1 外加剂的定义及分类

混凝土外加剂是指在拌制混凝土过程中掺入用以改善新拌混凝土或者硬化混凝土性能的物质。掺量一般不大于水泥质量的 5%。国家标准《混凝土外加剂》（GB 8076—2008）中按主要功能分为 4 类：

(1) 改善混凝土拌合物和易性能的外加剂，包括各种减水剂、引气剂和泵送剂等。

（2）调节混凝土凝结时间、硬化性能的外加剂，包括缓凝剂、早强剂和速凝剂等。

（3）改善混凝土耐久性的外加剂，包括引气剂、防水剂和阻锈剂等。

（4）改善混凝土其他性能的外加剂，包括加气剂、膨胀剂、防冻剂、着色剂、防水剂和泵送剂等。

外加剂的应用是混凝土技术的重大突破。随着混凝土外加剂的发展和应用，使混凝土技术在这几个方面得到了大力发展：早强和高强混凝土技术的应用，克服了工程中存在的强度低、自重大、脆性高的弱点；抗冻剂的使用，为严寒地区创造了冬期施工条件，确保了工程施工的连续性，大大缩短了工期；随着高效减水剂应用技术的不断发展，推动了流态混凝土技术及泵送浇筑新工艺的发展等。因此，外加剂技术在工程实际中得到了广泛的应用，相应的技术标准是《混凝土外加剂应用技术规范》（GB 50119—2003）。

4.6.2　减水剂

减水剂也称为塑化剂，是最常用的外加剂品种之一，是指在保持混凝土的和易性不变情况下，能够减少其拌合物用水量，或者在混凝土配合比和用水量不变的情况下，能够增加混凝土坍落度的外加剂。

水泥加水拌合后，由于水泥颗粒及水化产物的吸附作用，会形成絮凝结构。在这些絮凝结构中包裹着部分拌合用水，从而降低了提高流动性的效果，使得流动性降低。掺入减水剂后，减水剂能够拆散这些絮凝结构，使被包裹的拌合用水释放出来，从而提高流动性，如图 4 - 11 所示。因此，减水剂的技术经济效果，可以表述如下：

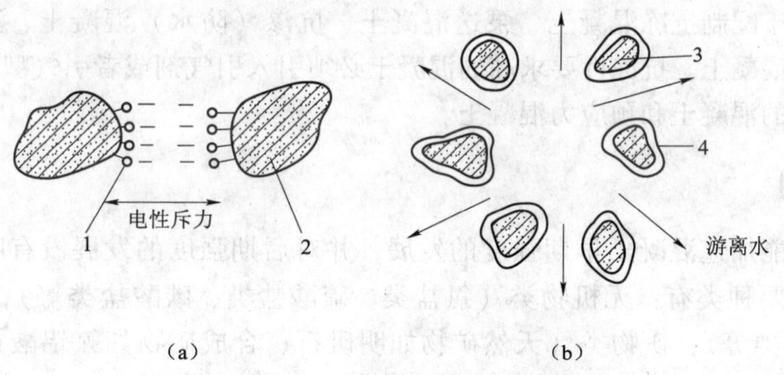

图 4 - 11　减水剂的作用机理

（a）静电斥力；（b）释放出游离水

1—减水剂；2，3—水泥颗粒；4—溶化剂水膜

（1）如果需要保持混凝土的和易性不变，则可以显著减少用水量，起到减水作用，故称为减水剂。

（2）如果保持强度不变，即保持水灰比不变，则可以同比例减少水泥的用量，以达到节约水泥的目的。

（3）用水量的减少，可以改善泌水和离析现象，提高混凝土的均匀程度，改善抗冻性和抗渗性，从而提高耐久性。

根据减水剂的作用效果和功能情况，可以分为普通减水剂、高效减水剂、早强减水剂、缓凝减水剂、缓凝高效减水剂及引气减水剂等复合型的外加剂。按照化学成分，可以分为木质素系、萘系、水溶性树脂系、糖蜜系、腐殖酸系等，其减水效果不同，价格也不同，可以根据工程实际需要选择。

普通减水剂及高效减水剂可用于素混凝土、钢筋混凝土、预应力混凝土，并可制备高强、高性能混凝土。普通减水剂宜用于日最低气温 5 ℃以上施工的混凝土，不宜单独用于蒸养混凝土；高效减水剂宜用于日最低气温 0 ℃以上施工的混凝土。当掺用含有木质素磺酸盐类物质的外加剂时，应先做水泥适应性试验，合格后方可使用。

4.6.3 引气剂

引气剂是指在搅拌混凝土过程中，能引入大量的均匀分布、稳定而封闭的微小气泡，从而减少拌和物理性泌水，改善和易性，并能提高混凝土的抗冻性、耐久性的外加剂。

引气剂是一种表面活性剂，对混凝土能产生以下影响：

（1）改善拌合物的和易性。当搅拌混凝土拌合物时，引入的气泡像滚珠一样，起到类似砂粒的作用，减少水泥颗粒之间的摩擦，从而提高流动性。

（2）提高混凝土的耐久性。大量的封闭气泡能够有效地隔断毛细孔通道，减少渗水的可能性，降低吸水率，而且气泡的存在可以减少水结冰造成的膨胀应力，提高抗冻性和抗渗能力，显著提高耐久性。

（3）降低弹性模量和强度。因为气泡的引入，降低了混凝土的密实度，使得强度降低，因此要控制好混凝土的含气量。一般含气量每增加 1%，其抗压强度可降低 3% ~5%。

引气剂主要有松香树脂类、烷基磺酸盐类、脂肪醇磺酸盐类等，其中松香热聚物应用最广泛，适宜掺量为水泥质量的 0.005% ~0.01%。

引气剂适用于配制抗冻混凝土、泵送混凝土、抗渗（防水）混凝土、港口混凝土，不适于蒸汽养护的混凝土。抗冻性要求高的混凝土必须引入引气剂或者引气型减水剂。但不适宜用于蒸汽养护的混凝土和预应力混凝土。

4.6.4 早强剂

早强剂是指能加速混凝土早期强度的发展，并对后期强度的发展没有明显影响的外加剂。早强剂的主要种类有：无机物类（氯盐类、硫酸盐类、碳酸盐类等）；有机物类（有机胺类、羧酸盐类等）；矿物类（天然矿物如明矾石、合成矿物如氟铝酸钙、无水硫铝酸钙等）。

（1）氯盐类早强剂。氯盐类早强剂主要有氯化钙、氯化钠、氯化钾、氧化胺、氯化铁、氯化铝等，氯盐类早强剂均有良好的早强作用，其中氯化钙早强效果好而成本低，应用最广泛。由于 Cl^- 离子加速钢筋的锈蚀，因此当用于钢筋混凝土时，一般要与阻锈剂复合使用，氯化钙的适宜掺量为水泥质量的 0.5% ~1.0%，能使混凝土 3 d 强度提高 50% ~100%，7 d 强度提高 20% ~40%。

（2）硫酸盐类早强剂。硫酸盐类早强剂主要有硫酸钠、硫代硫酸钠、硫酸钙、硫酸铝、硫酸铝钾等，其中硫酸钠应用较多。不会影响钢筋的锈蚀，可以用于钢筋混凝土。但若掺入量过多，则会导致混凝土后期性能变差，并且混凝土表面易析出“白霜”。影响外观与表面装饰，故对其掺量必须控制。此外，硫酸钠的掺入会提高混凝土中碱含量。当混凝土中有活性骨料时，就会加速碱 - 骨料反应。

（3）有机胺类早强剂。有机胺类早强剂主要有三乙醇胺（简称 TEA）、三异丙醇胺（简称 TP)、二乙醇胺等，其中，早强效果以三乙醇胺为最佳。三乙醇胺是无色或淡黄色油状液体，呈碱性，能溶于水。掺量为水泥质量的 0.02% ~0.05%，能使混凝土早期强度提高 50% 左右，28 d 强度略有提高。三乙醇胺对混凝土稍有缓凝作用，故必须严格控制掺量。掺量过多时，会造成混凝土严重缓凝和混凝土强度下降。

早强剂可加速混凝土硬化，缩短养护周期，加快施工进度，提高模板周转率。多用于冬季施工或紧急抢修工程。炎热环境条件下不宜使用早强剂、早强减水剂。在实际应用中，早强剂单掺效果不如复合掺加。因此，较多使用由多种组分配成的复合早强剂，尤其是早强剂与早强减水剂同时复合使用，其效果更好。

4.6.5　速凝剂

速凝剂是能使混凝土迅速凝结硬化的外加剂。速凝剂的主要种类有无机盐类和有机物类。我国常用的速凝剂是无机盐类。无机盐类速凝剂按其主要成分大致可分为 3 类：以铝酸钠为主要成分的速凝剂；以铝酸钙、氟铝酸钙等为主要成分的速凝剂；以硅酸盐（$NaSiO_2$）为主要成分的速凝剂。主要型号有红星 1 型、711 型、782 型、8604 型、WJ-1、J85 型等。

速凝剂掺入混凝土后，能使混凝土在 5 min 内初凝，10 min 内终凝。1 h 就可产生强度，1d 强度提高 2 ~3 倍，但后期强度会下降，28 d 强度为不掺时的 80% ~90%。温度升高，提高速凝效果。混凝土水灰比增大则降低速凝效果，故掺用速凝剂的混凝土水灰比一般为 0.4 左右。掺加速凝剂后，混凝土的干缩率有增加趋势，弹性模量、抗剪强度、粘结力等有所降低。

速凝剂主要用于矿山井巷、铁路隧道、引水涵洞、地下工程及喷锚支护时的喷射混凝土或喷射砂浆工程中。

4.6.6　缓凝剂

缓凝剂是能延长混凝土凝结时间并对混凝土的后期强度发展无不利影响的外加剂。缓凝剂的主要种类有：羟基羧酸及其盐类，如酒石酸、柠檬酸、葡萄糖酸及其盐类和水杨酸；含糖碳水化合物类，如糖蜜、葡萄糖、蔗糖等；无机盐类，如硼酸盐、磷酸盐、锌盐等；木质素磺酸盐类，如木钙、木钠等。

缓凝剂可以使得混凝土拌合物较长时间保持塑性状态，以利于浇筑成型、保证施工质量；同时，可以降低水化热或者减少水化放热的速度。缓凝剂对水泥品种适应性十分明显，不同水泥品种缓凝效果不同，甚至会出现相反的效果。因此，使用前必须进行试拌，检测效果。缓凝剂一般掺量较少，使用时应严格控制掺量。过量掺入，不仅会出现长时间不凝结现象，有时还会出现速凝现象。

缓凝剂主要用于高温季节混凝土、大体积混凝土、泵送和滑模混凝土施工及远距离运输的商品混凝土。缓凝剂不宜用于日最低气温 5 ℃以下施工的混凝土，也不宜用于有早强要求的混凝土和蒸养混凝土。

4.6.7　防冻剂

防冻剂是能使混凝土在负温下硬化，并在规定养护时间内达到足够防冻强度的外加剂。

我国常用的防冻剂是由多组分复合而成，其主要组分由防冻组分、减水组分、引气组分、早强组分等组成。其质量应该符合《混凝土防冻剂》（JC 475—2004）的规定。

常用防冻剂按防冻组分，可分为三类：

（1）氯盐类。常用的为氯化钙、氯化钠。由于氯化钙参与水泥的水化反应，不能有效地降低混凝土中液相的冰点，故常与氯化钠复合使用，通常采用配比为氯化钙∶氯化钠 =2∶1。

（2）氯盐阻锈类。其由氯盐与阻锈剂复合而成。阻锈剂有亚硝酸钠 - 铬酸盐、磷酸盐、聚磷酸盐等。其中，亚硝酸钠阻锈效果最好，故被广泛应用。

（3）无氯盐类。有硝酸盐、亚硝酸盐、尿素、乙酸盐等。

上述各类防冻组分适用温度范围一般为：氯化钠单独使用时，为 -5 ℃；硝酸盐（硝酸钠、硝酸钙盐）、尿素型，为 -10 ℃；亚硝酸盐（亚硝酸钠盐），为 -15 ℃；复合防冻剂中的减水组分、引气组分、早强组分，则分别采用前面所述的各类减水剂、引气剂、早强剂。

各类防冻剂具有不同的特性，因此防冻剂品种选择十分重要。氯盐类防冻剂适用于无筋混凝土；氯盐防锈类防冻剂可用于钢筋混凝土；无氯盐类防冻剂可用于钢筋混凝土和预应力钢筋混凝土，但硝酸盐、亚硝酸盐类则不得用于预应力混凝土及与镀锌钢材或与铝铁相接触部位的钢筋混凝土。含有 6 价铬盐、亚硝酸盐等有毒防冻剂，严禁用于饮水工程及与食品接触的部位。防冻剂的掺量应根据施工时环境温度确定；其中，防冻组分的含量必须控制，过多或过少，均会导致不良后果。

4.6.8 泵送剂

混凝土工程中，可采用由减水剂、缓凝剂、引气剂等复合而成的泵送剂。其质量应符合《混凝土泵送剂》（JC 473—2001）的规定。泵送剂适用于工业与民用建筑及其他构筑物的泵送施工的混凝土；特别适用于大体积混凝土、高层建筑和超高层建筑；适用于滑模施工等；也适用于水下灌注桩混凝土。泵送剂运到工地（或混凝土搅拌站）的检验项目，应包括 pH 值、密度（或细度）、坍落度增加值及坍落度损失。

4.6.9 膨胀剂

膨胀剂是指在混凝土硬化过程中，因化学作用能使混凝土产生一定体积膨胀的外加剂。其质量应该符合《混凝土膨胀剂》（GB 23439—2009）的规定。

混凝土工程可采用下列膨胀剂：硫铝酸钙类；硫铝酸钙 - 氧化钙类；氧化钙类。掺加膨胀剂的补偿收缩混凝土主要用于地下、水中、海水中、隧道等构筑物，大体积混凝土（除大坝外）、配筋路面和板、屋面与厕浴间防水、构件补强、渗漏修补、预应力混凝土、回填槽等；填充用的膨胀剂混凝土主要用于结构后浇带、隧洞堵头、钢管与隧道之间的填充等；灌浆用膨胀砂浆用于机械设备的底座灌浆、地脚螺栓的固定、梁柱接头、构件补强、加固等。自应力混凝土，仅用于常温下使用的自应力钢筋混凝土压力管。

掺膨胀剂的混凝土，适用于钢筋混凝土工程和填充性混凝土工程。含硫铝酸钙类、硫铝酸钙 - 氧化钙类膨胀剂的混凝土（砂浆），不得用于长期环境温度为 80 ℃以上的工程；含氧化钙类膨胀剂配制的混凝土（砂浆），不得用于海水或有侵蚀性水的工程。

4.6.10　外加剂的选择与使用

尽管在混凝土中掺外加剂可以改善混凝土的技术性能，取得显著的技术经济效果。但是，在试验和实践中人们发现，正确和合理地使用外加剂，对外加剂的技术经济效果有重要影响；如使用不当，会酿成事故。因此，在使用外加剂时，应注意以下几点。

(1) 外加剂品种的选择。外加剂品种很多，效果各异，特别是对不同品种水泥，效果不同。在选择外加剂时，应根据工程设计和施工现场的材料条件，参照有关资料，通过试验确定。因此，国家标准《混凝土外加剂应用技术规程》(GB 50119—2003) 规定：首先，要注意外加剂与水泥的适应性，一般掺加外加剂的混凝土选用通用水泥品种。

(2) 外加剂掺量的确定。混凝土的外加剂均有适宜掺量。掺量过小，往往达不到预期的效果；掺量过大，则会造成浪费，有时还会影响混凝土质量，甚至造成质量事故。因此，应通过试验确定最佳掺量。

(3) 外加剂的掺加方法。外加剂掺入混凝土拌合物中的方法不同，其效果也不同。例如，减水剂采用后掺法，比先掺法和同掺法效果好，其掺量只需先掺法和同掺法的一半。所谓先掺法，是将减水剂先与水泥混合，然后再与骨料和水一起搅拌；同掺法，是将减水剂先溶于水，形成溶液后再加入拌合物中一起搅拌；后掺法，是指在混凝土拌合物送到浇筑地点后，才加入减水剂并再次搅拌均匀，进行浇筑。因此，使用外加剂时，要根据工程特点、材料情况和施工条件，通过试验确定。

4.7　混凝土配合比设计

普通混凝土配合比就是指混凝土中水泥、砂、石子、外加剂、掺合料、水等各种组成材料的比例关系。配合比设计，即确定混凝土中各种组成材料数量的比例关系。配合比常用的表示方法有两种：一种是用 1 m^3 混凝土中各种原材料的质量表示，如水泥 (m_c) 320 kg、砂 (m_s) 680 kg、石子 (m_g) 1 280 kg、水 (m_w) 183 kg；另一种是用各种原材料相互之间的质量比来表示（以水泥质量为 1），将上面的质量换算成质量比为：水泥:砂:石子 = 1:2.12:4，水灰比为 0.56。当掺加外加剂或掺合料时，水灰比以水占水泥和胶凝材料的质量百分比表示，称为水胶比。前者多用于搅拌现场，后者多用于技术文件中。

4.7.1　混凝土配合比设计的要求

配合比设计的任务，就是根据原材料的技术性质及施工条件，合理确定出满足工程所需要的各项组成材料的用量。混凝土配合比设计的基本要求如下：

(1) 满足混凝土结构设计要求的强度等级。

(2) 满足混凝土施工所要求的和易性。

(3) 满足适应混凝土工程所处环境的耐久性要求。

(4) 在满足前三项的前提下，考虑经济原则，节约水泥，降低成本。

4.7.2　混凝土配合比设计的资料准备

进行混凝土配合比设计，必须预先了解下列基本资料：

（1）了解工程设计要求的混凝土强度等级，以便确定混凝土的配制强度。

（2）了解工程所处环境的耐久性要求，确定最大水灰比和最小水泥用量。

（3）了解原材料的性能指标，包括水泥的品种、强度等级、密度；粗、细骨料的种类、表观密度、级配、最大粒径等；拌合用水的水质；外加剂的种类和性能、适宜掺加量等。

（4）掌握工程施工需要的流动性指标。

（5）其他，如天气气候条件、施工队伍的管理水平等。

4.7.3 混凝土配合比设计必须确定的3个参数

混凝土配合比设计实质上就是确定水泥、水、砂、石子这四项基本组成材料的用量，其中有3个重要的参数：水胶比、单位用水量和砂率。

（1）水胶比（W/B）：指用水量与胶凝材料质量的比值。依据混凝土设计强度和耐久性的要求，来确定水胶比。

（2）单位用水量（W）：指拌制1 m^3 混凝土所用水的质量，表示水泥浆与骨料之间的关系。在满足混凝土施工要求的和易性基础上，依据粗骨料的种类和规格，确定混凝土的单位用水量。

（3）砂率（S_p或β_s）：指砂和石子之间的比例关系，用砂占砂、石总质量的比例表示。砂的数量，应以填充石子空隙后略有富余的原则来确定砂率。

4.7.4 混凝土配合比设计方法与步骤

混凝土配合比设计分为四步：初步配合比的计算；基准配合比的确定；试验室配合比的确定；施工配合比的确定。

1. 初步配合比的计算

1）确定混凝土配制强度（$f_{cu,0}$）

混凝土配制强度应按下列规定确定：

（1）当混凝土的设计强度等级小于C60时，配制强度应按下式确定：

$$f_{cu,0} \geq f_{cu,k} + 1.645\sigma \tag{4-14}$$

式中 $f_{cu,0}$——混凝土配制强度（MPa）；

$f_{cu,k}$——混凝土立方体抗压强度标准值，这里取混凝土的设计强度等级值（MPa）；

σ——混凝土强度标准差（MPa）。

（2）当设计强度等级不小于C60时，配制强度应按下式确定：

$$f_{cu,0} \geq 1.15 f_{cu,k} \tag{4-15}$$

混凝土强度标准差σ应按下列规定确定：

（1）当具有1~3个月的同一品种、同一强度等级混凝土的强度资料，且试件组数不小于30时，其混凝土强度标准差σ应按下式计算：

$$\sigma = \sqrt{\frac{\sum_{i=1}^{n} f_{cu,i}^2 - n m_{fcu}^2}{n-1}} \tag{4-16}$$

式中 σ——混凝土强度标准差；

$f_{cu,i}$——第 i 组的试件强度，MPa；

m_{fcu}——n 组试件的强度平均值，MPa；

n——试件组数。

对于强度等级不大于 C30 的混凝土，当混凝土强度标准差计算值不小于 3.0 MPa 时，应按式（4－16）计算结果取值；当混凝土强度标准差计算值小于 3.0 MPa 时，应取 3.0 MPa。

对于强度等级大于 C30 且小于 C60 的混凝土，当混凝土强度标准差计算值不小于 4.0 MPa 时，应按式（4－16）计算结果取值；当混凝土强度标准差计算值小于 4.0 MPa 时，应取 4.0 MPa。

（2）当没有近期的同一品种、同一强度等级混凝土强度资料时，其强度标准差 σ 可按表 4－13 取值。

表 4－13　标准差 σ 值　　MPa

混凝土强度标准值	≤C20	C25～C45	C50～C55
Σ	4.0	5.0	6.0

2）计算水胶比 W/B

（1）当混凝土强度等级小于 C60 时，混凝土水胶比宜按下式计算：

$$W/B=\frac{\alpha_a f_b}{f_{cu,0}+\alpha_a\alpha_b f_b} \tag{4-17}$$

式中　W/B——混凝土水胶比；

α_a，α_b——回归系数，按以下（2）的规定取值；

f_b——胶凝材料 28d 胶砂抗压强度，MPa，可实测，且试验方法应按现行国家标准《水泥胶砂强度检验方法（ISO 法）》GB/T 17671 执行；也可按以下（3）确定。

（2）回归系数（α_a、α_b）宜按下列规定确定：

① 根据工程所使用的原材料，通过试验建立的水胶比与混凝土强度关系式来确定；

② 当不具备上述试验统计资料时，可按表 4－14 选用。

表 4－14　回归系数（α_a、α_b）取值有

系数 \ 粗骨料品种	碎　石	卵　石
α_a	0.53	0.49
α_b	0.20	0.13

（3）当胶凝材料 28d 胶砂抗压强度值（f_b）无实测值时，可按下式计算：

$$f_b=\gamma_f\gamma_s f_{ce} \tag{4-18}$$

式中　γ_f，γ_s——粉煤灰影响系数和粒化高炉矿渣粉影响系数，可按表 4－15 选用；

f_{ce}——水泥 28d 胶砂抗压强度，MPa，可实测，也可按以下（4）确定。

表 4-15　粉煤灰影响系数（γ_f）和粒化高炉矿渣粉影响系数（γ_s）

种类 掺量/%	粉煤灰影响系数 γ_f	粒化高炉矿渣粉影响系数 γ_s
0	1.00	1.00
10	0.85～0.95	1.00
20	0.75～0.85	0.95～1.00
30	0.65～0.75	0.90～1.00
40	0.55～0.65	0.80～0.90
50	—	0.70～0.85

注：1　采用Ⅰ级、Ⅱ级粉煤灰宜取上限值；

2　采用 S75 级粒化高炉矿渣粉宜取下限值，采用 S95 级粒化高炉矿渣粉宜取上限值，采用 S105 级粒化高炉矿渣粉可取上限值加 0.05；

3　当超出表中的掺量时，粉煤灰和粒化高炉矿渣粉影响系数应经试验确定。

（4）当水泥 28d 胶砂抗压强度（f_{ce}）无实测值时，可按下式计算：

$$f_{ce} = \gamma_c f_{ce,g} \tag{4-19}$$

式中　γ_c——水泥强度等级值的富余系数，可按实际统计资料确定；当缺乏实际统计资料时，也可按表 4-16 选用；

$f_{ce,g}$——水泥强度等级值，MPa。

表 4-16　水泥强度等级值的富余系数（γ_c）

水泥强度等级值	32.5	42.5	52.5
富余系数	1.12	1.16	1.10

3）确定用水量（m_{w0}）和外加剂用量

（1）每立方米干硬性或塑性混凝土的用水量（m_{w0}）应符合下列规定：

① 混凝土水胶比在 0.40～0.80 范围时，可按表 4-17 和表 4-18 选取；

② 混凝土水胶比小于 0.40 时，可通过试验确定。

表 4-17　干硬性混凝土的用水量　　kg/m³

拌合物稠度		卵石最大公称粒径/mm			碎石最大公称粒径/mm		
项目	指标	10.0	20.0	40.0	16.0	20.0	40.0
维勃稠度/s	16～20	175	160	145	180	170	155
	11～15	180	165	150	185	175	160
	5～10	185	170	155	190	180	165

表 4－18　塑性混凝土的用水量　　kg/m³

拌合物稠度		卵石最大公称粒径/mm				碎石最大公称粒径/mm			
项目	指标	10.0	20.0	31.5	40.0	16.0	20.0	31.5	40.0
坍落度/mm	10～30	190	170	160	150	200	185	175	165
	35～50	200	180	170	160	210	195	185	175
	55～70	210	190	180	170	220	205	195	185
	75～90	215	195	185	175	230	215	205	195

注：（1）本表用水量系采用中砂时的取值。采用细砂时，每立方米混凝土用水量可增加 5～10 kg；采用粗砂时，可减少 5～10 kg；
（2）掺用矿物掺合料和外加剂时，用水量应相应调整。

（2）掺外加剂时，每立方米流动性或大流动性混凝土的用水量（m_{w0}）可按下式计算：

$$m_{w0} = m'_{w0}(1-\beta) \tag{4-20}$$

式中　m_{w0}——计算配合比每立方米混凝土的用水量，kg/m³；

m'_{w0}——未掺外加剂时推定的满足实际坍落度要求的每立方米混凝土用水量，kg/m³，以表 4－18 中 90 mm 坍落度的用水量为基础，按每增大 20 mm 坍落度相应增加 5 kg/m³ 用水量来计算，当坍落度增大到 180 mm 以上时，随坍落度相应增加的用水量可减少；

β——外加剂的减水率，%，应经混凝土试验确定。

（3）每立方米混凝土中外加剂用量（m_{a0}）应按下式计算：

$$m_{a0} = m_{b0}\beta_a \tag{4-21}$$

式中　m_{a0}——计算配合比每立方米混凝土中外加剂用量，kg/m³；

m_{b0}——计算配合比每立方米混凝土中胶凝材料用量，kg/m³，计算应符合以下 4）中（1）的规定；

β_a——外加剂掺量，%，应经混凝土试验确定。

4）确定胶凝材料、矿物掺合料和水泥用量

（1）每立方米混凝土的胶凝材料用量（m_{b0}）应按式（4－22）计算，并应进行试拌调整，在拌合物性能满足的情况下，取经济合理的胶凝材料用量。

$$m_{b0} = \frac{m_{w0}}{W/B} \tag{4-22}$$

式中　m_{b0}——计算配合比每立方米混凝土中胶凝材料用量，kg/m³；

m_{w0}——计算配合比每立方米混凝土的用水量，kg/m³；

W/B——混凝土水胶比。

（2）每立方米混凝土的矿物掺合料用量（m_{f0}）应按下式计算：

$$m_{f0} = m_{b0}\beta_f \tag{4-23}$$

式中　m_{f0}——计算配合比每立方米混凝土中矿物掺合料用量，kg/m³；

β_f——矿物掺合料掺量,%。

(3) 每立方米混凝土的水泥用量(m_{c0})应按下式计算:

$$m_{c0} = m_{b0} - m_{f0} \tag{4-24}$$

式中 m_{c0}——计算配合比每立方米混凝土中水泥用量,kg/m³。

5) 确定砂率(β_s)

(1) 砂率(β_s)应根据骨料的技术指标、混凝土拌合物性能和施工要求,参考既有历史资料确定。

(2) 当缺乏砂率的历史资料时,混凝土砂率的确定应符合下列规定:

① 坍落度小于 10 mm 的混凝土,其砂率应经试验确定;

② 坍落度为 10 ~ 60 mm 的混凝土,其砂率可根据粗骨料品种、最大公称粒径及水胶比按表 4 - 19 选取;

③ 坍落度大于 60 mm 的混凝土,其砂率可经试验确定,也可在表 4 - 19 的基础上,按坍落度每增大 20 mm、砂率增大 1% 的幅度予以调整。

表 4 - 19 混凝土的砂率 %

水胶比	卵石最大公称粒径/mm			碎石最大公称粒径/mm		
	10.0	20.0	40.0	16.0	20.0	40.0
0.40	26 ~ 32	25 ~ 31	24 ~ 30	30 ~ 35	29 ~ 34	27 ~ 32
0.50	30 ~ 35	29 ~ 34	28 ~ 33	33 ~ 38	32 ~ 37	30 ~ 35
0.60	33 ~ 38	32 ~ 37	31 ~ 36	36 ~ 41	35 ~ 40	33 ~ 38
0.70	36 ~ 41	35 ~ 40	34 ~ 39	39 ~ 44	38 ~ 43	36 ~ 41

注:(1) 本表数值系中砂的选用砂率,对细砂或粗砂,可相应地减少或增大砂率;
(2) 采用人工砂配制混凝土时,砂率可适当增大;
(3) 只用一个单粒级粗骨料配制混凝土时,砂率应适当增大。

6) 确定粗、细骨料用量和砂率(β_s)

(1) 当采用质量法计算混凝土配合比时,粗、细骨料用量应按式(4 - 25)计算;砂率应按式(4 - 26)计算。

$$m_{f0} + m_{c0} + m_{g0} + m_{s0} + m_{w0} = m_{cp} \tag{4-25}$$

$$\beta_s = \frac{m_{s0}}{m_{g0} + m_{s0}} \times 100\% \tag{4-26}$$

式中 m_{g0}——计算配合比每立方米混凝土的粗骨料用量,kg/m³;

m_{s0}——计算配合比每立方米混凝土的细骨料用量,kg/m³;

β_s——砂率,%;

m_{cp}——每立方米混凝土拌合物的假定质量,kg,可取 2 350 ~ 2 450 kg/m³。

(2) 当采用体积法计算混凝土配合比时,砂率应按公式(4 - 26)计算,粗、细骨料用量应按公式（4－27）计算。

$$\frac{m_{c0}}{\rho_c}+\frac{m_{f0}}{\rho_f}+\frac{m_{g0}}{\rho_g}+\frac{m_{s0}}{\rho_s}+\frac{m_{w0}}{\rho_w}+0.01\alpha=1 \tag{4-27}$$

式中 ρ_c——水泥密度，kg/m³，可按现行国家标准《水泥密度测定方法》GB/T 208 测定，也可取 2 900～3 100 kg/m³；

ρ_f——矿物掺合料密度，kg/m³，可按现行国家标准《水泥密度测定方法》GB/T 208 测定；

ρ_g——粗骨料的表观密度，kg/m³，应按现行行业标准《普通混凝土用砂、石质量及检验方法标准》JGJ 52 测定；

ρ_s——细骨料的表观密度，kg/m³，应按现行行业标准《普通混凝土用砂、石质量及检验方法标准》JGJ 52 测定；

ρ_w——水的密度，kg/m³，可取 1 000 kg/m³；

α——混凝土的含气量百分数，在不使用引气剂或引气型外加剂时，α 可取 1。

2. 基准配合比的确定

初步配合比是借助经验公式或经验资料求得或者查出的，因此，不一定能满足实际工程的和易性要求，需要采用工程中实际使用的原材料和搅拌方法进行试配和调整。调整方法是：当混凝土拌合物的和易性不符合要求时，保证水灰比不变，相应地调整用水量或砂率（一般幅度为 1%～2%），直到混凝土的拌合物和易性满足要求为止，此时的配合比就是基准配合比，可以用于检验强度指标。

3. 试验室混凝土配合比的试配、调整与确定

1）试配

（1）混凝土试配应采用强制式搅拌机进行搅拌，并应符合现行行业标准《混凝土试验用搅拌机》JG 244 的规定，搅拌方法宜与施工采用的方法相同。

（2）试验室成型条件应符合现行国家标准《普通混凝土拌合物性能试验方法标准》GB/T 50080 的规定。

（3）每盘混凝土试配的最小搅拌量应符合表 4－20 的规定，并不应小于搅拌机公称容量的 1/4 且不应大于搅拌机公称容量。

表 4－20　混凝土试配的最小搅拌量

粗骨料最大公称粒径/mm	拌合物数量/L
≤31.5	20
40.0	25

（4）在计算配合比的基础上应进行试拌。计算水胶比宜保持不变，并应通过调整配合比其他参数使混凝土拌合物性能符合设计和施工要求，然后修正计算配合比，提出试拌配合比。

（5）在试拌配合比的基础上应进行混凝土强度试验，并应符合下列规定：

① 应采用三个不同的配合比，其中一个以上（4）确定的试拌配合比，另外两个配合比的水胶比宜较试拌配合比分别增加和减少 0.05，用水量应与试拌配合比相同，砂率可分别

增加和减少1%；

② 进行混凝土强度试验时，拌合物性能应符合设计和施工要求；

③ 进行混凝土强度试验时，每个配合比应至少制作一组试件，并应标准养护到28 d或设计规定龄期时试压。

2）配合比的调整与确定

(1) 配合比调整应符合下列规定：

① 根据以上1）中（5）混凝土强度试验结果，宜绘制强度和胶水比的线性关系图或插值法确定略大于配制强度对应的胶水比；

② 在试拌配合比的基础上，用水量（m_w）和外加剂用量（m_a）应根据确定的水胶比做调整；

③ 胶凝材料用量（m_b）应以用水量乘以确定的胶水比计算得出；

④ 粗骨料和细骨料用量（m_g 和 m_s）应根据用水量和胶凝材料用量进行调整。

(2) 混凝土拌合物表观密度和配合比校正系数的计算应符合下列规定：

① 配合比调整后的混凝土拌合物的表观密度应按下式计算：

$$\rho_{c,c} = m_c + m_f + m_g + m_s + m_w \tag{4-28}$$

式中 $\rho_{c,c}$——混凝土拌合物的表观密度计算值，kg/m³；

m_c——每立方米混凝土的水泥用量，kg/m³；

m_f——每立方米混凝土的矿物掺合料用量，kg/m³；

m_g——每立方米混凝土的粗骨料用量，kg/m³；

m_s——每立方米混凝土的细骨料用量，kg/m³；

m_w——每立方米混凝土的用水量，kg/m³。

② 混凝土配合比校正系数应按下式计算：

$$\delta = \frac{\rho_{c,t}}{\rho_{c,c}} \tag{4-29}$$

式中 δ——混凝土配合比校正系数；

$\rho_{c,t}$——混凝土拌合物的表观密度实测值，kg/m³。

(3) 当混凝土拌合物表观密度实测值与计算值之差的绝对值不超过计算值的2%时，按以上（1）调整的配合比可维持不变；当两者之差超过2%时，应将配合比中每项材料用量均乘以校正系数（δ）。

(4) 配合比调整后，应测定拌合物水溶性氯离子含量，试验结果应符合规程的规定。

(5) 对耐久性有设计要求的混凝土应进行相关耐久性试验验证。

(6) 生产单位可根据常用材料设计出常用的混凝土配合比备用，并应在启用过程中予以验证或调整。遇有下列情况之一时，应重新进行配合比设计：

① 对混凝土性能有特殊要求时；

② 水泥、外加剂或矿物掺合料等原材料品种、质量有显著变化时。

4. 混凝土配合比计算中的相关规定

混凝土的最大水胶比应符合现行国家标准《混凝土结构设计规范》GB 50010—2010的规定，见表4-21和表4-22。

表4－21 结构混凝土材料的耐久性基本要求

环境等级	最大水胶比	最低强度等级	最大氯离子含量/%	最大碱含量/($kg \cdot m^{-3}$)
一	0.60	C20	0.30	不限制
二 a	0.55	C25	0.20	3.0
二 b	0.50（0.55）	C30（C25）	0.15	
三 a	0.45（0.50）	C35（C30）	0.15	
三 b	0.40	C40	0.10	

表4－22 混凝土结构的环境类别

环境类别	条 件
一	室内干燥环境； 无侵蚀性静水浸没环境
二 a	室内潮湿环境； 非严寒和非寒冷地区的露天环境； 非严寒和非寒冷地区与无侵蚀性的水或土壤直接接触的环境； 严寒和寒冷地区的冰冻线以下与无侵蚀性的水或土壤直接接触的环境
二 b	干湿交替环境； 水位频繁变动环境； 严寒和寒冷地区的露天环境； 严寒和寒冷地区冰冻线以上与无侵蚀性的水或土壤直接接触的环境
三 a	严寒和寒冷地区冬季水位变动区环境； 受除冰盐影响环境； 海风环境
三 b	盐渍土环境； 受除冰盐作用环境； 海岸环境
四	海水环境
五	受人为或自然的侵蚀性物质影响的环境

除配制C15及其以下强度等级的混凝土外，混凝土的最小胶凝材料用量应符合表4－23的规定。

表 4－23　混凝土的最小胶凝材料用量

最大水胶比	最小胶凝材料用量/($kg \cdot m^{-3}$)		
	素混凝土	钢筋混凝土	预应力混凝土
0.60	250	280	300
0.55	280	300	300
0.50	320		
≤0.45	330		

5. 施工配合比的确定

上面配合比计算步骤中，计算公式和有关参数及表格中的数值均系以干燥状态骨料（指含水率小于0.5%的细骨料和含水率小于0.2%的粗骨料）为基准。而工地上采用的砂、石材料都是露天存放的，具有一定的含水率，而且会随其后而变化，所以需要进行校正才能得到施工配合比。

假定工地存放的砂的含水率为 $a\%$，石子的含水率为 $b\%$，则施工配合比中的材料用量为：

$$m'_c = m_c$$
$$m'_s = m_s \cdot (1 + a\%)$$
$$m'_g = m_g \cdot (1 + b\%)$$
$$m'_w = m_w - m_s \cdot a\% - m_g \cdot b\% \qquad (4-30)$$

综合实训

混凝土配合比设计综合实训

某框架结构工程室内现浇钢筋混凝土梁，混凝土设计强度等级为 C30，施工要求混凝土坍落度为 30～50 mm，根据施工单位历史资料统计，混凝土强度标准差 $\sigma = 5$ MPa。所用原材料情况如下：

水泥：42.5 级普通硅酸盐水泥（水泥实测强度为 46 MPa），密度 $\rho_c = 3.1\ g/cm^3$。

砂：中砂，级配合格，砂子表观密度 $\rho_s = 2.60\ g/cm^3$。

碎石：最大粒径 $D_{max} = 30$ mm，级配合格，表观密度 $\rho_g = 2.65\ g/cm^3$。

试求：① 试设计混凝土初步配合比。

② 若经试配混凝土的和易性和强度等均符合要求，无需作调整。又知现场砂含水率为3%，石子含水率为1%，试计算混凝土施工配合比。

【解】

1. 确定试配强度 $f_{cu,0}$

$$f_{cu,0} = f_{cu,k} + 1.645\sigma = (30 + 1.645 \times 5.0)\ \text{MPa} = 38.2\ \text{MPa}$$

2. 确定水胶比 W/B

已知粗骨料为碎石，因此 $\alpha_a = 0.53$，$\alpha_b = 0.20$；$f_b = 46$ MPa

由式（4－17）

$$W/B=\frac{\alpha_a f_b}{f_{cu,0}+\alpha_a\alpha_b f_b}=\frac{0.53\times46}{38.2+0.53\times0.20\times46}=0.57$$

由于室内框架结构混凝土梁处于干燥环境查表4－22，环境等级为一级，查表4－21，又知一级环境钢筋混凝土允许最大水灰比为0.60，故可确定水灰比为0.57。

3. 计算每立方米混凝土的用水量 m_{w0}

查表4－18，对于最大粒径为30 mm的碎石混凝土，当所需坍落度为30～50 mm时，1 m^{3}混凝土的用水量可选用185 kg，即 $m_{w0}=185$ kg。

4. 计算每立方米混凝土的水泥用量 m_{c0}

$m_{c0}=185\ \text{kg}/0.57=325\ \text{kg}$

查表4－23，可知满足耐久性要求的最小水泥用量为290 kg，所以，可取 $m_{c0}=325$ kg。

5. 确定合理砂率值 β_s

根据骨料及水胶比的情况，查表4－19，可以选用 $\beta_s=35\%$。

6. 计算1 m^{3}混凝土的砂、石的用量 m_{s0}、m_{g0}

（1）用质量法（假定密度法）。

假定1 m^{3}混凝土拌合物的质量为2 400 kg，则有：

$$\begin{cases}325+m_{g0}+m_{s0}+185=2\ 400\\ \beta_s=\dfrac{m_{s0}}{m_{g0}+m_{s0}}\times100\%=35\%\end{cases}$$

解得 $m_{s0}=662$ kg，$m_{g0}=1\ 228$ kg。

因此，初步配合比为 $m_{c0}=325$ kg；$m_{s0}=662$ kg，$m_{g0}=1\ 228$ kg；$m_{w0}=185$ kg

（2）用体积法。

将 $m_{c0}=325$ kg；$m_{w0}=185$ kg 代入方程组

$$\begin{cases}\dfrac{325}{3.10\times10^3}+\dfrac{m_{s0}}{2.60\times10^3}+\dfrac{m_{g0}}{2.65\times10^3}+\dfrac{185}{1\ 000}+0.01\times1=1\\ \beta_s=\dfrac{m_{s0}}{m_{g0}+m_{s0}}\times100\%=35\%\end{cases}$$

解得：$m_{s0}=645$ kg，$m_{g0}=1\ 198$ kg

因此，初步配合比为 $m_{c0}=325$ kg；$m_{s0}=645$ kg，$m_{g0}=1\ 198$ kg；$m_{w0}=185$ kg。

7. 计算施工配合比

若经试配混凝土的和易性和强度等均符合要求，无需作调整，初步配合比即为试验室配合比。又知道现场砂含水率为3%，石子含水率为1%，则施工配合比（以质量法为例）为：

$$m'_c=m_c=325\ \text{kg}$$

$$m'_s=662\times(1+3\%)=682\ \text{kg}$$

$$m'_g=1\ 228\times(1+1\%)=1\ 240\ \text{kg}$$

$$m_w=185-662\times3\%-1\ 228\times1\%=153\ \text{kg}$$

混凝土配合比设计试验报告如表4－24所示。

表 4－24　混凝土配合比设计试验报告

<table>
<tr><td colspan="5">报告编号________</td><td colspan="6">试验类别________</td></tr>
<tr><td colspan="5">委托单位________</td><td colspan="6">工程名称________</td></tr>
<tr><td colspan="5">设计强度等级________</td><td colspan="6">工程部位________</td></tr>
<tr><td colspan="5">设计稠度________cm</td><td colspan="6">委托日期________</td></tr>
<tr><td colspan="11">其他技术要求________</td></tr>
<tr><td rowspan="10">原材料</td><td rowspan="2">水泥</td><td>品种</td><td colspan="2">强度等级</td><td colspan="2">生产厂名</td><td>牌号</td><td colspan="2">出厂日期</td><td>报告编号</td></tr>
<tr><td>—</td><td colspan="2"></td><td colspan="2"></td><td></td><td colspan="2"></td><td></td></tr>
<tr><td rowspan="2">砂</td><td>产地</td><td colspan="2">颗粒级配</td><td colspan="2">细度模数</td><td>含泥量/%</td><td colspan="2">泥块含量/%</td><td>报告编号</td></tr>
<tr><td>—</td><td colspan="2"></td><td colspan="2"></td><td></td><td colspan="2"></td><td></td></tr>
<tr><td rowspan="4">石</td><td>产地</td><td colspan="2">品种</td><td colspan="2">筛分析</td><td>含泥量/%</td><td colspan="2">泥块含量/%</td><td>报告编号</td></tr>
<tr><td>—</td><td colspan="2"></td><td colspan="2"></td><td></td><td colspan="2"></td><td></td></tr>
<tr><td>—</td><td colspan="2"></td><td colspan="2"></td><td></td><td colspan="2"></td><td></td></tr>
<tr><td>—</td><td colspan="2"></td><td colspan="2"></td><td></td><td colspan="2"></td><td></td></tr>
<tr><td rowspan="2">掺合料</td><td>品种</td><td colspan="2">等级</td><td>报告编号</td><td rowspan="2">外加剂</td><td>名称</td><td colspan="2">掺量/%</td><td>报告编号</td></tr>
<tr><td>—</td><td colspan="2"></td><td></td><td></td><td colspan="2"></td><td></td></tr>
<tr><td colspan="2">其他材料</td><td colspan="9">—</td></tr>
<tr><td rowspan="3">配合比</td><td rowspan="3">水胶比</td><td rowspan="3">砂率/%</td><td colspan="6">材料用量/kg</td><td colspan="4">__强度/MPa</td></tr>
<tr><td>水泥</td><td>掺合料</td><td>水</td><td>砂</td><td>石</td><td>外加剂</td><td>__ d</td><td>28 d</td><td>快测</td><td>抗渗等级</td></tr>
<tr><td></td><td></td><td></td><td></td><td></td><td></td><td></td><td></td><td></td><td></td></tr>
<tr><td rowspan="4">备注</td><td colspan="10">1. 试验规程及评定依据________________；</td></tr>
<tr><td colspan="10">2. 见证人（监督员）________________。</td></tr>
<tr><td colspan="10"></td></tr>
<tr><td colspan="10"></td></tr>
<tr><td colspan="11">批准：　　　　审核：　　　　试验：　　　　年　　月　　日
试验单位地址：　　　　联系电话：
试验单位　　　　（盖章）</td></tr>
<tr><td colspan="11">声明：未经本______书面批准，不得部分复制试验报告（完整复制除外）</td></tr>
</table>

复习思考题

一、填空题

1. 混凝土拌合物的和易性包括______、______和______3 个方面的含义。
2. 配制混凝土时如砂率过大，拌合物要保持一定的流动性，就需要______。
3. 测定混凝土拌合物和易性的方法有______法或______法。
4. 塑性混凝土的流动性大小用________指标来表示。
5. 混凝土配合比设计的基本要求是满足________、________、________和________。

6. 混凝土配合比设计的三大参数是________、________和________。

7. 混凝土按其强度的大小进行分类，包括________混凝土、________混凝土和________混凝土。

8. 混凝土的强度等级按照________来划分。

9. 从材料的气孔角度分析，影响混凝土耐久性的因素主要是________和________。

二、选择题

1. 混凝土拌合物坍落度的大小主要根据（ ）来选取。

A. 水胶比和砂率

B. 水胶比和捣实方式

C. 骨料的性质、最大粒径和级配

D. 构件的截面尺寸大小、钢筋疏密、捣实方式

2. 配制混凝土时，水胶比（*W/B*）过大，则（ ）。

A. 混凝土拌合物的保水性变差　　B. 混凝土拌合物的黏聚性变差

C. 混凝土的强度和耐久性下降　　D. （A+B+C）

3. 调整混凝土配合比时，发现拌合物的保水性较差，应采用（ ）措施。

A. 增加砂率　　B. 减少砂率　　C. 增加水泥　　D. 增加用水量

4. 混凝土拌合物的坍落度值达不到设计要求，可掺加外加剂（ ）来提高塌落度。

A. 木钙　　B. 松香热聚物　　C. 硫酸钠　　D. 三乙醇胺

5. 提高混凝土的抗冻性，掺入加气剂，其掺入量是根据混凝土的（ ）来控制。

A. 塌落度　　B. 含气量　　C. 抗冻标号　　D. 抗渗标号

6. 制混凝土时，限定最大水胶比和最小水泥用量是为了满足（ ）要求。

A. 流动性　　B. 强度　　C. 耐久性　　D. （A+B+C）

7. 试混凝土时，发现混凝土的黏聚性较差，为改善和易性宜（ ）

A. 增加砂率　　B. 减少砂率　　C. 增加 *W/B*　　D. 掺入粗砂

8. 混凝土中掺入0.25%的木质素磺酸钙，当混凝土流动性和水泥用量保持不变的条件下，可获得（ ）效果。

A. 提高强度　　B. 提高抗冻性、抗渗性

C. （A+B）　　D. 节约水泥

9. 原用细度模数为2.65的砂配制混凝土混合料，由于料源问题，改用细度模数为1.95的砂，为了保持原配制混凝土的坍落度和强度不变，最合适的办法是（ ）。

A. 增加砂率　　B. 减少砂率　　C. 增加拌合用水量　　D. 减少水泥用量

10. 细料级配与颗粒粗细是根据（ ）来评定的。

A. 细度模数　　B. 筛分曲线

C. 细度模数与筛分曲线　　D. 细度模数与砂率

11. 选混凝土用砂的原则是（ ）。

A. 砂的空隙率大，总表面积小　　B. 砂的空隙率大，总表面积大

C. 砂的空隙率小，总表面积小　　D. 砂的空隙率小，总表面积大

12. 提高混凝土流动性的正确作法是（ ）

A. 增加用水量　　B. 掺入减水剂

C. 保持 W/B 水胶比不变，增加水泥　　D. （A+B）

13. 在严寒地区水位升降范围内使用的混凝土工程宜优先选用（　　）水泥。

A. 矿渣　　B. 粉煤灰　　C. 火山灰　　D. 普通

14. 配制高强度混凝土时应选用（　　）

A. 早强剂　　B. 高效减水剂　　C. 引气剂　　D. 膨胀剂

15. 混凝土配合比设计中，水胶比的值是根据混凝土的（　　）要求来确定的。

A. 强度及耐久性　　B. 强度　　C. 耐久性　　D. 和易性与强度

16. 混凝土的（　　）强度最大。

A. 抗拉　　B. 抗压　　C. 抗弯　　D. 抗剪

17. 防止混凝土中钢筋腐蚀的主要措施有（　　）。

A. 提高混凝土的密实度　　B. 钢筋表面刷漆

C. 钢筋表面用碱处理　　D. 混凝土中加阻锈剂

18. 选择混凝土骨料时，应使其（　　）。

A. 总表面积大，空隙率大　　B. 总表面积小，空隙率大

C. 总表面积小，空隙率小　　D. 总表面积大，空隙率小

19. 普通混凝土立方体强度测试，采用 100 mm×100 mm×100 mm 的试件，其强度换算系数为（　　）。

A. 0.90　　B. 0.95　　C. 1.05　　D. 1.00

20. 在原材料质量不变的情况下，决定混凝土强度的主要因素是（　　）。

A. 水泥用量　　B. 砂率　　C. 单位用水量　　D. 水灰比

21. 厚大体积混凝土工程适宜选用（　　）。

A. 高铝水泥　　B. 矿渣水泥

C. 硅酸盐水泥　　D. 普通硅酸盐水泥

22. 混凝土施工质量验收规范规定，粗集料的最大粒径不得大于钢筋最小间距的（　　）。

A. 1/2　　B. 1/3　　C. 3/4　　D. 1/4

三、多项选择题

1. 在混凝土拌合物中，如果水胶比过大，会造成（　　）。

A. 拌合物的黏聚性和保水性不良　　B. 产生流浆

C. 有离析现象　　D. 严重影响混凝土的强度

2. 以下（　　）属于混凝土的耐久性。

A. 抗冻性　　B. 抗渗性　　C. 和易性　　D. 抗腐蚀性

3. 混凝土中水泥的品种是根据（　　）来选择的。

A. 施工要求的和易性　　B. 粗集料的种类

C. 工程的特点　　D. 工程所处的环境

4. 影响混凝土和易性的主要因素有（　　）。

A. 水泥浆的数量　　B. 集料的种类和性质

C. 砂率　　D. 水胶比

5. 在混凝土中加入引气剂，可以提高混凝土的（　　）。

A. 抗冻性 B. 耐水性 C. 抗渗性 D. 抗化学侵蚀性

6. 在混凝土拌合物中，如果水灰比过大，会造成（ ）。

A. 拌合物的黏聚性和保水性不良 B. 产生流浆

C. 有离析现象 D. 严重影响混凝土的强度

7. 以下（ ）属于混凝土的耐久性。

A. 抗冻性 B. 抗渗性 C. 和易性 D. 抗腐蚀性

四、名词解释

1. 砂率
2. 徐变
3. 混合材料
4. 混凝土的碳化
5. 最佳砂率
6. 混凝土的流动性
7. 混凝土的立方体抗压强度

五、是非判断题

1. 在拌制混凝土中，砂越细越好。

2. 在混凝土拌合物中，水泥浆越多，和易性就越好。

3. 混凝土中掺入引气剂后，会引起强度降低。

4. 级配好的集料空隙率小，其总表面积也小。

5. 混凝土强度随水胶比的增大而降低，呈直线关系。

6. 用高强度等级水泥配制混凝土时，混凝土的强度能得到保证，但混凝土的和易性不好。

7. 混凝土强度试验，试件尺寸越大，强度越低。

8. 当采用合理砂率时，能使混凝土获得所要求的流动性、良好的黏聚性和保水性，而水泥用量最大。

六、简答题

1. 普通混凝土是由哪些材料组成的？它们各起什么作用？

2. 建筑工程对混凝土提出的基本技术要求是什么？

3. 在配制混凝土时为什么要考虑骨料的粗细及颗粒级配？评定指标是什么？

4. 混凝土拌合物的工作性含义是什么？影响因素有哪些？

5. 两种砂的级配相同，细度模数是否相同？反之，两种砂的细度模数相同，其级配是否相同？

6. 配制普通混凝土选择石子的最大粒径应考虑哪些方面的因素？

7. 何谓“不变用水量法则”和“合理砂率”，它们对混凝土的设计和使用有什么重要意义？

8. 决定混凝土耐久性的主要性质指标有哪些？如何提高混凝土的耐久性？

9. 混凝土的立方体抗压强度与立方体抗压强度标准值间有何关系？混凝土的强度等级的含义是什么？

10. 混凝土的配制强度如何确定？

11. 影响混凝土强度的主要因素有哪些？提高混凝土强度的主要措施有哪些？

12. 混凝土配合比的3个基本参数是什么？与混凝土的性能有何关系？如何确定这3个基本参数？

13. 混凝土配合比设计中的基准配合比公式的本质是什么？

14. 根据普通混凝土的优点、缺点，你认为今后混凝土的发展趋势是什么？

15. 混凝土采用减水剂可取得哪些经济、技术效果？

16. 拌制混凝土拌合物过程中，有人随意增加用水量。试简要说明混凝土哪些性质受到什么影响？

17. 简述水胶比对混凝土性能有哪些影响？

18. 为了节约水泥，在配制混凝土时应采取哪些措施？

19. 提高混凝土抗压强度的措施有哪些？

20. 为什么要选择级配良好的骨料拌制混凝土？

六、计算题

1. 某混凝土的试验室配合比为1∶2.1∶4.3（水泥∶砂∶石子），$W/B=0.54$。已知水泥密度为3.1 g/cm^3，砂、石的表观密度分别为2.60 g/cm^3、2.65 g/cm^3。试计算1 m^{3}混凝土中各项材料用量（含气量按1%计算）。

2. 采用普通水泥42.5级，其富余系数为1.13。石子采用碎石，其材料系数$A=0.46$，$B=0.52$。试计算配制C25混凝土的水灰比（$\sigma=5.0$ MPa）。

3. 已确定混凝土的初步配合比，取15 L进行试配。水泥为4.6 kg，砂为9.9 kg，石子为19 kg，水为2.7 kg，经测定和易性合格。此时实测的混凝土体积密度为2 450 kg/m^3，试计算该混凝土的配合比（即基准配合比）。

4. 已知每拌制1 m^{3}混凝土需要干砂606 kg，水180 kg，经试验室配合比调整计算后，砂率宜为0.34，水灰比宜为0.6。测得施工现场的砂含水率为7%，石子的含水率为3%，试计算施工配合比。

5. 某一试拌的混凝土混合料，设计其水灰比为0.48，拌制后的体积密度为2 410 kg/m^3，且采用0.40的砂率，现打算1 m^{3}混凝土混合料用水泥290 kg，试求1 m^{3}混凝土混合料其他材料用量。

6. 已知设计要求的混凝土强度等级为C20，水泥用量为280 kg/m^3，水的用量为195 kg/m^3，水泥实测强度为45 MPa；石子为碎石，材料系数$A=0.46$，$B=0.07$。试用水胶比公式计算校核，按上述条件施工作业，混凝土强度是否有保证？为什么？（$\sigma=6.0$ MPa）

7. 某一混凝土工程需配制强度等级为C25的混凝土。初步确定用水量为190 kg，砂为0.35，水泥为普通水泥，实测强度为58 MPa、密度为3.1 g/cm^3；砂、石的表观密度分别为2.60 g/cm^3、2.65 g/cm^3；试计算该混凝土的初步配合比（假定含气量$\alpha=1\%$，标准差$\sigma=5.0$ MPa，强度公式中系数$A=0.46$，$B=0.07$）。

8. 某混凝土的试验室配合比为1∶2.1∶4.0，$W/B=0.60$，混凝土的体积密度为2 410 kg/m^3。求1 m^{3}混凝土各材料用量。

9. 某教学楼的钢筋混凝土柱（室内干燥环境），施工要求坍落度为30～50 mm。混凝土设计强度等级为C30，采用52.5级普通硅酸盐水泥（实测强度为58 MPa，$\rho_c=3.1$ g/cm^3）；砂子为中砂，表观密度为2.65 g/cm^3，堆积密度为1 450 kg/m^3；石子为碎石，粒级为5～

40 mm，表观密度为 2.70 g/cm^3，堆积密度为 1 550 kg/m^3；混凝土采用机械搅拌、振捣，施工单位无混凝土强度标准差的统计资料。

（1）根据以上条件，用绝对体积法求混凝土的初步配合比。

（2）假如用计算出的初步配合比拌和混凝土，经检验后混凝土的和易性、强度和耐久性均满足设计要求。又已知现场砂的含水率为 2%，石子的含水率为 1%，求该混凝土的施工配合比。

10. 混凝土的表观密度为 2 400 kg/m^3，1 m^3 混凝土中水泥用量为 280 kg，水胶比为 0.5，砂率为 40%。计算此混凝土的质量配合比。

11. 采用矿渣水泥、卵石和天然砂配制混凝土，水胶比为 0.5，制作 100 mm × 100 mm × 100 mm 试件 3 块，在标准条件下养护 7 d 后，测得破坏荷载分别为 140 kN、135 kN、141 kN。试求：

（1）估算该混凝土 28 d 的标准立方体抗压强度。

（2）该混凝土采用的矿渣水泥强度等级是多少？

12. 已知混凝土经试拌调整后，各项材料用量为：水泥 3.10 hg，水 1.86 kg，沙 6.24 kg，碎石 12.8 kg，并测得拌合物的表观密度为 2 500 kg/m^3，试计算：

（1）每方混凝土各项材料的用量为多少？

（2）如工地现场砂的含水率为 2.5%，石子含水率为 0.5%，求施工配合比。

模块 5

建筑砂浆的验收及性能检测

教学内容

本章主要介绍建筑砂浆的组成材料，砌筑砂浆的技术性质及配合比设计，同时介绍其他种类建筑砂浆的类型和技术性质。

教学目标

技能目标：掌握砂浆材料在施工现场的进场验收和性能检测方法；掌握砂浆配合比的设计方法。

知识目标：学生应该掌握砂浆的组成材料和砌筑砂浆的主要技术性质；熟悉其他砂浆的种类和技术要求；砌筑砂浆配合比的概念。

任务引入

某住宅小区的3号楼共有27层，某职业技术学院建筑工程系的毕业生李辉在施工员岗位实习，根据工程进度安排，主体施工到一定程度后，砂浆的用量很大，主要用于墙体砌筑、墙面抹灰、保温层的黏结、地面找平等。根据《建筑工程质量管理条例》的要求，应该现场检验砂浆的和易性和强度等技术指标并制作强度试件，评定砂浆的抗压强度。为了保证施工质量，李辉需要掌握哪些砂浆的基本知识和技术指标检测的技能，才能胜任施工质量控制的工作呢?

任务分析

砂浆材料用途广泛，用量大，作为技术人员要控制好砂浆的施工质量，必须具备以下知识和技能才能适应岗位的需要：

(1) 砂浆的种类及其用途。

(2) 砂浆的组成材料及其技术要求和选用的方法。

(3) 砂浆拌合物的和易性及其检测方法。

(4) 砂浆强度试件的制作和强度检测方法。

(5) 砂浆初步配合比的设计与施工配合比的调整。

相关知识

5.1　砂浆的组成材料

5.1.1　砂浆的概念与分类

砂浆是由胶凝材料、细骨料、掺加料（矿物掺合材料和外加剂）和水按适当比例配制而成的建筑工程材料。可以把单块的砖、石、砌块胶结成为砌体，可用来进行砖墙勾缝和各种结构的接缝，还可用在墙面、地面、梁、柱结构表面的抹面，起到保护内部结构和装饰作用，在建筑饰面材料（如花岩石、大理石地砖）、建筑保温材料的施工中，黏结用的砂浆也是必不可少的。

根据胶凝材料不同，可分为水泥砂浆、水泥混合砂浆、石灰砂浆、石膏砂浆、聚合物水泥砂浆等。

根据用途不同，可分为砌筑砂浆、绝热砂浆、抹面砂浆、防水砂浆等。

根据生产方式不同，可分为现场搅拌和商品供应。商品砂浆根据供货方式不同，又可分为干拌砂浆（干粉料、干混砂浆）、湿拌砂浆。

5.1.2　砂浆的组成材料

1. 胶凝材料

拌制砂浆常用的胶凝材料有水泥、石膏、石灰等。气硬性胶凝材料只能适用于干燥环境中使用的砂浆。潮湿环境中使用的砂浆，必须用水硬性胶凝材料，目前最常用的胶凝材料是水泥。

配制砂浆所用的水泥包括通用硅酸盐水泥或砌筑水泥。应根据工程的环境条件，选择合适的水泥品种。配制砌筑砂浆时，应根据砂浆品种和强度等级选择水泥的强度等级。M15 及以下强度等级的砌筑砂浆，宜选用 32.5 级的通用硅酸盐水泥或砌筑水泥；M15 以上强度等级的砂浆，宜选择 42.5 级的通用硅酸盐水泥。如果水泥强度等级过高，可在水泥中掺入适量的混合材料，如石灰、黏土等。对一些有特殊要求的工程，如修补裂缝、结构加固等，可采用膨胀水泥；装饰工程可采用白色或彩色水泥。

2. 掺加料和保水增稠材料

掺加料是为改善砂浆的和易性和节约水泥，在砂浆中加入的无机材料，如石灰膏、电石膏、粉煤灰、粒化高炉矿渣粉、天然沸石粉、硅灰等。《砌筑砂浆配合比设计规程》（JGJ/T 98—2010）对掺加料的规定如下：

（1）生石灰熟化成石灰膏时，应用孔径不大于 3 mm × 3 mm 的网过滤，熟化时间不得少于 7 d；磨细生石灰粉的熟化时间不得小于 2 d。沉淀池中储存的石灰膏，应采取防止干燥、冻结和污染的措施。严禁使用脱水硬化的石灰膏。

（2）制作电石膏的电石渣应用孔径不大于 3 mm × 3 mm 的网过滤，检验时应加热至 70 ℃至少保持 20 min，并应待乙炔挥发完后再使用。

(3) 消石灰粉不得直接用于砌筑砂浆中。

(4) 石灰膏、电石膏等膏类材料试配时的稠度，应为 120 mm ± 5 mm；否则，其用量应乘以表 5 – 1 中对应的换算系数。

表 5 – 1　石灰膏不同稠度时的重量换算系数（JGJ/T 98—2010）

稠度/mm	120	110	100	90	80	70	60	50	40	30
换算系数	1.00	0.99	0.97	0.95	0.93	0.92	0.90	0.88	0.87	0.86

比如稠度是 100 mm，用量为 160 kg，则实际的用量为 155.2 kg。

(6) 粉煤灰的品质指标应符合国家标准《用于水泥和混凝土中的粉煤灰》（GB 1596—2005）；磨细生石灰的品质指标应符合行业标准《建筑生石灰粉》（JC/T 480—1992）的要求。

水泥混合砂浆中是指水泥和石灰膏、电石膏的总量不少于 350 kg；预拌砂浆中是指水泥和替代水泥的粉煤灰等活性矿物掺合料的总量不少于 200 kg。

3. 细骨料

砂浆用的细骨料主要为天然砂。为充分利用地方资料，在一些人工砂、山砂、炉渣资源较多的地区，经试验能满足砂浆使用要求，也可适当利用这些资源。

由于砂浆层较薄，对砂的最大粒径应有所限制。石砌体一般用粗砂，最大粒径应不超过砂浆层厚度的 1/5 ~ 1/4；砖砌体一般用中砂，最大粒径应不超过 2.5 mm；光滑抹面及勾缝砂浆则应采用细砂，最大粒径应不超过 1.2 mm。

砂中含泥量过大，会增加砂浆的水泥用量，增大收缩值，降低耐水性。因此，为保证砂浆质量，对 M5 以上的砂浆，砂的含泥量应不超过 5%；M5 以下的水泥混合砂浆，含泥量应不超过 10%。

4. 水

砂浆拌合用水应符合现行行业标准《混凝土用水标准》（JGJ 63—2006）的要求。

5. 外加剂

在砂浆拌制过程中加入适量的外加剂，可改善砂浆的性能，更好地满足砂浆的使用要求。砂浆中所掺加外加剂的品种和掺量，必须通过试验确定。当使用保水增稠材料时，必须经过试验验证合格才可使用。

5.2　砌筑砂浆的技术性质

砌筑砂浆是将砖、石、砌块等粘结为砌体的材料。它是砌体的重要组成部分，起着粘结块材、传递荷载的作用。

5.2.1　砌筑砂浆的和易性及其检验

砌筑砂浆的和易性是指新拌砂浆能在基层上均匀形成平整的薄层，且能与基层粘结紧密的性质。砂浆的和易性包括流动性和保水性两方面的含义。

1. 流动性

砂浆的流动性是指砂浆在自重或外力作用下流动的性能，又称稠度。砂浆稠度用稠度测定仪测定，以“沉入度（mm）”表示。沉入度越大，砂浆的流动性越好。

与砂浆的稠度有关的因素有水泥品种及用量、砂子粗细程度和级配、用水量等，还必须考虑砌体材料和施工气候、条件。具体选取时可参照表5-2的数据。

表5-2　砌筑砂浆的稠度（JGJ/T 98—2010） mm

砌体种类	砂浆稠度
烧结普通砖砌体、粉煤灰砌体	70~90
烧结多孔砖、烧结空心砖砌体、轻集料混凝土小型空心砌块砌体、蒸压加气混凝土砌块砌体	60~80
混凝土砖砌体、普通混凝土小型空心砌块砌体、灰砂砖砌体	50~70
石砌体砌体	30~50

2. 保水性

保水性是指新拌砂浆保持水分的能力。保水性差的砂浆在存放和运输时易产生离析现象，施工后水分易被基层吸收，影响水泥的正常水化硬化，使砂浆的黏结力和强度下降。为改善砂浆的保水性，可在砂浆中掺入适量的增塑材料。砂浆的保水性用砂浆分层度仪测定，以“分层度（mm）”表示。分层度的值过大，容易产生分层离析，不利于施工及水泥硬化；分层度过小，容易产生干缩裂纹。一般砌筑砂浆的分层度在10~20 mm之间。水泥砂浆的分层度不宜大于20 mm。预拌砌筑砂浆不宜大于12%。

5.2.2　砌筑砂浆的强度等级

砂浆的强度等级是以3块边长为70.7 mm的立方体试块，在标准试验条件下养护28天后，用标准试验方法测得的抗压强度平均值（以3个测量值的算术平均值的1.35倍作为该组试件的砂浆立方体试件抗压强度平均值，平均值计算精确至0.1 MPa，当3个测量值的最大值或最小值中如有一个与中间值的差值超过中间值的15%时，则把最大值及最小值一并舍除，取中间值作为该组试件的抗压强度值；如有两个测量值与中间值的差值均超过中间值的15%时，则该组试件的试验结果无效）来划分。

水泥砂浆及预拌砂浆的强度等级分为M5.0、M7.5、M10、M15、M20、M30六个等级。水泥混合砂浆分为M5.0、M7.5、M10、M15四个强度等级。

砂浆的强度除受砂浆本身组成材料以配合比影响以外，还与基层的吸水性能有关。砂的质量、掺合材料的品种及用量、养护条件（温度和湿度）都会影响砂浆的强度和强度增长。

（1）不吸水基层（如致密的石材）。这是影响砂浆强度的主要因素，与混凝土相同，它是水泥的实测强度和水灰比。计算公式为

$$f_{m,0}=0.29f_{ce}\left(\frac{C}{W}-0.4\right) \tag{5-1}$$

式中　$f_{m,0}$——砂浆28 d抗压强度平均值，MPa；

f_{ce}——水泥的实测强度，MPa；

C/W——灰水比。

（2）吸水基层。用于粘结吸水性较大的底面材料（如砖、砌块）的砂浆，砂浆中一部分水分会被底面吸收。由于砂浆必须具有良好的和易性，因此，不论拌合时用多少水，经底层吸水后，留在砂浆中的水分大致相同，可视为常量。在这种情况下，砂浆的强度取决于水泥强度和水泥用量，可不必考虑水灰比；可用下面经验公式，即

$$f_{m,0}=\frac{\alpha f_{ce}Q_c}{1\ 000}+\beta \tag{5-2}$$

式中 $f_{m,0}$——砂浆的试配强度，MPa，精确至0.1 MPa；

Q_C——1 m^3 砂浆的水泥用量，精确至1 kg；

f_{ce}——水泥28 d时的实测强度值，MPa，无水泥的实测强度值时，可采用强度等级标准值，精确至0.1 MPa；$f_{ce}=f_{ce,g}\gamma_c$；其中，γ_c可以由当地的统计资料确定，没有统计值时可以取1；

α，β——砂浆的特征系数，其中$\alpha=3.03$、$\beta=-15.09$，也可由当地的统计资料计算（$n\geqslant30$）获得。

5.2.3 砂浆的粘结性能

砌体是依靠砂浆把砖石等块状材料粘结为具有一定强度的整体的。因此，为保证砌体的强度、耐久性等，要求砂浆与砖石材料之间有足够的粘结力。试验表明，粘结强度与抗压强度有一定关系，抗压强度高，粘结强度也高。同时，基层表面状态、洁净程度、湿润状况、施工养护条件也会影响砂浆的粘结强度。

5.3 砌筑砂浆的配合比设计

确定砂浆的配合比时，应先根据原材料性能、块体种类、砂浆技术要求及施工条件进行查表或计算。

按照《砌筑砂浆配合比设计规程》（JGJ/T 98—2010）可按下列步骤进行配合比设计计算。

5.3.1 水泥石灰混合砂浆配合比的计算

可采用下列计算步骤：

1. *确定砂浆的配制强度$f_{m,0}$*

配制强度的计算公式为

$$f_{m,0}=kf_2 \tag{5-3}$$

式中 $f_{m,0}$——砂浆的配制强度，MPa；应精确至0.1 MPa；

f_2——砂浆设计强度等级值，MPa；应精确至0.1 MPa；

k——系数，按表5-3选用。

砂浆现场强度标准差，应根据施工单位近期同品种砂浆强度试验资料（总组数不小于25），按数理统计方法计算。无统计资料时，可从表5-3中查取。

表 5-3　砂浆强度标准差 σ 和 k 值

砂浆强度 / 施工水平	强度标准差 σ/MPa							k
	M5.0	M7.5	M10	M15	M20	M25	M30	
优良	1.00	1.50	2.00	3.00	4.00	5.00	6.00	1.15
一般	1.25	1.88	2.50	3.75	5.00	6.25	7.50	1.20
较差	1.50	2.25	3.00	4.50	6.00	7.50	9.00	1.25

2. 计算 1 m^3 砂浆中的水泥用量 Q_c：

1 m^3 水泥用量的计算公式为

$$Q_c = \frac{1\,000(f_{m,0} - \beta)}{\alpha f_{ce}} \tag{5-4}$$

式中　Q_c——每立方米砂浆的水泥用量，kg/m^3；应精确至 1 kg；

f_{ce}——水泥的实测强度，MPa；应精确至 0.1 MPa。$f_{ce} = \gamma_c f_{ce,k}$，其中，$\gamma_c$ 为水泥强度值的富余系数，应按实测值计算；无实测值时取 $\gamma_c = 1.0$。

α，β——砂浆的特征系数，无统计值时，一般取 $\alpha = 3.03$，$\beta = -15.09$。各地区可以本地区统计确定 α、β 值，统计用的试验组数不低于 30 组。

计算出的水泥用量不足 200 kg/m^3 时，应取 $Q_c = 200$ kg/m^3。

3. 计算 1 m^3 砂浆中的石灰膏用量 Q_D

为保证砂浆的和易性和粘结力，水泥混合砂浆中水泥和掺加料的总量应在 300～350 kg/m^3 之间，一般砂较细，含泥较多，用较小值；反之，选用较大值。因此，水泥混合砂浆中掺加料的用量应按式（5-5）计算，即

$$Q_D = Q_a - Q_c \tag{5-5}$$

式中　Q_D——1 m^3 砂浆中石灰膏的用量，kg，应精确至 1 kg；所用石灰膏的稠度为 120 mm ± 5 mm。

Q_c——1 m^3 砂浆中水泥用量，kg；

Q_a——1 m^3 砂浆中水泥和掺加料总量，kg。可以用 350 kg。

4. 计算 1 m^3 砂浆中的用砂量 Q_S

1 m^3 砂浆中砂的用量，应按砂在干燥状态下（含水率小于 0.5%）的堆积密度值计算，即

$$Q_S = \rho_s \times V \tag{5-6}$$

式中　Q_S——1 m^3 砂浆中砂的用量，kg；

ρ_s——砂在干燥状态下的松散堆积密度，kg/m^3；

V——砂浆的体积，1 m^3。

5. 确定用水量

用水量的确定可根据砂浆稠度等要求选用 210～310 kg。此用水量不包括石灰膏中的含水量；当选用细砂或者粗砂，用水量分别取上限或者下限；稠度小于 70 mm，用水量可以小于下限；施工现场气候炎热或者干燥环节，可以酌情增加用水量。

5.3.2 水泥砂浆配合比的确定

现场拌制的水泥砂浆材料用量可以从表 5－4 中选用。试配强度计算同式（5－3），M15 及以下强度等级的砌筑砂浆，宜选用水泥的强度等级为 32.5 级；M15 以上强度等级的砂浆，选用的水泥强度等级为 42.5 级。同样确定用水量时，当选用细砂或者粗砂，用水量分别取上限或者下限；稠度小于 70 mm 时，用水量可小于下限；施工现场气候炎热或者干燥季节，可酌情增加用水量，同混合砂浆。

表 5－4　每立方米水泥砂浆材料用量

强度等级	每立方米砂浆水泥用量 /kg	每立方米砂浆用砂量 /kg	每立方米砂浆用水量 /kg
M5	200～230	砂的堆积密度值	270～330
M7.5	230～260		
M10	260～290		
M15	290～330		
M20	340～400		
M25	360～410		
M30	430～480		

5.3.3 水泥粉煤灰砂浆的配合比确定

现场拌制的水泥粉煤灰砂浆材料用量可以从表 5－5 中选用。试配强度计算同式（5－3），水泥的强度等级为 32.5 级；同样确定用水量时，当选用细砂或者粗砂时，用水量分别取上限或者下限；稠度小于 70 mm 时，用水量可以小于下限；施工现场气候炎热或者干燥环节，可以酌情增加用水量。

表 5－5　每立方米水泥粉煤灰砂浆材料用量

强度等级	水泥粉煤灰总用量 /kg	粉煤灰用量	每立方米砂浆用砂量 /kg	每立方米砂浆用水量 /kg
M5	210～240	粉煤灰掺加量可占胶凝材料总量的 15%～25%	砂的堆积密度值	270～330
M7.5	240～270			
M10	270～300			
M15	300～330			

不论是查表选取的配合比还是计算得到的配合比，都必须进行试配和调整，直到求出满足和易性和强度要求，且水泥用量最少的配合比为止。

要求水泥砂浆的表观密度不低于 1 900 kg/m^3，水泥混合砂浆和预拌砂浆的表观密度不低于 1 800 kg/m^3。要求砂浆的稠度、分层度、保水率和强度同时满足才可以。

5.4　抹面砂浆和防水砂浆

5.4.1　抹面砂浆

抹面砂浆是以薄层涂抹于建筑物内、外表面的砂浆。抹面砂浆可保护建筑物，增加建筑物的耐久性，还具有使其平整、美观的作用。抹面砂浆主要包括石灰砂浆、混合砂浆、水泥砂浆、纸筋灰及麻刀灰等。

抹面砂浆的主要组成材料仍是水泥、掺加料、砂等，但根据其使用特点，对抹面砂浆主要技术要求不是抗压强度，而是和易性及粘结力。因此，在抹面材料中常多用一些胶凝材料，并加入适量的有机聚合物，以增强其粘结力。为防止砂浆层开裂，还常在其中加入一定量纤维材料，如麻刀、纸筋、玻璃纤维等。

为保证砂浆与基层粘结牢固、砂浆表面平整，应采用分层施工的方法。通常分为底层、中层和面层。底层砂浆的主要作用是与基层牢固粘结，要求砂浆有较好的流动性和粘结力；中层砂浆主要起找平作用，较底层流动性低，有时可省略。面层砂浆主要起保护装饰作用，宜采用细砂。

底层和中层抹灰，多用水泥混合砂浆。面层抹灰多用水泥混合砂浆，掺麻刀、纸筋灰的石灰砂浆。在容易碰撞或潮湿部位，应采用水泥砂浆。

抹面砂浆的流动性和骨料最大粒径参考表5-6，配合比及应用范围参见表5-7。

表5-6　抹面砂浆的流动性和骨料最大粒径

抹面层名称	沉入度/mm	砂的最大粒径/mm
底层	100~120	2.6
中层	70~90	2.6
面层	70~80	1.2

表5-7　抹面砂浆配合比参考值

材料	配合比（体积比）	应用范围
石灰砂	1:2~1:4	砖石墙表面（檐口、勒脚、女儿墙、潮湿房间的墙除外）
石灰黏土砂	1:1:4~1:1:8	干燥环境的墙表面
石灰石膏砂	1:0.4:2~1:1:3	不潮湿环境的墙及顶板
石灰石膏砂	1:0.6:2~1:1.5:3	不潮湿环境的墙及顶板
石灰石膏砂	1:2:3~1:2:4	不潮湿房间的线脚及其他装饰工程
石灰水泥砂	1:0.5:4.5~1:1:5	檐口、勒脚、女儿墙及比较潮湿的部位
水泥砂	1:3~1:2.5	浴室、潮湿车间等墙裙、勒脚及地面基层
水泥砂	1:2~1:1.5	地面、顶棚及墙面面层
水泥砂	1:0.5~1:1	混凝土地面随时压光

续表

材料	配合比（体积比）	应用范围
水泥石膏砂锯末	1∶1∶3∶5	吸声粉刷
水泥白石子	1∶2～1∶1	水磨石（打地用水泥砂浆）
水泥白石灰白石子	1∶(0.5～1)∶(1.5～2)	水刷石（打地用）
水泥白石子	1∶1.5	斩假石（打地用水泥砂浆）
白灰麻刀	100∶2.5（质量比）	板条顶棚底层
白灰膏麻刀	100∶1.3（质量比）	板条顶棚面层
纸筋白灰浆	灰膏 0.1 m^3，纸筋 0.36 kg	较高级墙板、顶棚

5.4.2　防水砂浆

防水砂浆是一种抗渗性高的砂浆，用来制作防水层。防水砂浆又称刚性防水层，仅适用于不受振动和具有一定刚度的混凝土或砖石砌体工程，如地下室、水塔、水池等的防水。对变形较大或可能发生不均匀沉陷的工程，都不宜采用刚性防水层。

防水砂浆可用普通水泥砂浆制作，也可以在水泥砂浆中掺入防水剂制作，目前应用广泛的是加入防水剂。防水砂浆的配合比，一般采用水泥∶砂浆 =1∶(2～3)，水灰比 0.5～0.55，水泥采用 42.5 级强度等级及以上的普通硅酸盐水泥或者微膨胀水泥，砂子选用洁净、级配好的中砂。防水剂掺量须经试配调整后确定。

常用的防水剂有氯化物金属盐类防水剂、水玻璃类防水剂和金属皂类防水剂等。

防水砂浆的防水效果与施工质量密切相关。配制防水砂浆要先把水泥和砂干拌均匀，再把需掺加的防水剂溶于水中后，与水泥、砂搅拌均匀。涂抹时，应分 4～5 层，每层厚 5 mm，总厚度为 20～30 mm。每层在初凝前压实一遍，最后一层要压实，抹完后要加强养护。总之，防水砂浆施工时必须保证砂浆的密实性，才能获得理想的防水效果。

5.5　干粉砂浆和特种砂浆

5.5.1　保温砂浆

随着建筑节能技术的推广，保温砂浆的应用越来越广。保温砂浆是采用水泥、石灰、石膏等胶凝材料与膨胀珍珠岩、膨胀蛭石、陶粒砂、聚苯乙烯颗粒等轻质多孔材料，按一定比例配制而成的材料。保温砂浆质轻、绝热性能良好，热导率为 0.07～0.1 W/(m·K)，主要用于屋面隔热层、隔热墙壁、冷库及供热管道的隔热层。在绝热砂浆表面喷涂憎水剂，会使其保温隔热效果更好。

5.5.2　装饰砂浆

装饰砂浆是涂抹在建筑物内外表面，具有美化装饰、改善功能、保护结构物的抹面砂浆。装饰砂浆与普通抹面砂浆的主要区别在面层。装饰砂浆的面层要选择有一定颜色的胶凝材料和骨料，并采用特殊的施工工艺，使表面呈现出不同的色彩、质地、图案和花纹等装饰效果。

装饰材料所采用的胶凝材料除普通水泥、矿渣水泥、石灰、石膏外，更多地采用白色水泥和彩色水泥。骨料除普通河砂外，更多地采用色彩鲜艳的大理石、花岗石碎石渣或玻璃、陶瓷碎粒。

建筑中常用的砂浆装饰面有以下几种施工工艺。

1. 拉毛

用水泥砂浆做底层，水泥石灰砂浆做面层。在砂浆面未凝结前，用拉毛工具将砂浆表面拉成凹凸感很强的面层。拉毛具有装饰和吸声作用，用于外墙和有吸声作用要求的内墙面，如礼堂、影剧院等。

2. 水刷石

用颗粒细小的石渣和水泥所拌成的砂浆作面层，待水泥初凝后冲刷表面的水泥浆，使石渣半露出来，达到装饰效果。水刷石具有天然石材的质感，经久耐用，多用于建筑物的外墙装饰。

3. 干粘石

干粘石是在水泥砂浆层表面上黏结石渣、彩色石子等。干粘石装饰效果与水刷石相同，而且不需湿作业。施工效率高，节约水泥、石粒等材料。

4. 斩假石

斩假石是用水泥石渣浆作面层抹灰，待其硬化后，用剁斧等工具斩剁出有规律的纹理，使其表面具有与粗面花岗石类似的效果。主要用于室外柱面、栏杆、勒脚、踏步等处的装饰。

5.5.3 干混砂浆

砂浆由于用量大、用途广而直接影响工程质量，为了控制砂浆的质量，预拌砂浆已经在全国开始推广。干混砂浆是指由专业厂家生产的经干燥筛分处理的细集料，与无机胶结料、矿物掺合料和外加剂按一定比例混合而成的一种颗粒或粉状的混合物。在施工现场按照使用说明加水拌合，即成为砂浆拌合物。

国家标准《预拌砂浆》（GB/T 25181—2010）中，按照用途分为干混砌筑砂浆（代号DM）、干混抹灰砂浆（代号 DP）、干混地面砂浆（代号 DS）、干混普通防水砂浆（代号DW）、干混陶瓷砖黏结砂浆（代号 DTA）、干混界面砂浆（代号 DJT）、干混保温板黏结砂浆（代号 DEA）、干混保温板抹面砂浆（代号 DBI）、干混聚合物水泥防水砂浆（代号DWS）、干混自流平砂浆（代号 DSL）、干混耐磨地坪砂浆（代号 DFH）和干混饰面砂浆（代号 DDR）等。

干混砂浆试验时的稠度为砌筑砂浆（70～80mm）、普通抹灰砂浆（90～100mm）、薄层抹灰砂浆（70～80mm）、地面砂浆（45～55mm）、普通防水砂浆（70～80mm），其他要符合产品说明书或相关标准的要求。

干混砌筑砂浆、干混抹灰砂浆、干混地面砂浆、干混普通防水砂浆按照强度等级、抗渗等级分为几类，其技术指标见表5－8和表5－9。

表 5－8 干混砂浆的强度等级

项目	干混砌筑砂浆		干混抹灰砂浆		干混地面砂浆	干混普通防水砂浆
	普通砌筑砂浆	薄层砌筑砂浆	普通抹灰砂浆	薄层抹灰砂浆		
强度等级	M5、M7.5、M10、M15、M20、M25、M30	M5、M10	M5、M10、M15、M20	M5、M10	M15、M20、M25	M10、M15、M20
抗渗等级	—	—	—	—	—	P6、P8、P10

表 5－9 干混砂浆的技术要求

项目		干混砌筑砂浆		干混抹灰砂浆		干混地面砂浆	干混普通防水砂浆
		普通砌筑砂浆	薄层砌筑砂浆①	普通抹灰砂浆	薄层抹灰砂浆②		
保水率/%		≥88	≥99	≥88	≥99	≥88	≥88
凝结时间/h		3～9	—	3～9	—	3～9	3～9
2 h 稠度损失率/%		≤30	—	≤30	—	≤30	≤30
14 d 拉伸粘结强度/MPa		—	—	M5：≥0.15 ＞M5：≥0.20	≥0.30	—	≥0.20
28 d 收缩率/%		—	—	≤0.20	≤0.20	—	≤0.15
抗冻性②	强度损失率/%	≤25					
	质量损失率/%	≤5					

① 干混薄层砌筑砂浆宜用于灰缝厚度不大于 5 mm 的砌筑；干混薄层抹灰砂浆宜用于砂浆层厚度不大于 5 mm 的抹灰。
② 有抗冻性要求时，应进行抗冻性试验。

同传统砂浆比较，干混砂浆有效地克服了施工和质量上的不足，具有产品质量高且稳定、生产效率高、对环境污染小、便于文明施工的优点。

5.6 砌筑砂浆配合比设计综合实训

【例 5－1】设计用于砌筑砖墙的水泥石灰砂浆配合比，要求砂浆的强度等级为 M10，稠度为 70～90 mm。所用的原材料的主要参数如下：水泥为 42.5 级普通硅酸盐水泥；砂子为中砂，堆积密度为 1 450 kg/m^3，含水率为 2%；该单位施工质量一般。

5.6.1 初步配合比设计

1. 试配强度的确定

查表 5－3 得 $\sigma=2.5$，$R=1.20$，则

$$f_{m,0} = kf_2 = 1.20 \times 10 = 12.0\ (\text{MPa})$$

2. 计算 1 m³ 砂浆的水泥用量

$$Q_c = \frac{1\,000(f_{m,0} - \beta)}{\alpha f_{ce}} = \frac{1\,000 \times (12.0 + 15.09)}{3.03 \times 42.5} = 210\ (\text{kg/m}^3)$$

3. 计算 1 m³ 砂浆的石灰膏用量

$$Q_D = Q_a - Q_c = 350 - 210 = 140\ (\text{kg/m}^3)$$

4. 计算用砂量

$$Q_S = 1\,450 \times (1 + 0.02) = 1\,479\ (\text{kg/m}^3)$$

5. 选择 1 m³ 砂浆的用水量

查表 5 - 4，初步选择用水量为 290 kg/m³。砂浆试配时各材料的用量比例为水泥: 石灰膏: 砂: 水 =1∶0.67∶7.04∶1.38

5.6.2　砂浆试拌、调整与配合比确定

(1) 砌筑砂浆试拌应采用机械搅拌，水泥砂浆和水泥混合砂浆搅拌时间不得少于 120 s，预拌砂浆和掺有粉煤灰、外加剂、保水增稠材料时，不得少于 180 s。

(2) 按查表或计算所得的砂浆配合比在进行试拌时，应采用现行行业标准《建筑砂浆基本性能试验方法标准》(JGJ/T 70—2009) 检测其稠度和保水率符合施工要求。当稠度或保水率不符合要求时应该调整材料用量，直至符合要求为止；然后，确定试配时的砂浆基准配合比。

(3) 试配时至少采用 3 个不同的配合比，其中一个为基准配合比，其余两个配合比的水泥用量应按基准配合比分别增加或减少 10%。在保证稠度、保水率合格的条件下，可将用水量、石灰膏、保水增稠材料或粉煤灰等活性混合材料用量作相应的调整。

(4) 砌筑砂浆试配时稠度应满足施工要求，并应按现行行业标准《建筑砂浆基本性能试验方法标准》(JGJ/T 70—2009) 分别测定不同配合比砂浆的表观密度和强度，并应选定符合试配强度及和易性要求、水泥用量最低的配合比作为砂浆的试配配合比。

(5) 砂浆配合比应进行表观密度校正，根据确定的试配配合比材料用量，按式 (5 - 7) 计算理论表观密度值，即

$$\rho_t = Q_C + Q_D + Q_W + Q_S \tag{5-7}$$

式中　ρ_t——砂浆的理论表观密度值，kg/m³，应精确至 10 kg/m³。

按式 (5 - 8) 计算校正系数，即

$$\delta = \rho_c / \rho_t \tag{5-8}$$

式中　ρ_c——砂浆的实测表观密度值，kg/m³，应精确至 10 kg/m³。

当实测表观密度值与理论表观密度值的差值绝对值不超过理论值的 2% 时，可不予校正；否则，就需要将确定的试配配合比的每项材料用量乘以校正系数后，确定为砂浆配合比。

(6) 预拌砂浆生产前应进行试配、调整与确定，并应符合国家标准《预拌砂浆》(GB/T 25181—2010) 的规定。

任务实施

1. 砂浆的见证取样

(1) 建筑砂浆试验用料应从同一盘砂浆或同一车砂浆中取样，取样量不少于试验用量的4倍。

(2) 当施工过程中进行砂浆试验时，砂浆取样方法应按相应的施工质量验收规范执行，并宜在现场搅拌点或预拌搅拌点的至少3个不同部位及时取样，对于现场取得的试样，试验前应该人工搅拌均匀。

(3) 从取样完毕到开始进行各项性能检验不宜超过15 min。

(4) 干粉砂浆的取样，按同品种、同强度等级编号从出料口随机进行取样，试样总量不应少于40 kg。

2. 试样制备

在实验室制备砂浆试样时，所用材料应提前24 h运入室内，拌合时，实验室温度应保持在20 ℃ ±5 ℃，当需要模拟施工现场条件时，所用原材料的温度、湿度宜与施工现场保持一致。试验所用原材料应与现场使用材料一致，并应通过4.75 mm筛；试验室拌制时材料用量应以质量计，水泥外加剂、掺合料的称量精度应为 ±0.5%，细骨料的称量精度应为 ±1%。

在试验室搅拌砂浆时应采用机械搅拌，搅拌机应符合现行行业标准《试验用砂浆搅拌机》（JG/T 3033）的规定，搅拌的用量为搅拌机容量的30% ~70%，搅拌时间不应少于120 s。掺有掺合料和外加剂的砂浆，其搅拌时间不应少于180 s。

3. 试验记录（表5-10）

表5-10 砂浆试块见证取样记录表

<table>
<tr><td colspan="4"></td><td>编号</td><td colspan="2"></td></tr>
<tr><td>工程名称</td><td colspan="2"></td><td>结构部位</td><td colspan="3"></td></tr>
<tr><td>砂浆强度等级</td><td></td><td>稠度要求/mm</td><td></td><td>搅拌方式</td><td colspan="2"></td></tr>
<tr><td>水泥品种及强度等级</td><td></td><td>砂</td><td></td><td>掺合料</td><td colspan="2"></td></tr>
<tr><td>外加剂1</td><td colspan="2"></td><td>外加剂2</td><td colspan="3"></td></tr>
<tr><td rowspan="3">1 m³ 各材料用量/kg</td><td>水泥</td><td>砂</td><td>掺合料</td><td>外加剂1</td><td>外加剂2</td><td></td></tr>
<tr><td></td><td></td><td></td><td></td><td></td><td></td></tr>
<tr><td colspan="6">1 : : : : :</td></tr>
<tr><td>砂浆砌筑时间</td><td colspan="6">年 月 日 时 分</td></tr>
<tr><td>砂浆取样时间</td><td colspan="6">年 月 日 时 分</td></tr>
<tr><td>试件制作完成时间</td><td colspan="6">年 月 日 时 分</td></tr>
<tr><td>试件组号</td><td>取样地点</td><td>实测稠度/mm</td><td>制作人</td><td>见证人</td><td>见证人执业证号</td><td>备注</td></tr>
<tr><td></td><td></td><td></td><td></td><td></td><td></td><td></td></tr>
</table>

续表

试件组号	取样地点	实测稠度/mm	制作人	见证人	见证人执业证号	备注

施工单位		监理单位	
技术负责人		技术负责人	
日　期		日　期	

5.6.3　性能检测

1. 稠度检测

1）试验仪器

（1）砂浆稠度仪。如图5－1所示，由试锥、容器（锥模）和支座3部分组成。试锥应由钢材或铜材制成，试锥连同滑杆的质量为300 g ± 2 g；盛浆容器应由钢板制成，筒高应为180 mm，锥底内径应为150 mm；支座应包括底座、支架及刻度显示3部分，应由铸铁、钢或其他金属制成。

（2）钢制捣棒。直径为10 mm，长度为350 mm，端部磨圆。

（3）秒表。

2）试验步骤

（1）应先采用少量润滑油轻擦润杆，再将润杆上多余的油用吸油纸擦净，使润杆能自由滑动。

（2）应先采用湿布擦净盛浆容器和试锥表面，再将砂浆拌合物一次装入容器；砂浆表面宜低于容器口10 mm，用捣棒自容器中心向边缘均匀地插捣25次；然后，轻轻地将容器摇动或敲击5～6下，使砂浆表面平整，随后将容器置于稠度测定仪的底座上。

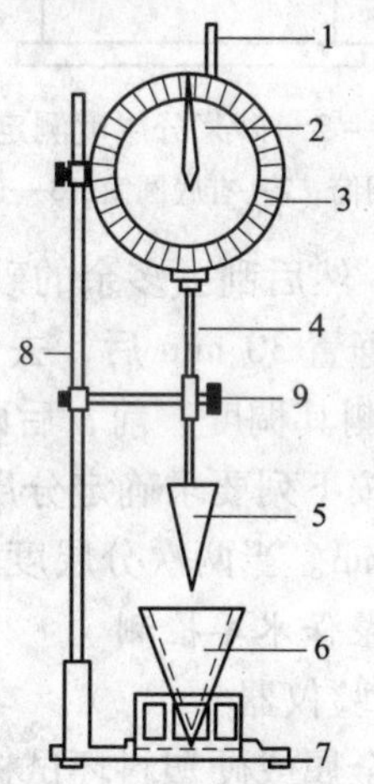

图5－1　砂浆稠度测定仪

1—齿条测杆；2—指针；3—刻度表；4—滑杆；5—圆锥体；6—圆锥筒；7—底座；8—支架；9—制动螺旋

（3）拧开制动螺丝，向下移动滑杆，当试锥尖端与砂浆表面刚接触时，应拧紧制动螺丝，使齿条试杆下端刚接触滑杆上端并将指针对准零点上。

（4）拧开制动螺丝，同时计时间，10 s时立即拧紧螺丝，将齿条测杆下端接触滑杆上端，从刻度盘上读出下沉深度（精确至1 mm），即为砂浆的稠度值。

（5）盛浆容器内的砂浆，只允许测定一次稠度，重复测定时，应重新取样测定。

3）稠度试验结果确定

（1）同一编号砂浆应取两次试验结果的算术平均值作为测定值，并应精确至1 mm。

（2）当两次试验值之差大于 10 mm 时，应重新取样测定，并将结果填入表 5 – 11 中。

表 5 – 11　试验记录表

水泥/kg	石灰/kg	水/kg	稠度值/mm	平均值

2. *砂浆分层度检测*

1）主要仪器

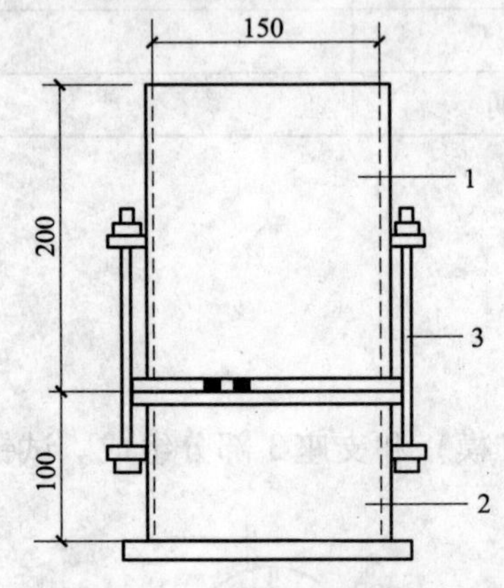

图 5 – 2　砂浆分层度测定仪

1—无底圆筒；2—有底圆筒；3—连续螺栓

（1）分层度测定仪。如图 5 – 2 所示，应由钢板制成，内径为 150 mm，上节高度为 200 mm，下节带底净高为 100 mm。两节的连接处应加宽 3 ~ 5 mm，并应设有橡胶垫圈。

（2）振动台。振幅应为 0.5 mm ± 0.05 mm，频率为 50 Hz ± 3 Hz。

（3）砂浆稠度仪、木锤等。

2）试验步骤

（1）依照稠度测定方法测定稠度。

（2）应将砂浆拌合物一次装入分层度桶中，待装满后，用木槌在分层度桶周围大致相等的 4 个不同部位轻轻敲击 1 ~ 2 次。当砂浆沉落低于桶口时，应随时添加，然后刮去多余的砂浆并用抹刀抹平。

（3）静置 30 min 后，去掉上节 200 mm 砂浆；然后，将剩余的砂浆倒在拌和锅内拌 2 min，再测其稠度，前、后两次的稠度差即为分层度值。

（4）按下列要求确定分层度值：称取两次试验结果的算术平均值为该砂浆的分层度值，精确至 1 mm。当两次分层度值之差大于 10 mm 时，应重新取样测定。

3. *砂浆保水率检测*

1）试验仪器

（1）金属或硬塑料环试模：内径为 100 mm，内部高度应为 25 mm。

（2）可密封的取样容器：应清洁、干燥。

（3）2 kg 的重物。

（4）金属滤网：网格尺寸为 0.045 mm，圆形，直径为 110 mm ± 1 mm。

（5）超白滤纸：应采用现行国家标准《化学分析滤纸》（GB/T 1914）规定的中速定性滤纸，直径应为 110 mm，单位面积质量为 200 g/m^2。

（6）2 片金属或玻璃的方形或圆形不透水片，边长或直径应大于 110 mm。

（7）天平：量程为 200 g，感量为 0.1 g；量程为 2 000 g，感量为 1 g。

（8）烘箱。

2）试验步骤

（1）称量底部不透水片与干燥试模质量 m_1 和 8 片中速定性滤纸质量 m_2。

（2）将砂浆拌合物一次装入试模，并用抹刀插捣数次。当装入的砂浆略高于试模边缘时，用抹刀以45°角一次性将试模表面多余的砂浆刮去；然后，再用抹刀以较平的角度在试模表面反方向砂浆刮平。

（3）抹掉试模边的砂浆，称量试模、底部不透水片与砂浆总质量 m_3。

（4）用金属滤网覆盖在砂浆表面，再在滤网表面放上8片滤纸，用上部不透水片盖在滤纸表面，以2 kg重物把上部不透水片压住。

（5）静置2 min后移走重物及上部不透水片，取出滤纸（不包括滤网）迅速称量滤纸质量 m_4。

（6）按照砂浆的配合比及加水量计算砂浆的含水率。砂浆保水率应按下式计算，即

$$W=\left[1-\frac{m_4-m_2}{a(m_3-m_1)}\right]\times 100\%$$

式中　W——砂浆保水率，%；

m_1——底部不透水片与干燥试模质量，g，精确至1 g；

m_2——8片滤纸吸水前的质量，g，精确至0.1 g；

m_3——试模、底部不透水片与砂浆总质量，g，精确至1 g；

m_4——8片滤纸吸水后的质量，g，精确至0.1 g；

a——砂浆含水率，%。

取两次试验结果的算术平均值作为砂浆的保水率，精确至0.1%，且第二次试验应重新取样测定。当两个测定值之差超过2%时，此组试验结果为无效。

当无法计算时，应称取100 g±10 g砂浆拌合物试样，置于一干燥并已称重的盘中，在105 ℃±5 ℃的烘箱中烘至恒重。砂浆含水率按下式计算，即

$$a=(m_6-m_5)/m_6\times 100\%$$

式中　a——砂浆含水率，%；

m_5——烘干后砂浆样本的质量，g，精确至1 g；

m_6——砂浆样本的总质量，g，精确至1 g。

取两次试验结果的算术平均值作为砂浆的含水率，精确至0.1%。当两个测定值之差超过2%，此组试验结果应为无效。

4. 表观密度检测

测定砂浆拌合物捣实后的单位体积质量，可以确定1 m^3 砂浆拌合物中各组成材料的实际用量。

1）试验仪器

（1）容量筒。应有金属支承，内径为108 mm，净高为109 mm，筒壁厚应为2～5 mm，容积为1 L。

（2）天平，称量应为5 kg，感量应为5 g。

（3）钢制捣棒，直径为10 mm，长度为350 mm，端部磨圆。

（4）砂浆密度测定仪，如图5－3所示。

（5）振动台，振幅应为0.5 mm±0.05 mm，频率应为50 Hz±3 Hz；

（6）秒表。

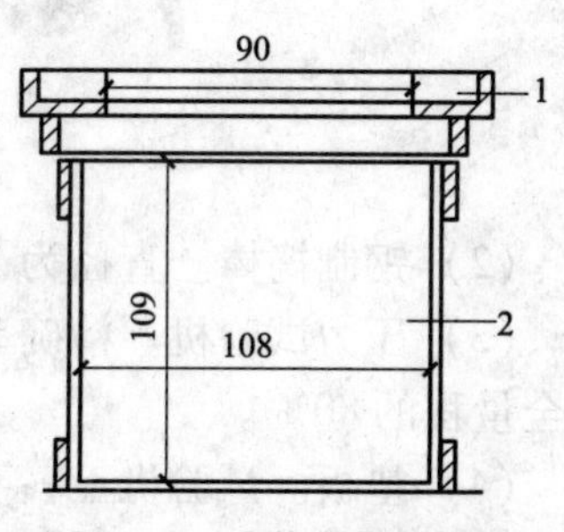

图5－3　砂浆密度测定仪

1—漏斗；2—容量筒

2）试验步骤

（1）首先，测定砂浆拌合物的稠度。

（2）应先采用湿布擦净容量筒的内表面，再称量容量筒的质量 m_1，精确至 5 g。

（3）捣实可以采用手工法或者机械法。当砂浆稠度大于 50 mm 时，宜采用人工插捣法；当砂浆稠度不大于 50 mm，宜采用机械振捣法。采用人工插捣时，用捣棒由边缘向中心均匀地插捣 25 次；当插捣过程中砂浆沉落到低于筒口时，应随时添加砂浆，再用木锤沿容器外壁敲击 5～6 次。当采用振动法时，将砂浆拌合物一次装满容量筒漏斗内的连通漏斗，在振动台上振动 10 s。当振动过程中砂浆沉入到低于筒口时，应随时添加砂浆。

振动或捣实后，应将筒口多余的砂浆刮去，使砂浆表面平整，将容量筒表面刮平；然后，将容量筒外壁擦净，称出砂浆与容量筒总质量 m_2，精确至 5 g。

3）计算表观密度

$$\rho = \frac{m_2 - m_1}{V} \times 1\ 000$$

式中 ρ——砂浆拌合物的表观密度，kg/m^3；

m_1——容量筒的质量，kg；

m_2——容量筒及试样的质量，kg；

V——容量筒的容积，L。

取两次试验结果的算术平均值作为测定值，精确至 10 kg/m^3。

5. 立方体抗压强度检测

1）试验仪器设备

（1）试模。应为 70.7 mm × 70.7 mm × 70.7 mm 的带底试模，应符合现行行业标准《混凝土试模》（JG 237）的规定选择，应具有足够的钢度并拆卸方便。试模的内表面应机械加工，其不平度应为每 100 mm 不超过 0.05 mm，组装后各相邻的不垂直度不应超过 ±0.5°，如图 5－4 所示。

图 5－4　砂浆试模

（2）钢制捣棒。直径为 10 mm，长度为 350 mm，端部磨圆。

（3）压力试验机。精确率 1%，时间破坏荷载应不小于压力机量程的 20%，且不应大于全量程的 80%。

（4）垫板。试验机上、下压板及试件之间可垫以钢垫板，垫板的尺寸应大于时间的承压面，其不平度应为每 100 mm，不超过 0.02 mm。

（5）振动台。空载中台面的垂直振幅应为 0.5 mm ± 0.05 mm，空载频率应为 50 Hz ±

3 Hz，空载台面振幅均匀度不应大于10%，一次试验应至少能固定3个试模。

2）试验步骤

（1）应采用立方体试件，每组试件应为3个。

（2）应采用黄油等密封材料涂抹试模的外接缝，试模内应涂刷薄层机油或隔离剂。应将拌制好的砂浆一次性装满砂浆试模，成型方法应根据稠度而定。当稠度大于50 mm时，宜采用人工插捣法；当砂浆稠度不大于50 mm时，宜采用机械振动法。

① 人工插捣。应采用捣棒均匀地由边缘向中心按螺旋方式插捣25次，插捣过程中当砂浆沉落低于试模口时，应随时添加砂浆，可用油灰刀插捣数次，并用手将试模一边抬高5～10 mm各振动5次，砂浆应高出试模顶面6～8 mm。

② 机械振动。将砂浆一次装满试模，放置到振动台上，振动时试模不得跳动，振动5～10 s或持续到表面泛浆为止，不得过振。

（3）应待表面水分稍干后，再将高出试模部分的砂浆沿试模顶面刮去并抹平。

（4）试件制作后应在温度为20 ℃±5 ℃的环境下静置24 h±2 h，对试件进行编号、拆模。当气温较低时，或者凝结时间大于24 h的砂浆，可适当延长时间，但不应超出2 d。试件拆模后应立即放入温度为20 ℃±2 ℃、相对湿度为90%以上的标准养护室中养护。养护期间，试件彼此间隔不得小于10 mm，混合砂浆、湿拌砂浆试件上面应有覆盖物，以防止有水滴在试件上。

（5）从搅拌加水开始计时，标准养护龄期应为28 d，也可根据相关标准要求增加7 d或14 d。

（6）试件从养护地点取出后应及时进行试验。试验前应将试件表面擦拭干净，测量尺寸，并检查其外观，并应计算试件的承压面积。当实测尺寸与公称尺寸之差不超过1 mm时，可按公称尺寸进行计算。

（7）将试件安放在试验机的下压板或下垫板上，试件的承压面应与成型时的顶面垂直，试件中心应与下压板或下垫板中心对准。开动试验机，当上压板与试件或上垫板接近时，调整球座，使接触面均衡受压。承压试验应连续而均匀地加荷，加荷速度应为0.25～1.5 kN/s；砂浆强度不大于2.5 MPa时，宜取下限。当试件接近破坏而开始迅速变形时，停止调整试验机油门，直至试件破坏，然后记录破坏荷载。

3）砂浆立方体抗压强度计算

$$f_{m,cu}=\frac{N_u}{A}\times K$$

式中　$f_{m,cu}$——砂浆立方体试件抗压强度，MPa，精确至0.01 MPa；

N_u——试件破坏荷载，N；

A——试件承压面积，mm^2；

K——换算系数，取1.35。

4）立方体抗压强度试验结果确定

（1）应以3个试件测定的算术平均值作为该组试件的砂浆立方体抗压强度平均值（f_2），精确至0.01 MPa。

（2）当3个测量值的最大值或最小值中有一个与中间值的差值超出中间值的15%时，应把最大值及最小值一并舍去，取中间值作为该组试件的抗压强度值。

（3）当两个测量值与中间值的差值均超出中间值的15%时，该组试验结果应为无效。

复习思考题

一、问题题

1. 简述砂浆的概念与分类。
2. 砂浆的组成材料与混凝土有何异同？
3. 砌筑砂浆的和易性包括哪些内容？如何评定砂浆的和易性？
4. 常用的装饰砂浆有哪些类型？
5. 影响砂浆抗压强度的主要因素有哪些？如何评定砂浆的强度？
6. 工程中采用混合砂浆有哪些好处？为什么要在抹面砂浆中掺入纤维材料？
7. 干混砂浆与传统砂浆相比有什么优点？
8. 砂浆材料的见证取样有什么规定？

二、实训题

某工地配制用于砌筑烧结普通砖的水泥石灰混合砂浆，要求砂浆的强度等级为M7.5，稠度为70～100 mm。选用强度等级为32.5级的矿渣水泥，砂为中砂，含水率为2%，堆积密度为1 450 kg/m^3，施工水平优良。试计算砂浆的配合比。

模块 6

砌墙砖和砌块的验收及性能检测

教学目标

技能目标：掌握各种砌墙砖的质量等级、技术要求，依据使用部位的技术要求，合理选择和使用材料；学会材料的进场验收的技能；掌握各种砌块的技术特性及应用。

知识目标：掌握烧结普通砖的主要技术性质；熟悉其他砌墙砖、墙用砌块和板材的品种、技术性能和应用范围；了解材料的发展趋势。

任务引入

墙体在建筑中起承重、维护或分割作用，可以分为承重墙体、自承重墙体。用于墙体砌筑的材料种类很多，依据形状和尺寸不同主要分为砖、砌块、板材。传统墙体材料中的实心黏土砖存在很多缺点，比如浪费大量的黏土资源、生产能耗大、自重大、不符合建筑节能的要求，因此新型墙体材料的发展迅速，主要体现在非黏土、节能、利废、改善建筑功能、减少环境污染、不破坏生态环境等特点。李辉在施工现场实习时，从施工图纸中看到的不同结构、不同承重类型的墙体选用的材料差距很大，为了更好地适应砌筑工程的质量管理，必须掌握丰富的材料知识和进场验收方法才能合理选用，保证进场材料的质量。

任务分析

国家标准《墙体材料应用统一技术规范》（GB 50574—2010）对墙体材料的选用和技术指标提出了明确的要求，主要包括：① 外形尺寸除应符合建筑模数外，还应区分承重墙和自承重墙从空洞率、最小外壁、最小肋厚等方面提出限制指标；② 块体材料的强度根据用途和使用部位，不低于最低强度等级值；③ 抗冻性要求：非采暖地区抗冻等级不低于 F25；采暖地区不低于 F50。由此可以看出，李辉作为一名现场负责施工的专业技术人员，必须通过以下任务训练，才能胜任墙体砌筑工程施工管理和质量控制工作。

（1）掌握砌墙砖、砌块、墙体板材的基本知识。

（2）掌握砌墙砖、砌块等材料的标准和试验规范。

（3）熟悉墙体材料的进场验收方法和规定。

相关知识

6.1 砌墙砖及其验收

以黏土、工业废料或其他地方资源为主要原料，用不同工艺制成的，在建筑中用于砌筑承重和非承重墙体的人造小型块材，统称为砌墙砖。

根据砖的内部结构，砌墙砖分为普通砖和空心砖。普通砖是没有孔洞或孔洞率小于15%的砖；空心砖是指孔洞率不小于15%的砖。

根据生产工艺不同，砌墙砖又分为烧结砖和非烧结砖。

6.1.1 烧结砖

(一) 烧结普通砖

根据国家标准《烧结普通砖》(GB/T 5101—2003) 的规定，烧结普通砖按其主要原料可分为黏土砖 (N)、页岩砖 (Y)、煤矸石砖 (M)、粉煤灰砖 (F)。依据国家的现行政策，黏土砖禁止在工程中使用。

1. 烧结普通砖的技术性质

烧结普通砖的技术性质指标应满足《烧结普通砖》(GB/T 5101—2003) 的规定。

(1) 规格尺寸。烧结普通砖的规格为240 mm×115 mm×53 mm的直角六面体。在砖砌体中，加上灰缝10 mm，每4块砖长度，8块砖宽度，16块砖厚度均为1 m。1 m^3 砖砌体需要砖512块。

(2) 强度等级。烧结普通砖根据10块试样抗压强度的试验结果，分为5个等级：MU30、MU25、MU20、MU15、MU10。各强度等级应符合表6-1规定的要求。

表6-1 烧结普通砖强度等级

强度等级	抗压强度平均值 $\bar{f}$≥/MPa	变异系数 δ≤0.21	变异系数 δ>0.21
		强度标准值 f_k/MPa，≥	单块砖抗压强度最小值 f_{min}/MPa，≤
MU30	30.0	22.0	25.0
MU25	25.0	18.0	22.0
MU20	20.0	14.0	16.0
MU15	15.0	10.0	12.0
MU10	10.0	6.5	7.5

(3) 尺寸允许偏差。烧结普通砖的尺寸允许偏差应符合表6-2的规定。

表6－2　烧结普通砖的尺寸允许偏差　　mm

公称尺寸	优等品		一等品		合格品	
	样本平均偏差	样本极差，≤	样本平均偏差	样本极差，≤	样本平均偏差	样本极差，≤
长度240 mm	±2.0	8	±2.5	8	±3.0	8
宽度115 mm	±1.5	6	±2.0	6	±2.5	7
高度53 mm	±1.5	4	±1.6	5	±2.0	6

（4）外观质量。烧结普通砖的外观质量应符合表6－3的规定

表6－3　烧结普通砖的外观质量要求　　mm

项　目		优等品	一等品	合格品
两条面高度差/mm，≤		2	3	5
弯曲/mm，≤		2	3	5
杂质凸出高度/mm，≤		2	3	5
缺棱掉角的3个破坏尺寸不得同时大于/mm		15	20	30
裂纹长度/mm，≤	大面上宽度方向及延伸至条面的长度	50	60	100
	大面上长度方向及延伸至顶面或条面上水平裂纹的长度	80	80	120
完整面不得少于		二条面和一顶面	一条面和一顶面	—
颜色		基本一致	—	—

注：凡有下列缺陷之一的，不得称为完整面：

（1）缺损在条面或顶面上造成的破坏尺寸同时大于10 mm×10 mm。

（2）条面或顶面上裂纹宽度大于1 mm，其长度超过30 mm时不得为完整面。

（3）压陷、粘底、焦花在条面或顶面上的凹陷或凸出超过2 mm；区域尺寸同时大于10 mm×10 mm。

（5）泛霜。泛霜指黏土中可溶性盐类在砖或砌块表面析出的现象，一般为白色粉末，在砖表面形成絮团状斑点。泛霜不仅有损建筑物外观，严重时也会对建筑结构产生破坏。因此，砖样的泛霜应符合下列规定：优等品——无泛霜；一等品——无中等泛霜；合格品——无严重泛霜。

（6）石灰爆裂。石灰爆裂指原材料中夹杂的石灰石，焙烧时被烧成生石灰留在砖中，在使用时生石灰吸水消化产生体积膨胀，导致砖块破裂的现象。对石灰爆裂，《烧结普通砖》（GB 5101—2003）规定如下：

优等品不允许出现爆裂最大破坏尺寸大于2 mm的区域；一等品不允许出现大于10 mm的爆裂区域，且2～10 mm的爆裂区，每组砖样中不得多于15处；合格品不允许出现大于15 mm的爆裂区域，且2～15 mm爆裂区域者，每组砖样中不得多于15处，其中大于10 mm的不得多于7处。

（7）抗风化性能。抗风化性能是衡量烧结普通砖耐久性的主要指标之一。地区风化程

度不同，对砖的抗风化性要求也就不同。

我国将风化区域划分为严重分化区和非严重风化区。特别严重风化区必须进行冻融试验，其他省区的砖，吸水率和饱和系数符合表 6－4 的要求时，可不做冻融试验；否则，必须进行冻融试验。

表 6－4　烧结普通砖的抗风化性能指标

砖种类	严重风化区				非严重风化区			
	5 h 沸煮吸水率/%，≤		饱和系数≤		5h 沸煮吸水率/%，≤		饱和系数，≤	
	平均值	单块最大值	平均值	单块最大值	平均值	单块最大值	平均值	单块最大值
黏土砖	21	23	0.85	0.87	23	25	0.88	0.90
粉煤灰砖	23	25			30	32		
页岩砖	16	18	0.74	0.77	18	20	0.78	0.80
煤矸石砖	19	21			21	23		

2. *烧结普通砖的应用*

烧结普通砖强度较高，结构多孔而具有良好的隔热、隔声、透气性，热导率 0.78 W/(m·K)，仅为普通混凝土的一半，具有良好的耐久性，原料广泛，生产简单，所以是应用历史最久、范围最广泛的墙体材料；也可用于砌筑柱、拱、烟囱、沟道、基础等。烧结普通砖可与其他轻质材料组成复合轻体墙，还可在砌体中配置适当的钢筋或钢筋网，代替钢筋混凝土柱、过梁等。

烧结普通砖自重大、耗能高、产品尺寸小、施工效率低、抗震性能差，而且在生产过程中要消耗大量的黏土和能源，是造成土地和能源紧张的因素之一。因此，我国已经逐渐限制使用烧结普通砖。

（二）烧结多孔砖和烧结空心砖

1. *烧结多孔砖*

烧结多孔砖是指孔洞率不小于 15% 的承重墙用砖。其规格尺寸有 190 mm × 190 mm × 190 mm（M 型）和 240 mm × 115 mm × 90 mm（P 型）两种，砖的形状如图 6－1 所示。

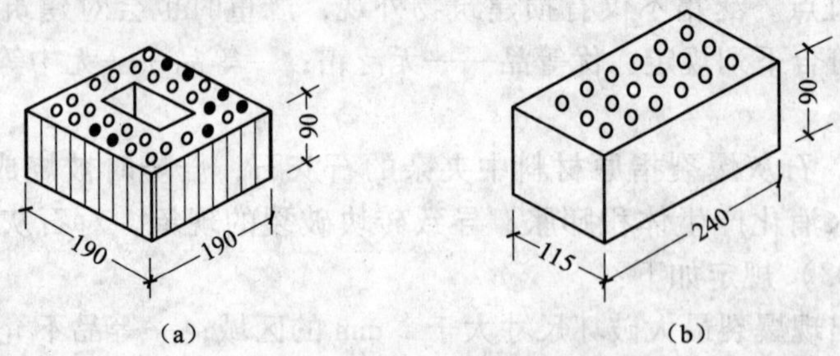

图 6－1　烧结多孔砖的形状

(a) M 型；(b) P 型

根据抗压强度，烧结多孔砖分为 MU30、MU25、MU20、MU15、MU10 五个强度等级。

各等级的强度标准应满足表6－5的规定。

表6－5　烧结多孔砖的强度等级/MPa

强度等级	抗压强度平均值$\bar{f}\geqslant$	变异系数$\delta\leqslant0.21$	变异系数$\delta>0.21$
		强度标准值$f_k\geqslant$	单块最小抗压强度值$f_{min}\geqslant$
MU30	30.0	22.0	25.0
MU25	25.0	18.0	22.0
MU20	20.0	14.0	16.0
MU15	15.0	10.0	12.0
MU10	10.0	6.5	7.5

根据砖的尺寸偏差、外观质量、孔型及孔洞排列、泛霜、石灰爆裂，烧结多孔砖分为优等品（A）、一等品（B）和合格品（C）三个质量等级。

烧结多孔砖多用于砌筑6层以下建筑物的承重墙体。

2. 烧结空心砖

烧结空心砖是指孔洞率不小于35%的非承重用砖。

烧结空心砖的外型为直角六面体，其长度、宽度、高度尺寸应符合：390 mm、290 mm、240 mm、190 mm、180（175）mm、140 mm、115 mm、90 mm。

根据体积密度的不同，可分为800级、900级、1 000级、1 100级四个级别。各级别又根据孔洞及其排数、尺寸偏差、外观质量、物理性能分为优等品（A）、一等品（B）和合格品（C）三个等级。各等级的各项技术指标均应符合国家标准《烧结空心砖和空心砌块》（GB 13545—2003）的相应规定。

烧结空心砖的强度等级分为MU10.0、MU7.5、MU5.0 MU3.5 MU2.5五个等级，各等级的强度值应符合表6－6的规定。

表6－6　烧结空心砖的强度等级

强度等级	抗压强度/MPa			密度等级范围/（$kg\cdot m^{-3}$）
	抗压强度平均值$\bar{f}\geqslant$	变异系数$\delta\leqslant0.21$	变异系数$\delta>0.21$	
		强度标准值$f_k\geqslant$	单块最小抗压强度值$f_{min}\geqslant$	
MU10.0	10.0	7.0	8.0	≤1 100
MU7.5	7.5	5.0	5.8	
MU5.0	5.0	3.5	4.0	
MU3.5	3.5	2.5	2.8	
MU2.5	2.5	1.6	1.8	≤800

用烧结多孔砖和烧结空心砖可减轻墙体自重，节省黏土，节约能源，提高施工效率，改善墙体的保温、隔热、隔声性能。

6.1.2　非烧结砖

非烧结砖是不经焙烧而制成的砖，其中应用最广泛的是蒸压（养）砖。蒸压蒸养砖是以硅质材料和钙质材料为主，加入少量集料和石膏，经拌制、成型、蒸压或蒸养而成的砖。

蒸压砖的规格尺寸与烧结普通砖相同，均为240 mm×115 mm×53 mm。

1. *蒸压灰砂砖*

蒸压灰砂砖（简称灰砂砖）是以石灰、砂子为主要原料，成坯后经蒸压养护而制成的。

灰砂砖的强度等级，根据国家标准《蒸压灰砂砖》（GB 11945—1999）的规定，可分为MU25、MU20、MU15、MU10四个等级，各等级的强度值应符合表6-7的规定。

表6-7 灰砂砖力学性能指标

强度等级	抗压强度/MPa		抗折强度/MPa		抗冻性	
	平均值，≥	单块值，≥	平均值，≥	单块值，≥	冻后抗压强度平均值/MPa，≥	单块砖的干质量损失/%，≤
MU25	25.0	20.0	5.0	4.0	20.0	2.0
MU20	20.0	16.0	4.0	3.2	16.0	2.0
MU15	15.0	12.0	3.3	2.6	12.0	2.0
MU10	10.0	8.0	2.5	2.0	8.0	2.0

灰砂砖可用于工业与民用建筑的墙体和基础，不能用于长期受热高于200 ℃，受急冷急热和有酸性介质侵蚀的建筑部位，也不能用于有流水冲刷的部位。

2. *蒸压粉煤灰砖*

粉煤灰砖是以粉煤灰、石灰为主要原料，掺入适量的石膏和炉渣，成坯后经蒸压（汽）养护而制成的。

粉煤灰砖的强度等级，根据行业标准《粉煤灰砖》（JC 239—2001）的规定，可分为MU20、MU15、MU10、MU7.5四个强度等级。各等级的强度应符合表6-8的规定。其中优等品的强度等级不低于MU15，一等品的强度等级不低于MU10。

表6-8 粉煤灰砖强度和抗冻性指标

强度等级	抗压强度/MPa		抗折强度/MPa		抗冻性指标	
	10块平均值，≥	单块值，≥	10块平均值，≥	单块值，≥	抗压强度/MPa平均值，≥	单块砖的干质量损失/%，≤
MU20	20.0	15.0	4.0	3.0	16.0	2.0
MU15	15.0	11.0	3.2	2.4	12.0	2.0
MU10	10.0	7.5	2.5	1.9	8.0	2.0
MU7.5	7.5	5.6	2.0	1.5	6.0	2.0

粉煤灰砖可用于工业与民用建筑的墙体和基础，但用于基础或用于易受冻融和干湿交替作用的建筑部位必须使用一等品和优等品。粉煤灰砖也不能用于长期受热，受急冷急热和有酸性介质侵蚀的部位。

3. *炉渣砖*

炉渣砖是以炉渣为主要原料，加入适量的石灰、石膏或电石渣等材料，成坯后经蒸汽养护而制成的。其强度等级有MU25、MU20、MU15三个等级，各等级的强度指标见表6-9。

表6－9　炉渣砖的强度指标/MPa

强度等级	抗压强度平均值$\bar{f}$ ≥	变异系数δ≤0.21	变异系数δ≥0.21
		强度标准值f_k ≥	单块最小抗压强度f_{min} ≥
MU25	25.0	19.0	20.0
MU20	20.0	14.0	16.0
MU15	15.0	10.0	12.0

炉渣砖可用于一般工程的内墙和非承重外墙，也不能用于受高温，受急冷急热的有酸性介质侵蚀的部位。

6.2　砌块及其验收

砌块是一种新型墙体材料，具有生产工艺简单、制作使用方便灵活、可充分利用地方材料和工业废料等优点，因此，近年来发展较快。

砌块按规格尺寸可分为大型砌块（主规格高度大于980 mm）、中型砌块（主规格高度为380～980 mm）和小型砌块（主规格高度为115～380 mm）；按孔洞率的大小分为实心砌块（孔洞率小于25%）和空心砌块（孔洞率不小于25%）；按用途可分为承重砌块和非承重砌块；按主要原材料分为普通混凝土砌块、轻骨料混凝土砌块、加气混凝土砌块、粉煤灰砌块等。近年来，砌块在建筑领域的应用越来越广泛，新产品也不断出现，如超轻混凝土砌块在高层建筑中的应用，就很好地起到改善高层建筑保温隔热效果的作用。本节仅简单介绍几种常用砌块。

6.2.1　蒸压加气混凝土砌块

蒸压加气混凝土砌块是目前应用最广泛的砌块材料。它是以钙质材料和硅质材料为基本原料，磨细后加入发气剂（铝粉），成坯后经蒸压养护制成的轻质多孔的墙体材料。

1. 规格尺寸

根据国家标准《蒸压加气混凝土砌块》（GB 11968—2006）的规定，蒸压加气混凝土砌块的规格尺寸有两个系列，见表6－10。

表6－10　蒸压加气混凝土砌块尺寸偏差和外观

项　目		指　标	
		优等品（A）	合格品（B）
尺寸允许偏差/mm	长度L	±3	±4
	宽度B	±1	±2
	高度H	±1	±2
缺棱掉角	最小尺寸不得大于/mm	0	30
	最大尺寸不得大于/mm	0	70
	大于以上尺寸的缺棱掉角个数不多于/个	0	2

续表

<table>
<tr><td colspan="2" rowspan="2">项　目</td><td colspan="2">指　标</td></tr>
<tr><td>优等品（A）</td><td>合格品（B）</td></tr>
<tr><td rowspan="3">裂纹长度</td><td>贯穿一棱二面的裂纹长度不得大于裂纹所在面的裂纹方向尺寸总和</td><td>0</td><td>1/3</td></tr>
<tr><td>任一面上的裂纹长度不得大于裂纹长度尺寸</td><td>0</td><td>1/2</td></tr>
<tr><td>大于以上尺寸的裂纹条数不多于/条</td><td>0</td><td>2</td></tr>
<tr><td colspan="2">爆裂、黏模和损坏深度不得大于/mm</td><td>10</td><td>30</td></tr>
<tr><td colspan="2">平面弯曲</td><td colspan="2">不允许</td></tr>
<tr><td colspan="2">表面疏松、层裂</td><td colspan="2">不允许</td></tr>
<tr><td colspan="2">表面油污</td><td colspan="2">不允许</td></tr>
</table>

2. 等级

蒸压加气混凝土砌块按边长 100 mm 的立方体试块抗压强度值划分为 7 个强度等级，各等级的强度应满足表 6－11 的规定。

表 6－11　蒸压加气混凝土砌块的抗压强度（GB 11968—2006）

强度级别	立方体抗压强度/MPa	
	平均值，≥	单块最小值，≥
A1.0	1.0	0.8
A2.0	2.0	1.6
A2.5	2.5	2.0
A3.5	3.5	2.8
A5.0	5.0	4.0
A7.5	7.5	6.0
A10.0	10.0	8.0

蒸压加气混凝土砌块按表观密度，可划分为 B03、B04、B05、B06、B07、B08 六个级别，各级别表观密度应满足表 6－12 的规定。

表 6－12　蒸压加气混凝土砌块的干密度和强度级别

<table>
<tr><td colspan="2">干密度级别</td><td>B03</td><td>B04</td><td>B05</td><td>B06</td><td>B07</td><td>B08</td></tr>
<tr><td rowspan="2">干密度/(kg·m⁻³)</td><td>优等品（A），≤</td><td>300</td><td>400</td><td>500</td><td>600</td><td>700</td><td>800</td></tr>
<tr><td>合格品（B），≤</td><td>325</td><td>425</td><td>525</td><td>625</td><td>725</td><td>825</td></tr>
<tr><td rowspan="2">强度级别</td><td>优等品（A）</td><td>A1.0</td><td>A2.0</td><td>A3.5</td><td>A5.0</td><td>A7.5</td><td>A10.0</td></tr>
<tr><td>合格品（B）</td><td></td><td></td><td>A2.5</td><td>A3.5</td><td>A5.0</td><td>A7.5</td></tr>
</table>

3. 特性及应用

加气混凝土砌块具有质量轻、表观密度小、保温隔热、耐火、隔声性能好、易于加工、抗震性能强、施工方便等优点，可用于低层建筑的承重墙、多层建筑的间隔墙、高层建筑的填充墙，也可作为复合墙体的填充料和屋面保温材料。加气混凝土砌块不能用于水中或常处于潮湿环境的墙体及有侵蚀介质的环境，也不能用于表面温度长期高于 80 ℃的环境和建筑物的基础。

6.2.2　粉煤灰砌块

粉煤灰砌块是以粉煤灰、石灰、石膏和骨料等为原料，成坯后经蒸汽养护而成的密实砌块。

1. 规格尺寸

粉煤灰砌块的规格尺寸有 880 mm × 380 mm × 240 mm 和 880 mm × 430 mm × 240 mm 两种。

2. 技术性能

根据建材行业标准《粉煤灰砌块》JC 238—1991（1996）的规定，粉煤灰砌块按抗压强度可分为 MU10 和 MU13 两个强度等级；按外观质量尺寸偏差和干缩性能分为一等品（B）和合格品（C）两个等级。

3. 应用

粉煤灰砌块适用于工业与民用建筑的墙体和基础，不适用于有酸性介质侵蚀的及受较大振动影响的建筑，也不适用于长期受高温和受潮湿的部位。

6.2.3　混凝土小型空心砌块

混凝土小型空心砌块是以水泥混凝土拌合物为原料，经装模、振动、成型、养护而成。可分为承重砌块和非承重砌块两类。混凝土小型空心砌块的规格尺寸：主规格为 390 mm × 190 mm × 190 mm，其他规格尺寸可由供需双方协调。

根据国家标准《普通混凝土小型空心砌块》（GB 8239—1997）的规定，混凝土小型砌块按抗压强度可分为 MU20、MU15、MU10、MU7.5、MU5.0、MU3.5 等 6 个强度等级（表 6－13），根据其尺寸偏差及外观质量分为优等品（A）、一等品（B）和合格品（C）。

表 6－13　混凝土小型砌块的强度等级

强度等级	砌块抗压强度/MPa	
	5 块平均值，≥	单块最小值，≥
MU3.5	3.5	2.8
MU5.0	5.0	4.0
MU7.5	7.5	6.0
MU10.0	10.0	8.0
MU15.0	15.0	12.0
MU20.0	20.0	16.0

混凝土小型空心砌块适用于地震设计烈度为 8 度和 8 度以下地区的一般工业与民用建筑墙体。

6.3 墙体板材

在建筑物的屋面和墙体材料中，采用各种类型的预制板材，可提高设计标准化、施工机械化和构件装配化水平。墙用板材具有质量轻、强度高、施工操作方便、保温隔热性能好等优点，是优良的建筑节能材料。

6.3.1 墙用板材

（一）石膏类墙板

作为轻质隔断墙体材料，石膏类墙用板材产量大、自动化程度高、墙面平整、装饰效果好，是较好的隔断材料。

常用的石膏类墙用板材有以下几种。

1. *纸面石膏板*

纸面石膏板是以建筑石膏为主要原料，掺入适量外加剂和纤维材料制成芯材，与两面的护面纸牢固黏结制成的建筑板材。

纸面石膏板有普通纸面石膏板（代号 P）、耐水纸面石膏板（代号 S）、耐火纸面石膏板（代号 H）和耐水耐火纸面石膏板（代号 SH）4 种。普通纸面石膏板是以重磅纸为护面纸。耐水纸面石膏板采用耐水护面纸，并在石膏料浆中加入耐水外加剂。耐火纸面石膏板是在料浆中掺入耐火纤维材料制成的。表 6－14 所示为耐水纸面石膏板的耐水性能，表 6－15 所示为耐火纸面石膏板的遇火稳定时间。

表 6－14　耐水纸面石膏的耐水性能

项　目		指　标					
		优等品		一等品		合格品	
		平均值	最大值	平均值	最大值	平均值	最大值
吸水率（浸水 2 h）/%，≤		5.0	6.0	8.0	9.0	10.0	11.0
表面吸水量/g，≤		1.6		2.0		2.4	
受潮挠度/mm，≤	板厚 9 mm	48		52		56	
	板厚 12 mm	32		36		40	
	板厚 15 mm	16		20		24	

表 6－15　耐火纸面石膏板的遇火稳定时间　　min

优等品	一等品	合格品
30	25	20

纸面石膏板的长度有 1 500 mm、1 800 mm、2 100 mm、2 400 mm、2 440 mm、2 700 mm、3 000 mm、3 300 mm、3600 mm 和 3 660 mm；宽度有 600 mm、900 mm、1 200 mm 和 1 220 mm；厚度有 9.5 mm、12.0 mm、15.0 mm、18.0 mm、21.0 mm 和 25.0 mm。用户可根据需要，定制其他规格的产品。

纸面石膏板具有轻质高强、保温隔热、隔声、耐火、抗震、自动调温性好及施工简便等优点，适用于各类工业与民用建筑。

2. 石膏空心条板

石膏空心条板是以建筑石膏为主要原料，掺入粉煤灰、纤维增强材料、轻质骨料制成的，主要用于工业和民用建筑的非承重内隔墙。

石膏空心条板的尺寸规格为：宽 450 ~ 600 mm，长 2 700 ~ 3 000 mm，厚 60 ~ 100 mm，孔洞率 30% ~40%。生产时常掺入纤维材料或轻质填料，以提高板的抗折强度和减轻自重。

3. 纤维石膏板

纤维石膏板是将纤维材料在水中松解后，与建筑石膏混合制成的无纸面石膏板。纤维石膏板具有质轻、高强、耐火、隔声、韧性高等优点，主要用于建筑内隔墙和吊顶。

（二）水泥类墙用板材

1. 预应力混凝土空心墙板

预应力混凝土空心墙板是用钢绞线、水泥、砂石为原料制成的混凝土制品。

预应力混凝土空心墙板板面平整，尺寸误差小，施工速度快，可用于承重或非承重的内、外墙板、楼板、屋面板。可根据需要增加保温吸声层、防水层和饰面层等。

2. 玻璃纤维增强水泥混凝土墙板（GRC 墙板）

玻璃纤维增强水泥混凝土墙板有两种类型：一种是玻璃纤维增强水泥轻质多孔隔墙条板，简称 GRC 多孔板；另一种是玻璃纤维增强低碱度水泥轻质平板，简称 GRC 平板。

GRC 多孔板是以耐碱玻璃纤维为增强材料，以硫铝酸盐水泥轻质砂浆为基材制成的多孔条形板。GRC 多孔板强度高，耐冲击性能好，自重轻，加工方便，防火防潮，抗震性好，干缩小。适用于工业与民用建筑的非承重内、外墙体，建筑夹层和 2 层以下建筑的内、外承重墙体部位。

GRC 平板是以耐碱玻璃纤维、低碱水泥、轻骨料为原料制成的。具有墙体薄、质量轻、强度高、韧性好、保温、防水、防火等优点。它主要用于非承重内、外隔墙与吊顶板。

3. 纤维增强水泥平板（TK 板）

该板是以低碱水泥、耐碱玻璃纤维为原料制成的薄型平板，具有轻质、高强、防火、防潮、不易变形、加工简便等优点。适用于各类建筑的复合外墙和内隔墙，以及有防火、防潮要求的隔墙。

（三）植物纤维类板材

植物纤维类板材是用各种植物废物为原料制成的板材，该类板材质量轻、强度高、保温隔热、隔声性好，但耐水性差，可燃。植物纤维类板材根据生产原料不同，有稻草板、稻壳板、蔗渣板等，主要用于内隔墙、顶板和装饰板等。

（四）复合墙板

复合墙板是将两种或两种以上不同功能的材料组合而制成的墙板。复合墙板能充分发挥不同材料的特长，以提高使用功能，减轻墙体自重和厚度。

1. 加气混凝土复合墙板

加气混凝土复合墙板是以加气混凝土为主要原料，经切割、粘结和钢筋连接制成的外墙板。加气混凝土墙板自重轻，绝热性佳，吸声性好，具有较好的耐火性和一定的承载力。主要用于各类结构建筑和采取抗震措施的板墙结构建筑的外墙。

2. 铝塑复合板

铝塑复合板是以轻质泡沫塑料为芯层，外贴铝板，并在表层加装饰层或保护层制成的。

铝塑复合板轻质高强，隔声抗震性好，耐酸碱，抗老化性能好，色彩丰富，装饰效果好，易加工，施工方便。铝塑复合板广泛应用于建筑内、外幕墙、门厅、吊顶、隔断、家具及艺术造型的饰面，也可用于厨房等腐蚀性强的环境。

3. 玻璃纤维增强水泥混凝土墙板（GRC 复合保温墙板）

GRC 复合保温墙板是以 GRC 为面层，以保温材料为芯层制成的。其质量轻，强度高，防水、防火性好，保温性能好，节约能源，适用于内、外墙保温工程。

6.4 砌墙砖外观及物理性能检测

本试验依据国家标准《砌墙砖试验方法》（GB/T 2542—2003）、《烧结普通砖》（GB 5101—2003）、《砌墙砖检验规则》JC 466—1992（1996）进行。

6.4.1 取样方法

1. 检验批的构成

构成检验批的基本原则是尽可能使批内砖质量分布均匀，具体实施中应做到：

（1）不正常生产与正常生产的砌墙砖不能混批。

（2）原料变化或不同配料比例的砌墙砖不能混批。

（3）不同质量等级的砌墙砖不能混批。

检验批的批量宜在 3.5 万～15 万块的范围内，但不得超过一条生产线的日产量。不足 3.5 万块，按一批计。

2. 抽样方式

（1）外观质量检验的试样采用随机抽样法，在每一检验批的产品堆垛中抽取。

（2）尺寸偏差检验和其他检验项目的样品用随机抽样法从外观质量检验后的样品中抽取。

3. 抽样数量

抽样数量按表 6－16 所示进行。

表 6－16　普通砖取样数量

序号	检验项目	抽样数量/块	序号	检验项目	抽样数量/块
1	外观质量	50（$n_1=n_2=50$）	5	石灰爆裂	5
2	尺寸偏差	20	6	冻融	5
3	强度等级	10	7	吸水率和饱和系数	5
4	泛霜	5	8	放射性	4

6.4.2 尺寸偏差检测

1. 主要仪器

砖用卡尺：分度值为 0.5 mm。

2. 测量方法

（1）用卡尺测量砖的长度、宽度和高度。其中每一尺寸测量不足 0.5 mm 的按 0.5 mm

计，每一方向尺寸以两个测量值的算术平均值表示。

（2）长度应在砖的两个大面的中间处分别测量两个尺寸；宽度应在砖的两个大面的中间处分别测量两个尺寸；高度应在两个条面的中间处分别测量两个尺寸。当被测处有缺损或凸出时，可在其旁边测量，但应选择不利的一侧，如图6-3所示。

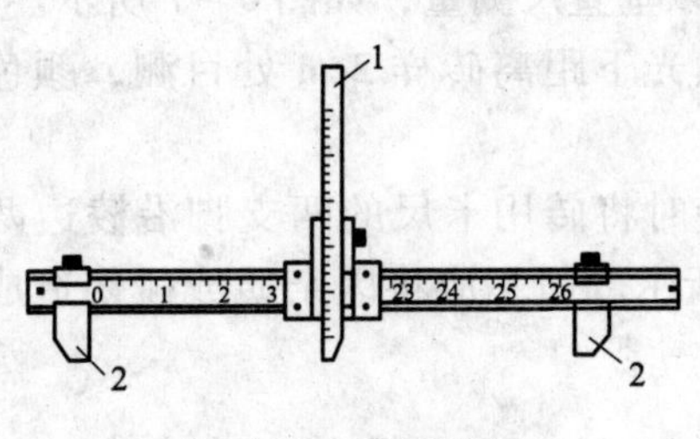

图6-2　砖用卡尺

1—垂直尺；2—支脚

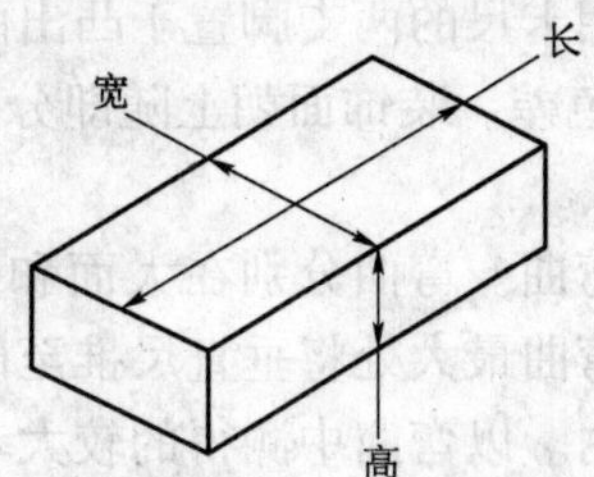

图6-3　砖的尺寸量法

3. 结果评定

结果分别以长度、宽度和高度的最大偏差值表示，不足1 mm者按1 mm计。

6.4.3　外观质量检查

其主要检查缺损、裂纹、杂质凸出高度、色差、弯曲。

1. 试验仪器

（1）砖用卡尺（分度值为0.5 mm）。

（2）钢直尺（分度值为1 mm）。

2. 实验步骤

（1）缺损。缺棱掉角在砖上造成的破损程度，以破损部分对长、宽、高3个棱边的投影尺寸来度量，称为破坏尺寸。缺损造成的破坏面，是指缺损部分对条面、顶面的投影面积。如图6-4所示，单位为mm。空心砖内壁残缺及肋残缺尺寸，以长度方向的投影尺寸来度量。

（2）裂纹。裂纹分为长度方向、宽度方向和水平方向3种，以被测方向的投影长度表示。如果裂纹从一个面延伸至其他面上时，则累计其延伸的投影长度，如图6-5所示。单位为mm。

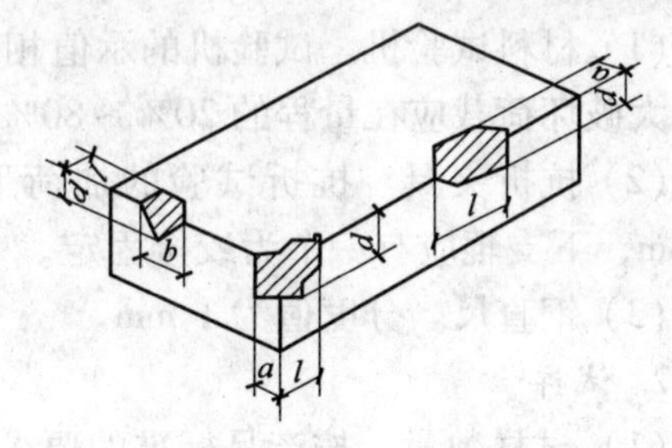

图6-4　缺损在条、顶面上造成破坏面量法

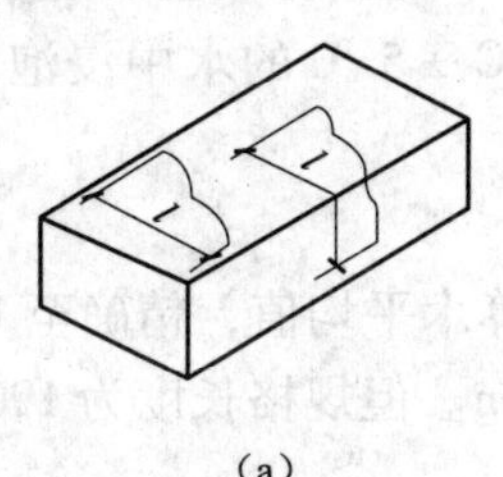

(a)

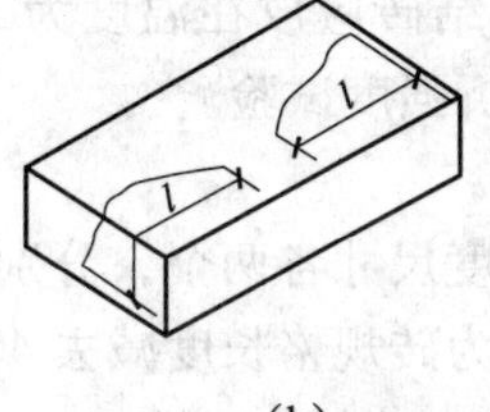

(b)

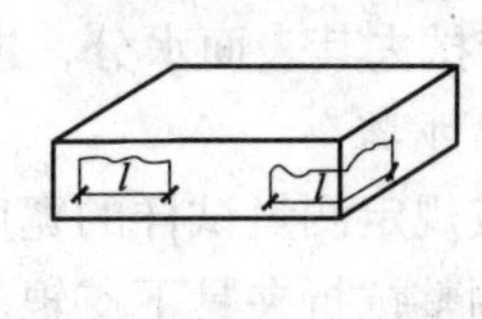

(c)

图6-5　裂纹长度量法

(a) 宽度方向裂纹长度量法；(b) 长度方向裂纹长度量法；(c) 水平方向裂纹长度量法

多孔砖的孔洞与裂纹相通时，则将孔洞包括在裂纹内一并测量，如图 6－6 所示。单位为 mm。

判断方法：裂纹长度以在三个方向上分别测得的最长裂纹作为测量结果。

（3）杂质凸出高度。杂质在砖面上造成的凸出高度，以杂质距砖面的最大距离表示。测量时将砖用卡尺的两支脚置于凸出两边的砖平面上，以垂直尺测量，如图 6－7 所示。

（4）色差。装饰面朝上随即分两排并列，在自然光下距离砖样 2 m 处目测，颜色均匀为合格。

（5）弯曲。弯曲分别在大面和条面上测量，测量时将砖用卡尺的两支脚沿棱边两端放置，择其弯曲最大处将垂直尺推至砖面，如图 6－8 所示。但不应将因杂质或碰伤造成的凹处计算在内。以弯曲中测得的较大者作为测量结果。

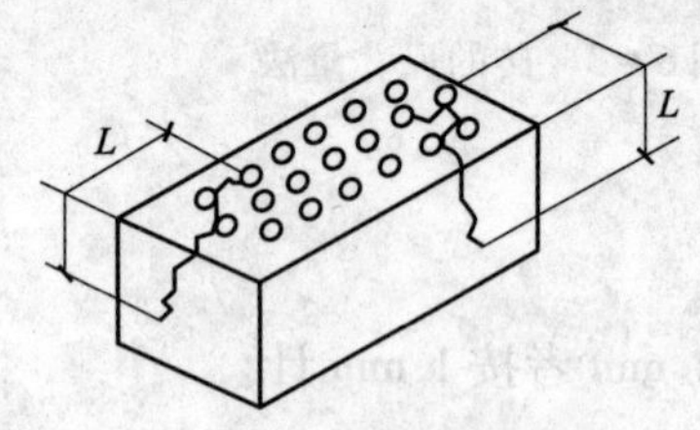

图 6－6　多孔砖的裂纹长度量法
L—裂纹总长度

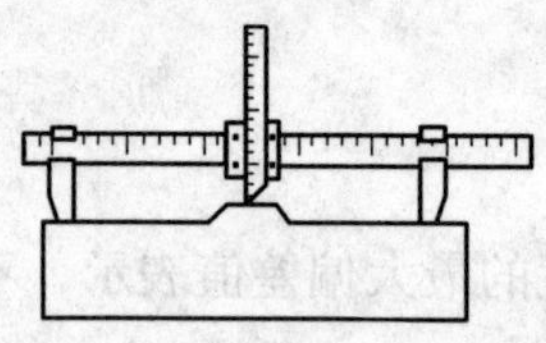

图 6－7　杂质凸出量法

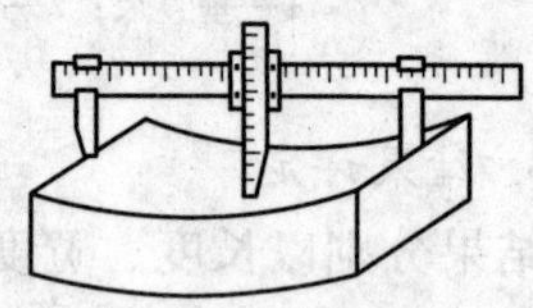

图 6－8　弯曲量法

3. 判定方法

以测量结果符合对应标准中的规定条件要求为合格。

6.4.4　砖的抗折强度（或抗折荷重）检验

1. 试验仪器

（1）材料试验机。试验机的示值相对误差不大于 ±1%，其下加压板应为球绞支座，预期最大破坏荷载应在量程的 20% ~80%。

（2）抗折夹具。抗折试验的加荷形式为三点加荷，其上压辊和下支辊的曲率半径为 15 mm，下支辊应有一个为绞接固定。

（3）钢直尺。分度值为 1 mm。

2. 试样

（1）试样数量。按产品标准的要求确定。

（2）试样处理。粉煤灰砖和炉渣砖在养护结束后 24 ~36 h 内进行试验。烧结砖不需浸水及其他处理，直接进行试验。非烧结砖应放在温度为 20 ℃ ±5 ℃ 的水中浸泡 24 h 后取出，用湿布拭去其表面水分，进行抗折强度试验。

3. 试验步骤

（1）按规定测量试样的宽度和高度尺寸各两个，分别取算术平均值，精确至 1 mm。

（2）调整抗折夹具下支辊的跨距为砖规格长度减去 40 mm。但规格长度为 190 mm 的砖为 160 mm。

（3）将试样大面平放在下支辊上，试样两端面与下支辊的距离应相同。当试样有裂缝或凹陷时，应使有裂缝或凹陷的大面朝下，以 50 ~150 N/s 的速度均匀加荷，直至试样断裂，记录最大破坏荷载 P。

4. 结果计算与评定

每块试样的抗折强度（R_c）按式（6－1）计算（精确至 0.01 MPa），即：

$$R_c = \frac{3PL}{2BH^2} \tag{6-1}$$

式中 R_c——抗折强度，MPa；

P——最大破坏荷载，N；

L——跨距，mm；

B——试样宽度，mm；

H——试样高度，mm。

试验结果以试样抗折强度或抗折荷重的算术平均值和单块最小值表示，精确至 0.01 MPa 或 0.01 kN。

6.4.5 抗压强度试验

1. 试样

试样数量。烧结普通砖、烧结多孔砖和蒸压灰砂砖为 5 块，其他砖为 10 块（空心砖大面和条面抗压试样各 5 块）。非烧结砖也可用抗折强度试验后的试样作为抗压强度试样。

2. 试件制备

1）烧结普通砖

（1）将试样切断或锯成两个半截砖，断开的半截砖长不得小于 100 mm，如图 6－9 所示；如果不足 100 mm，应另取备用试样补足。

（2）在试样制备平台上，将已断开的半截砖放入室温的净水中浸 10～20 min 后取出，并以断口相反方向叠放，两者中间抹以厚度不超过 5 mm 的用 42.5 级普通硅酸盐水泥，调制成稠度适宜的水泥净浆粘结，上、下两面用不超过 3 mm 的同种水泥浆抹平。制成的试件上、下两面须相互平行，并垂直于侧面，如图 6－10 所示。

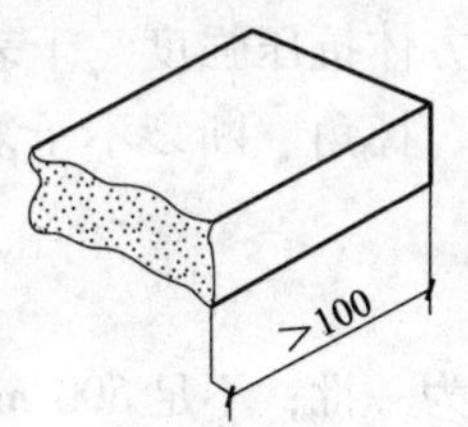

图 6－9　抗压试样用断头

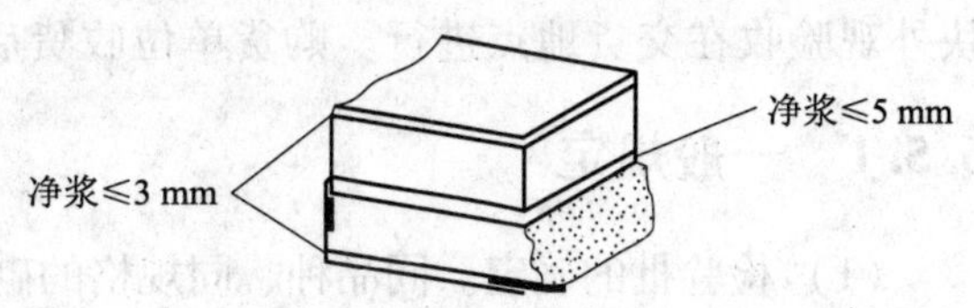

图 6－10　砖抗压检验试样

2）多孔砖、空心砖

（1）多孔砖以单块整砖沿竖孔方向加压，空心砖以单块整砖沿大面和条面方向分别加压。

（2）试件制作采用坐浆法操作。即将玻璃板置于试件制备平台上，其上铺一张湿的垫纸，纸上铺一层厚度不超过 5 mm 的用 42.5 级普通硅酸盐水泥，制成稠度适宜的水泥净浆；再将在水中浸泡 10～20 min 的试样，平稳地将受压面坐放在水泥浆上；在另一受压面上稍加压力，使整个水泥层与砖受压面相互粘结，砖的侧面应垂直于玻璃板。待水泥浆适当凝固后，连同玻璃板翻放在另一铺纸放浆的玻璃板上，再进行坐浆，用水平尺校正好玻璃板的水平度。

3）非烧结砖

将同一块试样的两半截砖断口相反叠放，叠合部分不得小于100 mm；如果不足100 mm时，则应剔除另取备用试样补足。

3. 试件养护

（1）制成的抹面试件应置于不低于10 ℃的不通风室内养护3 d，再进行试验。

（2）非烧结砖试件不需养护，直接进行试验。

4. 试验步骤

（1）测量每个试件连接面或受压面的长、宽尺寸各两个，分别取其平均值，精确至1 mm。

（2）将试件平放在加压板的中央，垂直于受压面加荷，应均匀、平稳，不得发生冲击或振动。加荷速度以4 kN/s为宜，直至试件破坏为止，记录最大破坏荷载 P。

5. 结果计算与评定

（1）每块试样的抗压强度 R_p 按式（6－2）计算（精确至0.01 MPa），即：

$$R_p = \frac{P}{LB} \tag{6-2}$$

式中 R_p——抗压强度，MPa；

P——最大破坏荷载，N；

L——受压面（连接面）的长度，mm；

B——受压面（连接面）的宽度，mm。

（2）试验结果以试样抗压强度的算术平均值和单块最小值表示，精确至0.1 MPa。

6.5 蒸压加气砌块外观及物理性能检测

蒸压加气砌块出厂检验的项目包括尺寸偏差、外观、立方体抗压强度、干表观密度。砌块外观验收在交货地点进行。购货单位收货后，砌块的缺棱、掉角、断裂不予复验。

6.5.1 一般规定

（1）检验批的确定。同品种、同规格的砌块，以500 m^3 为一批；不足500 m^3 亦为一批。

（2）取样方法与数量。随机抽取50块砌块，进行尺寸偏差、外观检验；从外观与尺寸偏差检验合格的砌块中随机抽取砌块，制作3组试件进行立方体抗压强度检验，另制作3组试件做干表观密度检验。

（3）试样制备。试件采用机锯或者刀锯，锯切时不得将试件弄湿，试件应沿制品发气方向中心部分上、中、下顺序锯切一组："上"块上表面距离制品顶面30 mm，"中"块在制品正中处，"下"块下表面离制品地面30 mm。制品的高度不同，试件间隔略有不同，以高度600 mm的制品为例。锯切部位如图6－11所示。要求试件表面平整，不得有裂缝或明显缺陷，尺寸为100 mm×100 mm×100 mm，尺寸允许偏差为±2 mm；试件要逐件编号，标明发气方向和锯切部位。

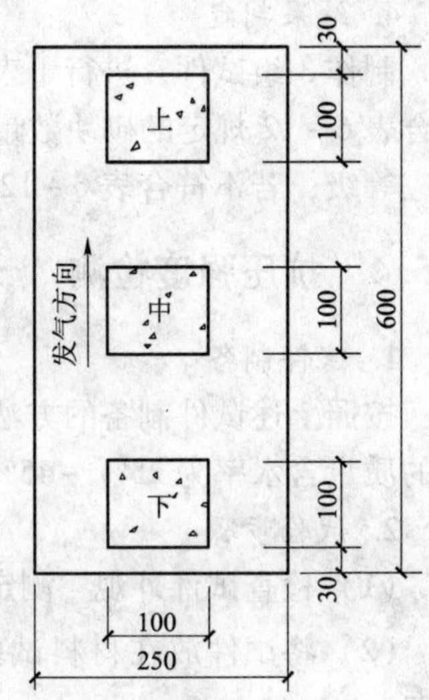

图6-11　试件制备方法

6.5.2　尺寸、外观检测

（1）量具。采用钢尺、钢卷尺（最小刻度为1mm）。

（2）尺寸测量。长度、高度、宽度分别在两个对应面的端部测量，共量6个尺寸。

（3）缺棱掉角。测量砌块破坏部分对砌块的长、高、宽3个方向的投影尺寸。

（4）平面弯曲。测量弯曲面的最大缝隙尺寸。

（5）裂纹长度。目测裂纹数，裂纹长度以所在面最大的投影尺寸为准；若裂纹从一面延伸到另一面，则以两个面上的投影尺寸之和为准。

（6）爆裂、粘模和损坏深度。将钢尺平放在砌块表面，用钢卷尺垂直于钢尺，测量其最大深度。

（7）砌块表面疏松、层裂。目测。

质量判定：其中不符合表6-10规定的砌块数量不超过10块时，判为检验产品尺寸偏差和外观检验结果符合相应等级；若不符合表6-10规定的砌块数量超过10块时，判为检验产品不符合相应等级。

6.5.3　干表观密度和含水率检验

1. 仪器设备

电热鼓风干燥箱，最高温度200 ℃；托盘天平或磅称：称量200 g，感量为1 g。

2. 试验步骤

取试件一组3块，逐块两区长、宽、高3个方向的轴线尺寸，精确至1 mm，计算试件的体积V；并称取试件质量M，精确至1 g。

将试件放入电热鼓风干燥箱内，在60 ℃ ±5 ℃下保温24 h；然后，在80 ℃ ±5 ℃下保温24 h，再在105 ℃ ±5 ℃下烘至恒质M_0。恒质指在烘干过程中间隔4 h，前、后两次质量差不超过试件质量的0.5%。

3. 干密度和含水率的计算

$$\rho_0 = \frac{M_0}{V} \times 10^6$$

式中　ρ_0——干密度，kg/m^3；

M_0——试件烘干后质量，g；

V——试件体积，m^3。

$$W_s = \frac{M - M_0}{M_0} \times 100\%$$

式中　W_s——含水率，kg/m^3；

M_0——试件烘干后质量，g；

M——试件烘干前质量，g。

4. 结果判定

制作3组试件，进行干表观密度检验，以3组测定结果平均值判定其容重级别。其中不符合表6－12规定的砌块数量不超过10块时，判为检验产品尺寸偏差和外观检验结果符合相应等级；若不符合表6－12规定的砌块数量超过10块时，判为检验产品不符合相应等级。

6.5.4 抗压强度检测

1. 试件制备

按照上述试件制备的方法，制取100 mm×100 mm×100 mm立方体试件一组3块，试件的质量含水率为25%～45%。

2. 试验步骤

（1）检查试件外观，测定试件尺寸，精确至1 mm，计算受压面积（A_1）。

（2）将试件放在材料试验机的下压板中心位置，试件受压方向应该垂直于制品发气方向。

（3）开动试验机，当上压板与试件接近时调整球座，使接触平衡。

（4）以2.0 kN/s±0.5 kN/s的速度连续而均匀地加荷，直至试件破坏，记录破坏荷载（P_1）。

（5）将破坏的全部或部分试件立即称取质量，然后在105 ℃±5 ℃下烘至恒质，计算其含水率。

3. 抗压强度计算

$$f_{cc}=\frac{P_1}{A_1}$$

蒸压加气混凝土砌块检测报告如表6－17所示。

表6－17 蒸压加气混凝土砌块检测报告

<table>
<tr><td colspan="2">委托单位</td><td colspan="2"></td><td>委托日期</td><td></td></tr>
<tr><td colspan="2">工程名称</td><td colspan="2"></td><td>委托编号</td><td></td></tr>
<tr><td colspan="2">工程部位</td><td colspan="2"></td><td>报告日期</td><td></td></tr>
<tr><td colspan="2">产品名称</td><td colspan="2"></td><td>规格尺寸</td><td></td></tr>
<tr><td colspan="2">生产厂</td><td colspan="2"></td><td>依据标准</td><td></td></tr>
<tr><td colspan="6">检测结果</td></tr>
<tr><td colspan="2">检测项目</td><td colspan="2">标准要求</td><td>实测结果</td><td>单项判定</td></tr>
<tr><td rowspan="2">抗压强度
/MPa</td><td>平均值</td><td colspan="2"></td><td></td><td rowspan="2"></td></tr>
<tr><td>单块最小值</td><td colspan="2"></td><td></td></tr>
<tr><td colspan="2">体积密度/（kg·m⁻²）</td><td colspan="2"></td><td></td><td></td></tr>
<tr><td colspan="2">热导率（干燥）/[W·(m·K)⁻¹],≤</td><td colspan="2"></td><td></td><td></td></tr>
<tr><td rowspan="2">干燥收缩
/（mm·m⁻¹）</td><td>标准法</td><td colspan="2"></td><td></td><td rowspan="2"></td></tr>
<tr><td>快速法</td><td colspan="2"></td><td></td></tr>
</table>

续表

检测项目		标准要求	实测结果	单项判定
抗冻性	质量损失/%			
	冻后强度/MPa			
结　论				
备　注				

签发：　　　　　　　　审核：　　　　　　　　检测：

注：本表由检测机构填写，一式 3 份，检测机构、委托单位、监理单位各留一份。报告左上角加盖计量认证 CMA 章，右上角加盖四川省建设工程质量检测资质专用章有效。

复习思考题

一、简答题

1. 砌墙砖有哪些类型？

2. 烧结普通砖的技术性质有哪些内容？如何鉴别欠火砖和过火砖？

3. 烧结普通砖的强度等级是如何确定的？

4. 建筑中常用的非烧结砖有哪几种？

5. 简述加气混凝土砌块和小型空心砌块的技术特性及其应用。

6. 墙用板材哪些不宜用于长期处于潮湿的环境？

二、实训题

1. 一块标准尺寸的烧结普通砖，烘干至恒定的质量为 2 500 g，吸水饱和后质量为 2 900 g，将该砖磨细，过筛烘干后取 50 g，用李氏瓶测得其体积为 18.5 cm^3。试计算该砖的密度、表观密度、吸水率和孔隙率。

2. 某烧结普通砖试验，10 块砖测得的破坏荷载分别是 256 kN、271 kN、219 kN、185 kN、238 kN、260 kN、158 kN、278 kN、220 kN 和 255 kN。试确定该砖的强度等级。

模块 7

建筑钢材的进场验收及性能检测

教学目标

通过本章的学习，要求学生掌握钢材的分类，钢材的技术性能；了解钢材中的其他成分及其对钢材性能的影响；掌握钢材的力学性能指标；掌握工程中常用钢材的牌号表示方法；掌握工程中所用钢筋的种类及性能；掌握钢材的腐蚀及防护知识。

任务引入

建筑施工过程中，建筑钢材主要用做钢筋混凝土和钢结构，是主要的结构材料，对于建筑物的结构安全和使用寿命影响很大，因此进入施工现场的钢材制品必须经过严格的验收，使用合格的产品。作为建筑工程系的毕业生，在施工现场必须具备能够按照相应的施工质量验收规范和材料产品标准、试验方法，分别验收材料的外观质量、技术性能、化学成分等。

任务分析

建筑钢材用途广泛，用量大，品种多，每一类、每一种产品都有自己的相应质量标准，同时还有相应的技术性能试验方法。因此，作为一名建筑工程类专业的学生，从事现场质量控制和施工管理工作，必须掌握：

(1) 建筑钢材的分类及其相应技术标准。

(2) 建筑钢材的技术性能及其检测方法。

(3) 建筑钢材的进场验收内容。

(4) 建筑钢材的防火和防腐。

相关知识

7.1 建筑钢材基本知识

建筑钢材主要是指用于钢结构中各种型材（如角钢、槽钢、工字钢、圆钢等)、钢板、钢管和用于钢筋混凝土结构中的各种钢筋、钢丝、钢绞线等。性能及应用：建筑钢材有较高的强度，有良好的塑性和韧性，能承受冲击和振动荷载，易于加工和装配，可以焊接或者铆接，便于装配，广泛应用于建筑工程中；缺点是易锈蚀、耐火性差。

7.1.1　钢材的分类

（1）按照冶炼方法分类，钢材的炉种有转炉钢、平炉钢和电炉钢三种。按照所用耐火炉衬不同，又有酸性和碱性之分。

以熔融的铁水为原料，不需燃料，由转炉底部或侧面吹入高压空气进行冶炼的钢为空气转炉钢；若采用纯氧气代替空气冶炼，称为氧气转炉钢。空气转炉钢的缺点是：吹炼时容易混入空气中的氮、氢等杂质，同时熔炼时间短、杂质含量不易控制，因此其质量差；氧气转炉钢质量较好，但成本略高。

以固体或液体生铁、铁矿石或废钢为原料，用煤气或重油为燃料，依靠与铁矿石、废钢中的氧或吹入的氧起氧化反应而除去杂质，这种钢为平炉钢。平炉钢产量大，由于冶炼时间长，清除杂质较彻底，钢材的质量好，但成本较转炉钢高。

用电热进行高温冶炼的钢是电炉钢。热源是高压电弧，熔炼温度高，温度可自由调节，易于清除杂质，因此，电炉钢的质量最好。

建筑钢材多是平炉钢、顶吹氧气转炉钢和侧吹碱性转炉钢。侧吹转炉钢的炉体容量小，出钢快，但因吹入空气中的氮和氢会使钢质变坏，控制钢的成分较难。氧气转炉的效率较高，钢质也易控制，但成本较高，近年来较多采用。

（2）按照脱氧程度分类。炼钢时需要足够的氧，但如果钢材中残存了氧，会使钢质变差，因此，必须在冶炼的后期脱氧。根据脱氧程度的不同，分为镇静钢、半镇静钢和沸腾钢三类。镇静钢脱氧彻底，其组织致密，化学成分均匀，性能稳定，是质量较好的钢材。由于产品率较低，因此，成本较高，适用于承受振动冲击荷载或重要的焊接钢结构。

沸腾钢是仅用弱脱氧剂脱氧，脱氧不完全的钢，由于钢水中残存的氧化铁与碳化合生成一氧化碳，在铸锭时有大量的气泡外逸，状似沸腾，因此而得名。其组织不够致密，有气泡夹杂，所以质量较差，但其成品率较高，成本低。

半镇静钢，其脱氧程度介于上述两者之间。

（3）按压力加工方式分类。由于在冶炼、铸锭过程中，钢材中往往出现结构不均匀、气泡等缺陷，因此在工业上使用的钢材必须经压力加工，使缺陷消除，同时具有要求的形状。按压力加工方式分类，可分为热加工和冷加工。

热加工是将钢锭加热至一定温度，使钢锭呈塑性状态进行的压力加工，如热轧、热煅等。

冷加工是指在常温下进行的加工，如冷轧、冷拔等。

（4）按化学成分分类。钢材按化学成分可分为合金钢和碳素钢。碳素钢按照含碳量多少，分为低碳钢（含碳量低于 0.25%）、中碳钢（含碳量在 0.25%～0.6%）和高碳钢（含碳量大于 0.6%）。合金钢根据合金含量多少，分为高合金钢（合金含量高于 10%）、中合金钢（合金含量介于 5%～10%）和低合金钢（合金含量低于 5%）。

（5）按质量等级分类。按质量等级分为普通质量钢、优质钢和高级优质钢。

7.1.2　钢材的加工

钢材的加工包括轧制、锻造、冷拔、冲压等多种方式。

钢锭经轧钢机轧制后，使之具有一定形状的钢材为轧钢。将钢锭加热至 1 150 ℃ ~ 1 300 ℃后进行轧制的方法为热轧，热轧所得的钢材为热轧钢材。将钢锭先热轧到一定尺寸，经冷却至室温后再进行轧制的方法为冷轧，冷轧所得产品为为冷轧钢材。建筑钢材以热轧钢为主。

常用的型钢、钢筋及中、厚钢板均为热轧钢材，薄钢板有冷轧及热轧两种。焊管是用钢板加工焊接而成。无缝管是对实心钢坯进行穿孔，经热轧、挤压、冷轧、冷拔等工艺制得。

7.1.3 钢的主要成分对钢材性能的影响

碳素钢的主要成分，是以铁为基体，并含有少量的硅、锰、硫、磷等，硅和锰是炼钢时作为脱氧剂加入后残存的；硫、磷是炼铁时从原材料或燃料进入铁水中未能完全除掉而残存的。各成分对钢材的影响如下。

1. 碳（C）

对于含碳量低于 0.8% 的钢，含碳量越多，钢的强度越高，塑性、冲击韧性和耐腐蚀性越低，焊接和冷弯性能越差。当钢的含碳量超过 1% 时，强度会随含碳量增大而下降。此外，含碳量过高还会增加钢的冷脆性和时效敏感性，降低抗大气腐蚀性和可焊性。但钢材的硬度会随着含碳量的增加而提高，强度和硬度与含碳量的关系如图 7－1 所示。

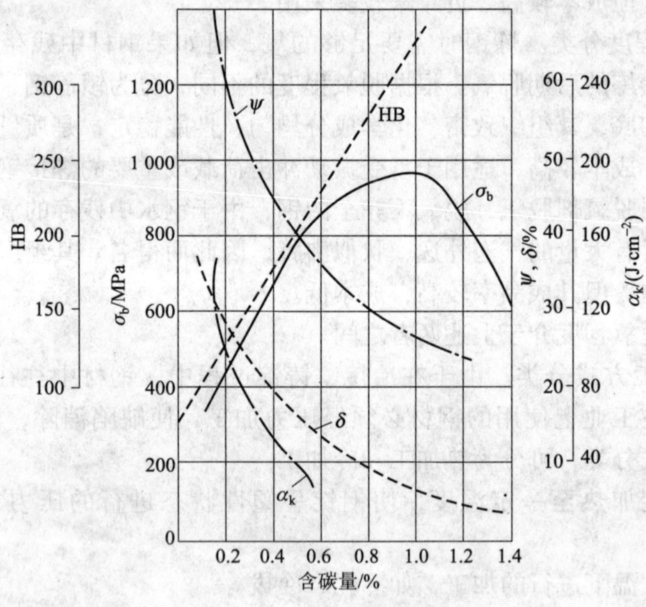

图 7－1　含碳量对钢材性能的影响

2. 硅（Si）

硅与氧的结合力很大，因而具有脱氧性能。硅的含量在 1.0% 以下时，可使钢的抗拉强度和屈服点提高，而塑性和冲击韧性的下降并不显著，工艺性能也不显著变差。

3. 锰（Mn）

钢的含锰量在 0.8% ~1.0% 时，可保持钢材在原有塑性和冲击韧性条件下，较显著地提高屈服点和抗拉强度，消除热脆性，降低冷脆性。当含量过高时，会使钢的可焊性变差。

4. 磷（P）、硫（S）

磷与碳相似，能使钢的屈服点和抗拉强度提高，塑性和韧性下降，显著增加钢的冷脆性。磷的偏析较严重，焊接时焊缝容易产生冷裂纹。因此，在碳钢中，应严格限制磷的含量；但在合金钢中，磷可以改善钢材的抗大气腐蚀性，因此可以作为一种合金元素。

硫的存在，增加了钢材的热脆性，从而大大降低钢材的可焊性和热加工性。此外，硫的偏析较严重，降低了钢材的冲击韧性、疲劳强度和抗腐蚀性，因此在碳钢中，硫的含量要严格限制。

5. 氧（O）、氮（N）

氧和氮的存在，降低了钢材的力学性能，特别是严重降低了钢的韧性，并能促进时效，降低钢的可焊性，因此应严格限制其含量。

7.1.4　钢材的冷加工

冷加工是指钢材在常温下进行的加工，建筑工程中常通过冷加工改善钢材的力学性能。建筑钢材常见的冷加工方式有冷拉、冷拔、冷轧、冷扭、刻痕等。

钢材进行冷加工时，若其变形超过弹性范围，产生塑性变形后，其强度和硬度会提高，而其塑性和韧性会下降，这种现象称为冷加工强化。如图 7－2 所示，钢材的应力—应变曲线为 *OBKCD*，若钢材被拉伸至 *K* 点时卸载，则钢材将恢复至 *O′* 点。此时，再重新加载，其应力—应变曲线将为 *O′KCD*，新的屈服点（*K*）比原屈服点（*B*）提高，但伸长率降低。在一定范围内，冷加工变形越大，屈服强度提高越多，塑性和韧性降低得越多。

钢材在自然条件下或经过冷加工后，随着时间的延长，其强度、硬度提高，而塑性、韧性下降的现象称为时效。钢材在自然条件下的时效是非常缓慢的，经过冷加工或使用中经常受到振动、冲击荷载作用时，时效将迅速发展。钢材经冷加工后，在常温下放置 15～20 d 或加热至 100 ℃～200 ℃并保持 2 h 以内，钢材的屈服点、硬度将进一步提高，而塑性、韧性继续降低，前者称为自然时效，后者称为人工时效。如图 7－2 所示，钢材经冷加工和时效后，其应力—应变曲线为 $O'K_1C_1D_1$，此时屈服强度（K_1）和抗拉强度（C_1）比时效前进一步提高。在对钢材进行冷加工时，一般强度较低的钢材采用自然时效，强度较高的钢材采用人工时效。

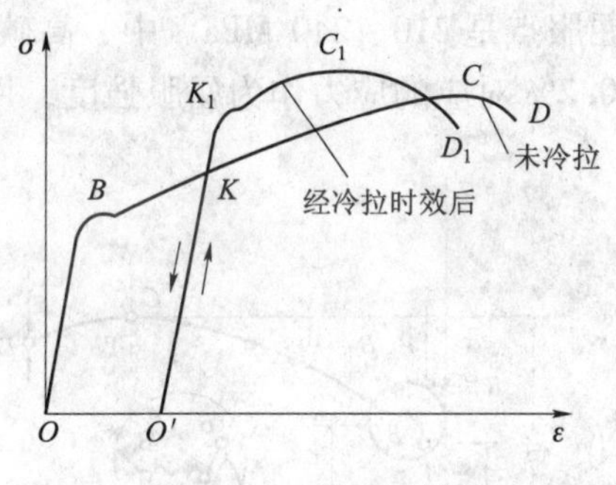

图 7－2　钢材的时效

因时效而导致钢材性能改变的程度称为时效敏感性。时效敏感性大的钢材，经时效后，其韧性、塑性改变较大。因此，承受振动、冲击荷载作用的重要结构（如吊车梁、桥梁等），应选用时效敏感性小的钢材。

建筑用钢材常利用冷加工、时效作用来提高其强度，增加钢筋的品种规格，节约钢材。

焊接是钢结构的主要连接方式。焊接的质量取决于焊接工艺、焊接材料及钢的可焊性能。

可焊性是指在一定的焊接工艺条件下，在焊缝及附近过热区不产生裂缝及硬脆倾向。焊接后的力学性能，特别是强度指标，不得低于原钢材的性能。

可焊性主要受钢材的化学成分及其含量的影响。如含碳量超过 0.3% 时，或含有较多的硫时、杂质含量较高时及合金元素含量较高时，钢材的可焊性都要下降。

一般来说，焊接结构用钢应选用含碳量较低的氧气转炉或平炉的镇静钢。对于高碳钢及合金钢，为了改善焊接后的硬脆性，焊接时一般要采用焊前预热及焊后热处理等措施。

7.2 建筑钢材的技术性能及其检测

钢材的性质包括强度、弹性、塑性、韧性及硬度等内容。其性质主要通过材料的拉伸试验测得，在钢材的单向拉伸过程中，其变形分为四个阶段，即弹性阶段、屈服阶段、强化阶段和颈缩阶段，其应力—应变关系如图 7-3 所示。

1. *抗拉强度*

图 7-3 是塑性钢材在拉伸过程中的应力—应变曲线。在拉伸的开始阶段，荷载较小，此时材料的应力—应变成正比。图中的 *OA* 段为直线，就说明了这一点。直线段的最高点 *A* 对应的应力，称为弹性极限，以 σ_p 表示，是塑性钢材不出现残余变形时的最大应力。

随着荷载的加大，应力和应变不再成正比，即开始出现塑性变形。从 $B_{上}$ 点开始，材料进入屈服阶段。该阶段是材料的微观组织重新组合的过程，因此，表现为其承载力变化不定，在应力—应变图上表现为一锯齿状的图形。因上屈服点不稳定，因此国标规定，该阶段的最低点对应的应力为屈服点（$B_{下}$），以 σ_s 表示。达到屈服点后，钢材虽没有破坏，但因其变形过大，已不能满足设计要求，故设计中一般以屈服点作为钢材的强度指标。如 3 号钢的屈服点是 210 ~ 240 MPa。中、高碳钢没有明显的屈服点，通常以残余应变为原标距长度的 0.2% 对应的应力作为屈服强度，用 $\sigma_{0.2}$ 表示，如图 7-4 所示。

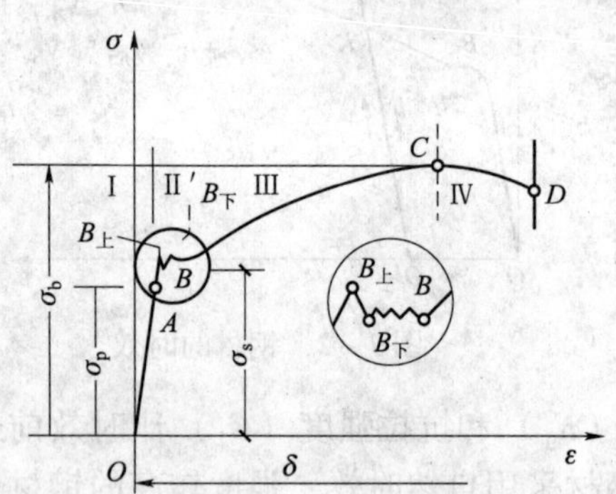

图 7-3　低碳钢的应力—应变曲线

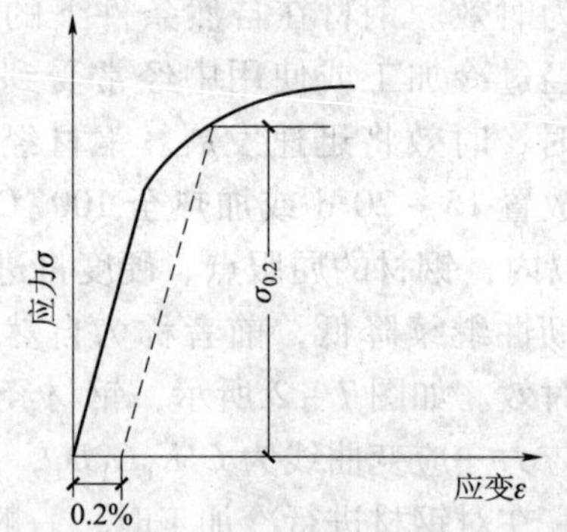

图 7-4　中、高碳钢的应力—应变曲线

随着荷载的继续加大，由于材料的内部组织发生变化，其抵抗变形和荷载的能力继续增加，故称为强化阶段。当达到 *C* 点时，应力达到极限值，称为极限抗拉强度（简称抗拉强度），以 σ_b 表示，如碳素钢 Q235 的 σ_b 为 375 ~ 500 MPa。

当荷载超过 *C* 点后，试件的变形不再均匀，在试件的某个薄弱部位出现“颈缩”现象。出现“颈缩”后，变形主要在颈缩区，直至断裂。出现颈缩后，因受拉面积变小，所以，试件所能承受的荷载也逐渐减小，应力下降。

以上是塑性钢材在单向拉伸时所表现出的变形现象。工程上使用的钢材，不仅希望具有较高的屈服点，还希望具有一定的屈强比（σ_s/σ_b）。屈强比越小，材料可靠性越高，即不容易发生脆性断裂，但如果屈强比太小，则材料的有效利用率太低，合理的屈强比一般在0.6～0.75范围内。

2. 弹性

从图7－3中可以看出，钢材在静荷载作用下，在弹性阶段，应力和应变成正比，具有这种变形特征的性质，称为弹性。在此阶段中应力与应变的比值称为弹性模量，即$E=\frac{\sigma}{\varepsilon}$，单位为MPa。

弹性模量是衡量材料抵抗变形能力的指标。弹性模量越大，材料越不容易变形。在工程中，弹性模量反映了材料的刚度，是材料在承受荷载作用时计算结构变形的重要指标。常用碳素结构钢Q235的弹性模量为$E=(2.0\sim2.1)\times10^5$ MPa。

3. 塑性

钢材在外力作用下发生塑性变形而不破坏的能力，叫塑性。工程中，常以伸长率或冷弯来表示塑性。

伸长率是试件受拉断裂后，总伸长量与原始长度比值的百分率，以δ_5或δ_{10}表示。其脚标表示：试件的原始长度是试件直径的5倍或10倍。

$$\delta=\frac{l_1-l_0}{l_0} \tag{7-1}$$

式中　l_0——试件原始长度；

l_1——试件拉断后的标距长度，如图7－5所示。

伸长率是衡量材料塑性变形能力的重要技术指标。伸长率越大，说明材料的塑性越好。伸长率与标距有关，对于同种钢材，$\delta_5<\delta_{10}$。

钢材的塑性也可通过断面收缩率来表示，断面收缩率是指试件拉断后颈缩处横截面的减缩量占原横截面积的百分率。

冷弯是通过检验试件经规定的弯曲程度后，弯曲处外面及侧面有无裂纹、起层、鳞落和断裂等情况进行评定的。一般用弯曲角度α以及弯心直径与钢材厚度或直径的比值来表示，如图7－6所示。弯曲角度越大，而弯心直径与钢材厚度（或直径）的比值越小，表明冷弯性能越好。

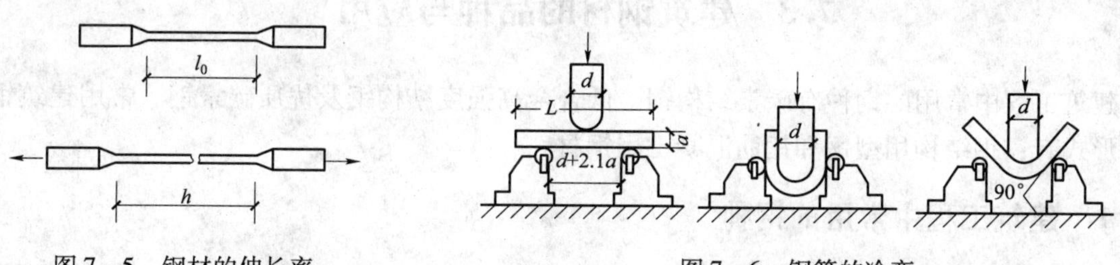

图7－5　钢材的伸长率　　　图7－6　钢筋的冷弯

冷弯是检验钢材塑性的一种方法，并与伸长率存在有机的联系。伸长率大的钢材，其冷弯性能必然好；但冷弯试验对钢材塑性的评定，比拉伸试验更严格、更敏感。冷弯有助于暴露钢材的某些缺陷，如气孔、杂质和缺陷等。在焊接时，局部脆性及接头缺陷都可通过冷弯试验发现。所以，钢材的冷弯不仅是评定塑性、加工性能的要求，也是评定焊接质量的重要指标。对于重要结构和弯曲成型的钢材，冷弯必须合格。

塑性是钢材的重要技术指标，尽管结构是在弹性阶段使用的，但其应力集中处，应力可能超过屈服强度。一定的塑性变形能力，可保证应力重新分配，从而避免结构的破坏。

4. 冲击韧性

冲击韧性是指钢材抵抗冲击荷载而不破坏的能力。冲击韧性的检测按规范规定，是以刻槽的标准试件，如图 7－7 所示，在冲击试验的摆锤冲击下，以破坏后缺口处单位面积上所消耗的功 α_k 来表示。α_k 越大，冲断试件所需要的能量越多，说明材料韧性越好。

材料的冲击韧性，与钢材的化学成分、冶炼及加工有关。一般来说，钢中的硫、磷含量较高，夹杂物及焊接中形成的微裂纹等，都会降低冲击韧性。

此外，钢的冲击韧性还会受温度和时间的影响。常温下，随着温度的下降，冲击韧性降低很小；当温度下降到某一温度范围时，冲击韧性发生明显下降，如图 7－8 所示，钢材开始呈脆性断裂，这种性质称为冷脆性。发生冷脆性时的温度范围称为脆性临界温度。在北方严寒地区选用钢材时，必须对钢材的冷脆性进行评定。此时，选用钢材的脆性临界温度应比环境温度低些。由于脆性临界温度的测定工作复杂，规范中通常是根据气温条件规定－20 ℃或－40 ℃的负温度冲击值指标。

钢材以屈服强度、抗拉强度、伸长率、冷弯、冲击韧性等性质，作为牌号评定的依据。

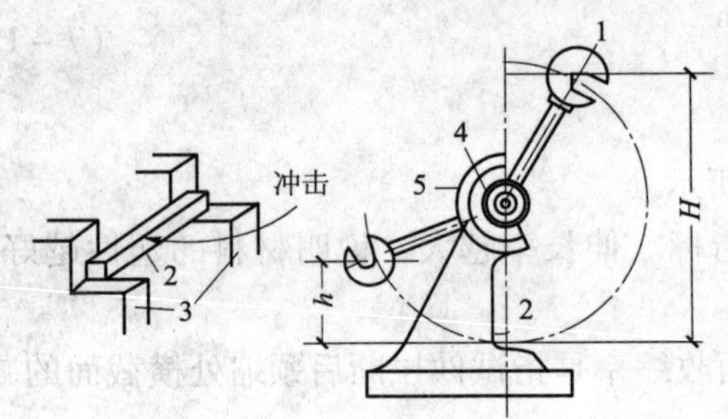

图 7－7　钢材的冲击韧性试验示意图

1—摆锤；2—试件；3—试验台；4—刻度盘；5—指针

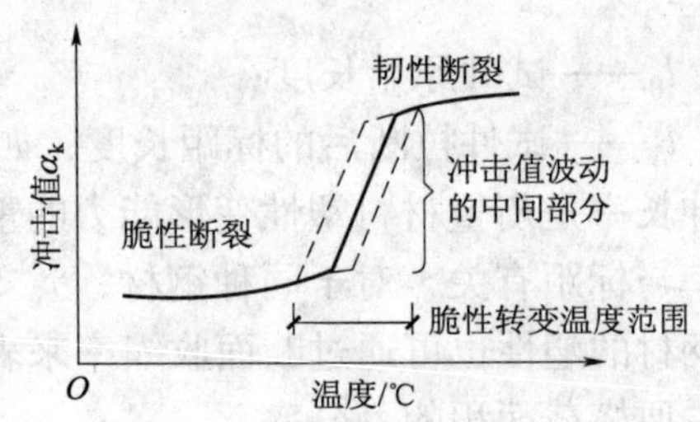

图 7－8　钢材的冷脆性

7.3　建筑钢材的品种与应用

建筑工程中常用的钢种有碳素结构钢、低合金高强度结构钢及优质碳素钢。常用建筑钢材的形式有：钢结构用型钢和钢筋混凝土用钢材。

7.3.1　建筑工程中常用的钢种

1. 碳素结构钢

1）碳素结构钢的牌号表示

碳素结构钢的牌号，由代表屈服强度字母、屈服强度数值、质量等级符号、脱氧方法符号四个部分按顺序组成。其中，以“Q”代表屈服点，屈服点数值共分 195、215、235 和 275 四个等级；质量等级以硫、磷等杂质含量由多到少，分别由 A、B、C、D 符号表示；脱氧方法以 F 表示沸腾钢、Z 和 TZ 表示镇静钢和特殊镇静钢，Z 和 TZ 在钢的牌号中予以省略。如 Q235AF 表示屈服点为 235 MPa 的 A 级沸腾钢。

2）技术要求

碳素结构钢的技术要求主要有化学成分、力学性能、冶炼方法、交货状态及表面质量五个方面。碳素结构钢的化学成分、力学性能、冷弯试验指标，应分别符合表 7－1 至表 7－3 的规定。

表 7－1　碳素结构钢的化学成分（GB/T 700—2006）

<table>
<tr><th rowspan="2">牌号</th><th rowspan="2">统一数字代号①</th><th rowspan="2">等级</th><th rowspan="2">厚度（或直径）/mm</th><th rowspan="2">脱氧方法</th><th colspan="5">化学成分（质量分数）/%，≥</th></tr>
<tr><th>C</th><th>Si</th><th>Mn</th><th>P</th><th>S</th></tr>
<tr><td>Q195</td><td>U11952</td><td>—</td><td>—</td><td>F、Z</td><td>0.12</td><td>0.30</td><td>0.50</td><td>0.035</td><td>0.040</td></tr>
<tr><td rowspan="2">Q215</td><td>U12152</td><td>A</td><td rowspan="2">—</td><td rowspan="2">F、Z</td><td rowspan="2">0.15</td><td rowspan="2">0.35</td><td rowspan="2">1.20</td><td rowspan="2">0.045</td><td>0.050</td></tr>
<tr><td>U12155</td><td>B</td><td>0.045</td></tr>
<tr><td rowspan="4">Q235</td><td>U12352</td><td>A</td><td rowspan="4">—</td><td rowspan="2">F、Z</td><td>0.22</td><td rowspan="4">0.35</td><td rowspan="4">1.40</td><td rowspan="2">0.045</td><td>0.050</td></tr>
<tr><td>U12355</td><td>B</td><td>0.20②</td><td>0.045</td></tr>
<tr><td>U12358</td><td>C</td><td>Z</td><td rowspan="2">0.17</td><td>0.040</td><td>0.040</td></tr>
<tr><td>U12359</td><td>D</td><td>TZ</td><td>0.035</td><td>0.035</td></tr>
<tr><td rowspan="5">Q275</td><td>U12752</td><td>A</td><td>—</td><td>F、Z</td><td>0.24</td><td rowspan="5">0.35</td><td rowspan="5">1.50</td><td>0.045</td><td>0.050</td></tr>
<tr><td rowspan="2">U12755</td><td rowspan="2">B</td><td>≤40</td><td rowspan="2">Z</td><td>0.21</td><td rowspan="2">0.045</td><td rowspan="2">0.045</td></tr>
<tr><td>>40</td><td>0.22</td></tr>
<tr><td>U12758</td><td>C</td><td rowspan="2">—</td><td>Z</td><td rowspan="2">0.20</td><td>0.040</td><td>0.040</td></tr>
<tr><td>U12759</td><td>D</td><td>TZ</td><td>0.035</td><td>0.035</td></tr>
</table>

① 表中为镇静钢、特殊镇静钢牌号的统一数字，沸腾钢牌号的统一数字代号如下：

Q195F——U11950；

Q215AF——U12150，Q215BF——U12153；

Q235AF——U12350，Q235BF——U12353；

Q275AF——U12750。

② 经需方同意，Q235B 的碳含量可不大于 0.22%。

表 7－2　碳素结构钢的力学性能（GB/T 700—2006）

<table>
<tr><th rowspan="3">牌号</th><th rowspan="3">等级</th><th colspan="6">屈服强度①R_{1H}/（N·mm^{-3}），≥</th><th rowspan="3">抗拉强度②R_m/（N·mm^{-2}）</th><th colspan="5">断后伸长率 A/%，≥</th><th colspan="2">冲击试验（V 形缺口）</th></tr>
<tr><th colspan="6">厚度（或直径）/mm</th><th colspan="5">厚度（或直径）/mm</th><th rowspan="2">温度/℃</th><th rowspan="2">冲击吸收功（纵向）/J，≥</th></tr>
<tr><th>≤16</th><th>>16～40</th><th>>40～60</th><th>>60～100</th><th>>100～150</th><th>>150～200</th><th>≤40</th><th>>40～60</th><th>>60～100</th><th>>100～150</th><th>>150～200</th></tr>
<tr><td>Q195</td><td>—</td><td>195</td><td>185</td><td>—</td><td>—</td><td>—</td><td>—</td><td>315～430</td><td>33</td><td>—</td><td>—</td><td>—</td><td>—</td><td>—</td><td>—</td></tr>
<tr><td rowspan="2">Q215</td><td>A</td><td rowspan="2">215</td><td rowspan="2">205</td><td rowspan="2">195</td><td rowspan="2">185</td><td rowspan="2">175</td><td rowspan="2">165</td><td rowspan="2">335～450</td><td rowspan="2">31</td><td rowspan="2">30</td><td rowspan="2">29</td><td rowspan="2">27</td><td rowspan="2">26</td><td>—</td><td>—</td></tr>
<tr><td>B</td><td>+20</td><td>27</td></tr>
</table>

续表

牌号	等级	屈服强度①R_{1H}/（N·mm^{-3}），≥						抗拉强度②R_m/（N·mm^{-2}）	断后伸长率 A/%，≥					冲击试验（V形缺口）	
		厚度（或直径）/mm							厚度（或直径）/mm					温度/℃	冲击吸收功（纵向）/J，≥
		≤16	>16～40	>40～60	>60～100	>100～150	>150～200		≤40	>40～60	>60～100	>100～150	>150～200		
Q235	A	235	225	215	215	195	185	370～500	26	25	24	22	21	—	—
	B													+20	27③
	C													0	
	D													−20	
Q275	A	275	265	255	245	225	215	410～540	22	21	20	19	17	—	—
	B													+20	27
	C													0	
	D													−20	

① Q195 的屈服强度值仅供参考，不作交货条件。

② 厚度大于 100 mm 的钢材，抗拉强度下限允许降低 20 N/mm^2。宽带钢（包括剪切钢板）抗拉强度上限不作交货条件。

③ 厚度小于 25 mm 的 Q235B 级钢材，如供方能保证冲击吸收功值合格，经需方同意，可不作检验。

表 7－3　碳素结构钢的工艺性能（GB/T 700—2006）

牌号	试样方向	冷弯试验 180 $B=2a$①	
		钢材厚度（或直径）②/mm	
		≤60	>60～100
		弯心直径 d	
Q195	纵	0	—
	横	0.5a	
Q215	纵	0.5a	1.5a
	横	a	2a
Q235	纵	a	2a
	横	1.5a	2.5a
Q275	纵	1.5a	2.5a
	横	2a	3a

① B 为试样宽度，a 为试样厚度（或直径）。

② 钢材厚度（或直径）大于 100 mm 时，弯曲试验由双方协商确定。

钢有氧气转炉和电炉冶炼，除非需方有特殊要求并在合同中注明，冶炼方法一般由供方自行选择。钢材一般以热轧、控轧或正火状态交货。

3）钢材的选用

选用钢材时一方面要根据钢材的质量、性能及相应的标准；另一方面，要根据工程使用条件对钢材性能的要求。

国家标准《碳素结构钢》（GB/T 700—2006）将碳素结构钢分为 4 个牌号，每个牌号又分为不同的质量等级。一般来讲，牌号数值越大，含碳量越高，其强度、硬度也就越高；但塑性、韧性降低，平炉钢和氧气转炉钢质量较好，硫、磷含量低的 D、C 级钢质量优于 B、A 级钢的质量。特殊镇静钢。镇静钢质量优于半镇静钢，更优于沸腾钢。当然质量好的钢，成本较高。

工程结构的荷载类型、焊接情况及环境温度等条件，对钢材性能有不同的要求，选用钢材时必须满足。一般来说，在下述情况下，限制沸腾钢的使用：

（1）直接承受动荷载的焊接结构。

（2）非焊接结构而计算温度不高于 -20 ℃时。

（3）受静荷载及间接动荷载作用，而计算温度等于或低于 -30 ℃时的焊接结构。

建筑结构中，应用较多的是碳素钢 Q235，即用 Q235 轧制的各种型材、钢板和管材。Q235 钢具有较高的强度和良好的塑性及可加工性，而且冶炼方便，成本较低。如 Q235 - D 由于对硫、磷等元素控制较严格，其冲击韧性好，抵抗振动、冲击荷载能力强，尤其在一定负温度条件下，较其他牌号更为合理。A 级钢一般仅适用于承受静荷载作用的结构。Q215 钢强度低、塑性大，承受荷载时产生的变形大，经冷加工后可代替 Q235 钢使用；Q275 钢虽然强度高，但塑性较差。

2. 低合金高强度结构钢

为了改善钢的组织结构，提高钢的各项技术性能，向钢中有意加入某些合金元素，称为合金化。含有合金元素的钢就是合金钢。合金化是强化建筑钢材的重要途径之一。

1）牌号表示方法

根据国家标准《低合金高强度结构钢》（GB/T 1591—2008）规定，低合金高强度结构钢共有 8 个牌号。其牌号表示方法由代表屈服强度的汉语拼音字母、屈服强度数值、质量等级符号三部分组成，如 Q345D。"Q"代表屈服强度的"屈"字汉语拼音的首位字母；345 代表屈服强度数值，单位"MPa"；"D"代表质量等级。

2）技术性能

低合金高强度结构钢的力学性能指标，如表 7 - 4 所示。

可以看出，该钢种共 8 个牌号，与碳素结构钢的最高牌号 Q275 正好衔接，牌号的数值，是以钢材厚度（或直径、边长）不大于 16 mm 时屈服强度（R_{el}）的低限值标出。随着钢材尺寸的加大，屈服强度的限值下调。钢的牌号加大，抗拉强度（R_m）越高，断后伸长率（A）越小。各牌号的钢，A 级不保证冲击韧性，B、C、D 级则分别保证 20 ℃、0 ℃、-20 ℃ 下的冲击吸收能量不小于 34 J；而 E 级保证 -40 ℃下不小于 27 J。

合金元素加入钢材以后，改变了钢的组织、性能。所加元素主要有锰、硅、钡、钛、铌、铬、镍及稀土元素。各牌号钢的硅（Si）含量均定为 0.55%，钛（Ti）含量均在 0.02% ~ 0.20% 之内，铌（Nb）含量为 0.015% ~ 0.06%。各牌号的 C 级、D 级、E 级钢，均限定 0.015% 以下的铝（Al），Q390、Q420 和 Q460 钢，均限定 0.7% 以下的镍（Ni）。其他元素碳（C）、锰（Mn）、钒（V）、铬（Cr）等，也划成几个阶段，特别是磷（P）和硫（S）的含量，按级别不同，提出比以前严格且统一的指标。低合金高强度结构钢的化学成分见表 7 - 5。

表 7－4　低合金高强度结构钢的力学性能（GB/T 1591—2008）

牌号	质量等级	拉伸试验①,②,③																					
		以下公称厚度（直径，边长）下屈服强度 R_{eL}/MPa									以下公称厚度（直径，边长）抗拉强度 R_m/MPa							断后伸长率 A/%					
																		公称厚度（直径，边长）					
		≤16 mm	>16～40 mm	>40～63 mm	>63～80 mm	>80～100 mm	>100～150 mm	>150～200 mm	>200～250 mm	>250～400 mm	≤40 mm	>40～63 mm	>63～80 mm	>80～100 mm	>100～150 mm	>150～250 mm	>250～400 mm	≤40 mm	>40～63 mm	>63～100 mm	>100～150 mm	>150～250 mm	>250～400 mm
Q345	A	≥345	≥335	≥325	≥315	≥305	≥285	≥275	≥265	—	470～630	470～630	470～630	470～630	450～600	450～600	—	≥20	≥19	≥19	≥18	≥17	—
	B																						
	C																	≥21	≥20	≥20	≥19	≥18	
	D									≥265							450～600						≥17
	E																						
Q390	A	≥390	≥370	≥350	≥330	≥330	≥310	—	—	—	490～650	490～650	490～650	490～650	470～620	—	—	≥20	≥19	≥19	≥18	—	—
	B																						
	C																						
	D																						
	E																						
Q420	A	≥420	≥400	≥380	≥360	≥360	≥340	—	—	—	520～680	520～680	520～680	520～680	500～650	—	—	≥19	≥18	≥18	≥18	—	—
	B																						
	C																						
	D																						
	E																						

续表

牌号	质量等级	拉伸试验①,②,③																					
		以下公称厚度(直径,边长)下屈服强度 R_{eL}/MPa									以下公称厚度(直径,边长)抗拉强度 R_m/MPa							断后伸长率 A/% 公称厚度(直径,边长)					
		≤16 mm	>16 ~ 40 mm	>40 ~ 63 mm	>63 ~ 80 mm	>80 ~ 100 mm	>100 ~ 150 mm	>150 ~ 200 mm	>200 ~ 250 mm	>250 ~ 400 mm	≤40 mm	>40 ~ 63 mm	>63 ~ 80 mm	>80 ~ 100 mm	>100 ~ 150 mm	>150 ~ 250 mm	>250 ~ 400 mm	≤40 mm	>40 ~ 63 mm	>63 ~ 100 mm	>100 ~ 150 mm	>150 ~ 250 mm	>250 ~ 400 mm
	C																						
Q460	D	≥460	≥440	≥420	≥400	≥400	≥380	—	—	—	550 ~ 720	550 ~ 720	550 ~ 720	550 ~ 720	530 ~ 700	—	—	≥17	≥16	≥16	≥16	—	—
	E																						
	C																						
Q500	D	≥500	≥480	≥470	≥450	≥440	—	—	—	—	610 ~ 770	600 ~ 760	590 ~ 750	540 ~ 730	—	—	—	≥17	≥17	≥17	—	—	—
	E																						
	C																						
Q550	D	≥550	≥520	≥520	≥500	≥490	—	—	—	—	670 ~ 830	620 ~ 810	600 ~ 790	590 ~ 780	—	—	—	≥16	≥16	≥16	—	—	—
	E																						
	C																						
Q620	D	≥620	≥600	≥590	≥570	—	—	—	—	—	710 ~ 880	690 ~ 880	670 ~ 860	—	—	—	—	≥15	≥15	≥15	—	—	—
	E																						
	C																						
Q690	D	≥690	≥670	≥660	≥640	—	—	—	—	—	770 ~ 940	750 ~ 920	730 ~ 900	—	—	—	—	≥14	≥14	≥14	—	—	—
	E																						

① 当屈服不明显时,可测量 $R_{P0.2}$ 代替下屈服强度。

② 宽度不小于 600 mm 扁平材,拉伸试验横向试样;宽度小于 600 mm 的扁平材、型材及棒材取纵向试样,断后伸长率最小值相应提高 1%(绝对值)。

③ 厚度 >250 ~ 400 mm 的数值适用于扁平材。

采用低合金结构钢可减轻结构自重，延长结构使用寿命。特别是大跨度、大柱网结构，采用较高强度的低合金结构钢，技术经济效果更显著。

续表 7-4（a） 钢材的冲击韧性技术要求

牌号	质量等级	试验温度/℃	冲击吸收能量（KV_2）[①]/J		
			公称厚度（直径、边长）		
			12~150 mm	>150~250 mm	>250~400 mm
Q345	B	20	≥34	≥27	—
	C	0			
	D	-20			27
	E	-40			
Q390	B	20	≥34	—	—
	C	0			
	D	-20			
	E	-40			
Q420	B	20	≥34	—	—
	C	0			
	D	-20			
	E	-40			
Q460	C	0	≥34	—	—
	D	-20		—	—
	E	-40		—	—
Q500、Q550、Q620、Q690	C	0	≥55	—	—
	D	-20	≥47	—	—
	E	-40	≥31	—	—

① 冲击试验取纵向试样。

续表 7-4（b） 弯曲性能技术要求

牌号	试样方向	180°弯曲试验［d—弯心直径、a—试样厚度（直径）］	
		钢材厚度（直径，边长）	
		≤16 mm	>16~100 mm
Q345 Q390 Q420 Q450	宽度不小于 600 mm 扁平材，拉伸试验取横向试样，宽度小于 600 mm 的扁平材、型材及棒材，取纵向试样	$2a$	$3a$

表 7－5　低合金高强度结构钢的化学成分（GB/T 1591—2008）

牌号	质量等级	化学成分①,②（质量分数）/%														
		C	Si	Mn	P	S	Nb	V	Ti	Cr	Ni	Cu	N	Mo	B	Als
					≤											≥
Q345	A				0.035	0.035										—
	B	≤0.20			0.035	0.035										
	C		≤0.50	≤1.70	0.030	0.030	0.07	0.15	0.20	0.30	0.50	0.30	0.012	0.10	—	
	D	≤0.18			0.030	0.025										0.015
	E				0.025	0.020										
Q350	A				0.035	0.035										—
	B				0.035	0.035										
	C	≤0.20	≤0.50	≤1.70	0.030	0.030	0.07	0.20	0.20	0.30	0.50	0.30	0.015	0.10	—	
	D				0.030	0.025										0.015
	E				0.025	0.020										
Q420	A				0.035	0.035										—
	B				0.035	0.035										
	C	≤0.20	≤0.50	≤1.70	0.030	0.030	0.07	0.20	0.20	0.30	0.80	0.20	0.015	0.20	—	
	D				0.030	0.025										0.015
	E				0.025	0.020										
Q440	C				0.030	0.030										
	D	≤0.20	≤0.60	≤1.80	0.030	0.025	0.11	0.20	0.20	0.30	0.80	0.55	0.015	0.20	0.004	0.015
	E				0.025	0.020										
Q500	C				0.030	0.030										
	D	≤0.18	≤0.60	≤1.80	0.030	0.025	0.11	0.12	0.20	0.60	0.80	0.55	0.015	0.20	0.004	0.015
	E				0.025	0.020										
Q550	C				0.030	0.030										
	D	≤0.18	≤0.60	≤2.00	0.030	0.025	0.11	0.12	0.20	0.80	0.80	0.80	0.015	0.30	0.004	0.015
	E				0.025	0.020										
Q620	C				0.030	0.030										
	D	≤0.18	≤0.60	≤2.00	0.030	0.025	0.11	0.12	0.20	1.00	0.80	0.80	0.015	0.30	0.004	0.015
	E				0.025	0.020										
Q690	C				0.030	0.030										
	D	≤0.18	≤0.60	≤2.00	0.030	0.025	0.11	0.12	0.20	1.00	0.80	0.80	0.015	0.30	0.004	0.015
	E				0.025	0.020										

① 型材及棒材 P、S 含量可提高 0.005%，其中 A 级钢上限可为 0.045%。
② 当细化晶粒元素组合加入时，20（Nb＋V＋Ti）≤0.22%，20（Mo＋Cr）≤0.30%。

3. 优质碳素钢

优质碳素钢常用含碳量的万分之几来表示牌号。建筑工程中，使用含碳量较高的优质碳素钢（60 以上），制作预应力混凝土用钢丝和钢绞线。

7.3.2 钢结构用型钢

钢结构构件一般直接采用各种型钢，经切割、连接而成。连接方式有铆接、螺栓连接和焊接。

1. 热轧型钢

常用的热轧型钢有角钢、槽钢、工字钢、L 型钢和 H 型钢。

角钢分等边角钢和不等边角钢两种。等边角钢的规格用“边宽 × 边宽 × 厚度”的毫米数来表示，不等边角钢的规格用“长边宽 × 短边宽 × 厚度”的毫米数来表示。

L 型钢的外形类似于不等边角钢，其区别是两边的厚度不等。规格表示为“腹板高 × 面板宽 × 腹板厚 × 面板厚”（单位为 mm），其通常长度为 6 ~ 12 m，共有 11 种规格。

普通工字钢，其规格用腰高度表示，也可以“腰高 × 腿宽 × 腰宽”（单位为 mm）。热轧型钢分为宽翼缘 H 型钢（HK）、窄翼缘 H 型钢（HZ）和 H 型钢桩（HU）三类。

2. 冷弯薄壁型钢

建筑工程中使用的冷弯型钢常用厚度为 2 ~ 6 mm 的薄钢板或钢带（一般采用碳素结构钢或低合金结构钢）经冷弯或模压而成，故也称冷弯薄壁型钢。其表示方法与热轧型钢相同。冷弯型钢属于高效经济截面，由于壁薄、刚度好、节约钢材，主要用于轻钢结构。

3. 钢板、压型钢板

建筑钢结构使用的钢板，按轧制方法分为热轧钢板和冷轧钢板两类，其种类视厚度的不同，有薄板、厚板、特厚板和扁钢之分。建筑用钢板主要是碳素结构钢，一些重型结构、大跨度桥梁、高压容器等，也采用低合金钢板。一般厚板可采用焊接结构，薄板可以用做屋面或墙面等围护结构，以及涂层钢板的原材料。

7.3.3 钢筋混凝土用钢材

钢筋是建筑工程中用量最大的钢材品种。按所用的钢种，可分为碳素结构钢和低合金结构钢钢筋；按生产工艺，可分为热轧钢筋、冷加工钢筋、余热处理钢筋、热处理钢筋、钢丝及钢绞线。目前，钢筋混凝土结构用钢主要有热轧钢筋、冷拉热轧钢筋、冷拔低碳钢丝、冷轧带肋钢筋、热处理钢筋和预应力混凝土用钢丝及钢绞线。

1. 热轧钢筋

热轧钢筋，主要有用 Q235 轧制的光圆钢筋和用合金钢轧制的带肋钢筋。

（1）热轧光圆钢筋是指经热轧成型并自然冷却，横截面通常为圆形，表面光滑的成品光圆钢筋。国标《钢筋混凝土用钢　第 1 部分：热轧光圆钢筋》（GB 1499.1—2008）规定，钢筋按屈服强度特征值分为 235、300 两个等级，其牌号为 HPB235（HPB，热轧光圆钢筋，Hot rolled Plain Bars）和 HPB300。钢筋的公称直径范围为 6 ~ 22 mm，钢筋公称直径为 6 mm、8 mm、10 mm、12 mm、16 mm、20 mm。其直径的允许偏差，6 ~ 12 mm，为 ±0.3 mm；14 ~ 22 mm，为 ±0.4 mm。钢筋按直条交货时，其通常长度为 3.5 ~ 12 m。钢筋按盘卷交货时，每盘应是一根钢筋。其力学性能见表 7 - 6。按表 7 - 6 规定的弯芯直径弯曲 180°后，钢筋受弯曲部位表面不得产生裂纹。

表 7－6　热轧光圆钢筋技术性能（GB 1499.1—2007）

牌号	屈服强度 R_{eL} /MPa	抗拉强度 R_m/MPa	断后伸长率 A/%	最大力总伸长率 A_{gt}/%	冷弯试验 180° d—弯芯直径 a—钢筋公称直径
	≥				
HPB235	235	370	25.0	10.0	$d=a$
HPB300	300	420			

按直条或盘卷交货，使用钢丝刷清理后的重量、尺寸、横截面积和拉伸性能满足表 7－6 的要求，锈皮、表面不平整或氧化铁皮不得作为拒收的理由。钢筋直径的测量应精确到 0.1 mm。钢筋按实际重量交货，也可按理论重量交货，按盘卷交货的钢筋，每盘单重应不小于 500 kg，允许多盘一起包装打捆，但捆重应不超过 3 t。

（2）热轧带肋钢筋。其横截面通常为圆形，且表面通常带有两条纵肋和沿长度方向均匀分布的横肋的钢筋。包括普通热轧钢筋和细晶粒热轧钢筋两大类，其金相组织主要是铁素体加珠光体，不得有影响使用功能的其他组织存在。普通热轧钢筋是指按热轧状态交货的钢筋，细晶粒热轧钢筋是指在热轧过程中通过控轧和控冷工艺形成的细晶粒钢筋，并且要求其晶粒度不低于 9 级。

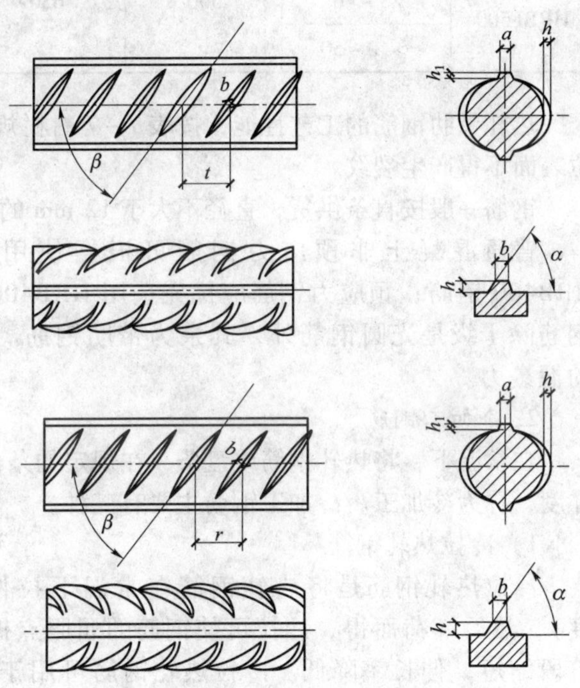

图 7－9　带肋钢筋表面及截面形状

d_i—钢筋内径；σ—横肋斜角；h—横肋高度；β—横肋与线夹角；h_1—纵肋高度；δ—纵肋斜角；α—纵肋顶宽；i—横肋间距；b—横肋顶宽

国标《钢筋混凝土用钢　第 2 部分　热轧带肋钢筋》（GB 1499.2—2007）规定，按照屈服强度分为 335、400、500 三个等级，普通热轧钢筋的牌号由 HRB 和屈服强度特征值表示，牌号分别为 HRB335、HRB400、HRB500，牌号中 H、R、B 分别为热轧（Hot rolled）、带肋（Ribbed）、钢筋（Bars）3 个词的英文首位字母。细晶粒热轧钢筋的牌号由 HRBF 和屈服强度特征值表示，在普通热轧钢筋英文字母缩写后面加字母 F（Fine 的首位字母），钢筋的公称直径为 6 ~ 50 mm，推荐直径为 6 mm、8 mm、10 mm、12 mm、16 mm、20 mm、25 mm、32 mm、40 mm、50 mm。表面可带纵肋，也可不带纵肋，横肋为月牙肋，如图7－9 所示。

热轧带肋钢筋的技术性能见表 7－7。

表 7－7　热轧带肋钢筋的力学性能和工艺性能（GB 1499. 2—2007）

牌号	公称直径/mm	屈服点 R_{eL}（或 $R_{p0.2}$）/MPa	抗拉强度 R_m/MPa	断后伸长率 A/%	最大力总伸长率 A_{gt}/%	弯曲 180°试验弯芯直径（a 为公称直径）
		不小于				
HRB335 HRBF335	6～25	335	455	17	7.5	3a
	28～40					4a
	>40～50					5a
HRB400 HRBF400	6～25	400	540	16		4a
	28～40					5a
	>40～50					6a
HRB500 HRBF500	6～25	500	630	15		6a
	28～40					7a
	>40～50					8a

热轧带肋钢筋的工艺性能，按表 7－7 右栏规定的弯心直径弯曲 180°后，钢筋受弯曲部位表面不得产生裂纹。

钢筋一般按直条供货，直径不大于 12 mm 的钢筋也可按盘卷供货。

普通混凝土非预应力钢筋可根据使用条件选用 HPB300 级钢筋或 HRB335、HRB400 钢筋；预应力钢筋应优先选用 HRB400 钢筋，也可以选用 HRB335 钢筋。热轧钢筋除Ⅰ级是光圆钢筋外，其余为带肋钢筋。粗糙的表面，可提高混凝土和钢筋之间的握裹力。

2. 冷加工钢筋

在常温下，将热轧钢筋或盘条，在规定的条件下，进行拉、拔、轧等作用，以提高屈服强度，称为冷加工。冷加工钢筋主要有三种。

1）冷拉热轧钢筋

冷拉热轧钢筋是将热轧钢筋在常温下拉伸至某一应力（超过屈服点小于抗拉强度），然后卸荷而得，冷拉可使钢筋的屈服点提高 17%～27%，但材料脆性增加，屈服阶段缩短，伸长率降低。冷拉热轧钢筋可用于预应力混凝土结构。根据国标《混凝土结构工程施工质量验收规范》（GB 50204—2002），其技术性能指标应符合表 7－8 所示的要求。

实际工程中，可将冷拉、除锈、调直、切断合并为一道工序，这样简化了流程，提高了效率。

表 7－8　冷拉热轧钢筋的技术性能（GB 50204—2002）

钢筋级别	钢筋直径/mm	屈服强度/MPa	抗拉强度/MPa	伸长率 δ_{10}/%	冷弯	
		≥			弯曲角度/（°）	弯曲直径/mm
HPB235	≤12	280	370	11	180	3 d
HRB335	≤25	450	510	10	90	3 d
	28～40	430	490	10	90	4 d

续表

钢筋级别	钢筋直径/mm	屈服强度/MPa	抗拉强度/MPa	伸长率 δ_{10}/%	冷弯	
		≥			弯曲角度/（°）	弯曲直径/mm
HRB400	8～40	500	570	8	90	5 d
HRB500	10～28	700	835	6	90	5 d

2）冷轧带肋钢筋

冷轧带肋钢筋是用低碳钢热轧圆盘条经冷轧或冷拔减径后，在其表面带有沿长度方向均匀分布的二面或三面横肋的钢筋。国标《冷轧带肋钢筋》（GB 13788—2008）规定，冷轧带肋钢筋的牌号用 CRB 和抗拉强度最小值表示，并按抗拉强度等级划分为 4 级：CRB550、CRB650、CRB800、CRB970，C、R、B 分别表示冷轧（Cold rolled）、带肋（Ribbed）、钢筋（Bar）3 个词的英文首字母，数值表示抗拉强度最小值。CRB550 的公称直径为 4～12 mm，为普通混凝土用钢筋；CRB650 及以上等级的公称直径为 4 mm、5 mm、6 mm，为预应力混凝土用钢筋。其力学性能见表 7－9。强屈比不小于 1.03。

冷轧带肋钢筋克服了冷拉、冷拔握裹力低的缺点，同时具有和冷拉、冷拔相近的强度，按冷加工状态交货，冷轧后允许进行低温回火处理。表面不得有裂纹、折叠、油污、结疤等影响使用的缺陷，表面可有浮锈，但是不得有锈皮及目视可见的麻坑等腐蚀现象。因此，在中、小型混凝土结构构件和普通混凝土结构构件中，得到了越来越广泛的应用。

表 7－9 冷轧带肋钢筋的力学性能（GB 13788—2008）

级别代号	屈服强度 $R_{p0.2}$/MPa	抗拉强度 R_m/MPa	伸长率/%，≥		冷弯试验（180°）	反复弯曲次数	应力松弛（初始应力为抗拉强度的70%）
	≥		$A_{11.3}$	A_{100}			1 000 h（≤）%
CRB550	500	550	8.0	—	$D=3d$	—	—
CRB 650	585	650	—	4.0	—	3	8
CRB 800	720	800	—	4.0	—	3	8
CRB 970	875	970	—	4.0	—	3	8
弯芯直径 D，钢筋公称直径 d（mm）							

3）冷拔低碳钢丝

冷拔低碳钢丝是将直径为 6.5～8 mm 的 Q235（或 Q215）圆盘条，通过截面小于钢筋截面的钨合金拔丝模而制成。冷拔钢丝不仅受拉，同时还受到挤压作用。经过一次或多次的拔制而得的钢丝，其屈服强度可提高 40%～60%，且已失去低碳钢的性能，变得硬脆，属硬钢类钢丝，行业标准《混凝土制品用冷拔低碳钢丝》（JC/T 540—2006）规定，冷拔低碳钢丝按力学强度分为两级：甲级为预应力钢丝，用做预应力筋；乙级为非预应力钢丝，用于焊接网、焊接骨架、箍筋和构造钢筋。混凝土工厂自行冷拔时，应对钢丝的质量严格控制，对其外观要求分批抽样，表面不准有锈蚀、油污、伤痕、小刺、裂纹等，逐盘检查其力学性能。其力学性能必须符合表 7-10 的要求。

表 7-10　冷拔低碳钢丝的力学性能（JC/T 540—2006）

级别	公称直径 d/mm	抗拉强度 R_m/MPa，≥	断后伸长率 A_{100}/%，≥	反复弯曲次数/（次/180°），≥
甲级	5.0	650	3.0	4
		600		
	4.0	700	2.5	
		650		
乙级	3.0，4.0，5.0，6.0	550	2.0	
注：甲级冷拔低碳钢丝作预应力筋用时，如经机械调直则抗拉强度标准值应降低 50 MPa。				

3. 预应力混凝土用钢丝及钢绞线

1）预应力钢丝

预应力钢丝是以优质碳素钢盘条，经等温淬火并拔制而成的专用线材，也称为优质碳素钢丝及钢绞线，包括冷拉或消除应力的光圆、螺旋肋和刻痕钢丝。消除应力钢丝包括低松弛（代号 WLR）和普通松弛（代号 WNR）两种，不建议用普通松弛级别的钢丝。

国家标准《预应力混凝土用钢丝》（GB/T 5223—2002）规定，按加工状态分为冷拉钢丝（WCR）和消除应力钢丝两种。按外形分为光圆（代号 P）、螺旋肋（代号 H）和刻痕（代号 I）三种。产品标记依次包括预应力钢丝、公称直径、抗拉强度等级、加工状态代号、外形代号、标准号。如直径为 4.00 mm，抗拉强度为 1 670 MPa 冷拉光圆钢丝，其标记为：预应力钢丝 4.00 - 1670 - WCD - P - GB/T 5223 - 2002；直径为 7.00 mm，抗拉强度为 1 570 MPa 低松弛螺旋肋钢丝，其标记为：预应力钢丝 7.00 - 1570 - WLR - H - GB/T 5223—2002。

预应力混凝土用钢丝的特点：质量稳定、安全可靠、强度高、无接头、施工方便等，主要用于大跨度的屋架、薄腹架、吊车梁或桥梁等大型预应力混凝土构件，也可用于轨枕、压力管道等预应力混凝土构件。

2）预应力混凝土用钢绞线

预应力混凝土用钢绞线是由 7 根钢丝（冷拉钢丝或刻痕钢丝）经绞捻热处理制成的。国家标准《预应力混凝土用钢绞线》（GB/T 5224—2003）规定，钢绞线按其结构分为 5 类，其代号为：1×2，用两根钢丝捻制而成的钢绞线；1×3，用 3 根钢丝捻制而成的钢绞线；（1×3）I，用 3 根刻痕钢丝捻制而成的钢绞线；1×7，用 7 根钢丝捻制而成的标准型钢绞线；（1×7）C，用 7 根钢丝捻制又经拔模而成的钢绞线，如图 7-10 所示。产品标记为预应力钢绞线、结构代号、公称直径、强度等级、强度。

图 7-10（a）所示为公称直径为 15.20 mm，强度级别为 1 860 MPa 的 7 根钢丝捻制的标准型钢绞线，其标记为：预应力钢绞线 1×7 - 15.20 - 1 860 - GB/T 5224—2003。

图 7-10（b）所示为公称直径为 8.74 mm，强度级别为 1 670 MPa 的 3 根刻痕钢丝捻

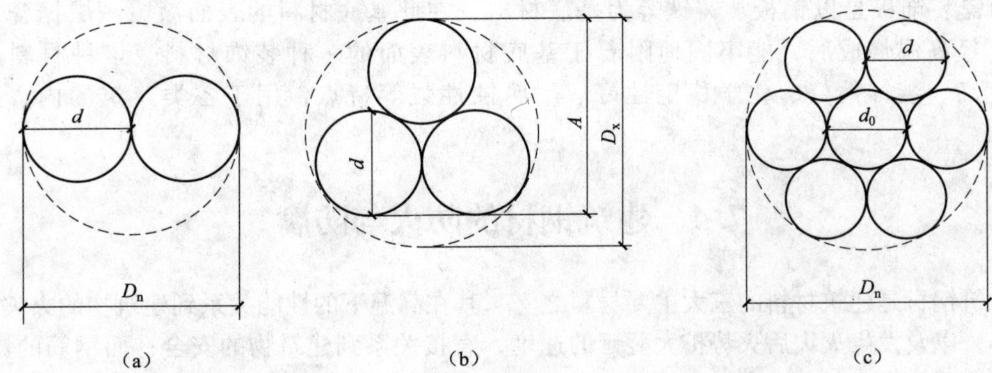

图7-10 预应力混凝土用钢绞线

(a) 1×2钢绞线结构；(b) 1×3钢绞线结构；(c) 1×7钢绞线结构

制的钢绞线，其标记为：预应力钢绞线1×3Ⅰ-8.74-1 670-GB/T 5224—2003。

图7-10（c）所示为公称直径为12.70 mm，强度级别为1 860 MPa的7根钢丝捻制又经拔模的钢绞线，其标记为：预应力钢绞线（1×7）C-12.70-1 860-GB/T 5224—2003。

钢绞线要求不得有油或润滑脂等物质（除非需方有特殊要求），表面允许有轻微的浮锈，但不得有看得见的锈蚀、麻坑，表面允许存在回火颜色。钢绞线应按照国家标准《钢及钢产品　交货一般技术要求》（GB/T 17505—1998）的规定进行检验，其尺寸、外形、质量及允许偏差、力学性能等均应符合国家标准《预应力混凝土用钢绞线》（GB/T 5224—2003）的规定。

7.3.4 装饰用钢材

在现代建筑装饰工程中，金属制品越来越受欢迎，应用范围越来越广泛。应用于建筑工程中的装饰钢材主要有不锈钢钢板与钢管、彩色不锈钢板、彩色涂层钢板、彩色压型钢板。

普通不锈钢是在碳素钢中加入一定量的铬元素而制成，铬元素含量越高，其耐腐蚀性越强。不锈钢的主要制品是不锈钢板。由于不锈钢具有很好的光泽度和反射性，因此，被制作成各种型材、管材及各种异型材，在建筑工程中可用作屋面、幕墙、门窗、内外墙饰面、栏杆扶手等。

彩色不锈钢是在普通不锈钢钢板上进行技术性和艺术性加工，使其表面成为具有各种绚丽色彩的不锈钢装饰板，该板具有抗腐蚀性强、色彩随光照角度变换等特点，可用于厅堂墙板、顶板、电梯箱板、建筑装潢、广告招牌等，具有浓厚的时代气息。

彩色涂层钢板，是在钢板表面涂布有机或无机或复合涂层，这些涂层不仅具有良好的装饰性，而且还具有较强的耐污染性、耐高温性、耐低温性等优良性能，因此，被用做建筑外墙板、屋面板，还可用做排气管道、通风管道、耐腐蚀管道、电气设备罩和汽车外壳等。

彩色压型钢板是以镀锌钢板为基材，经过轧制，并涂布各种耐腐蚀涂层与彩色烤漆而制成的轻型围护结构材料。这种钢板具有质轻、抗震性好、耐久性强、色彩鲜艳、易于加工、施工方便等优点。用做工业与民用及公共建筑的屋盖、墙板及墙壁装贴等。

搪瓷装饰板是以钢板、铸铁等为基底材料，在此基底材料的表面涂覆一层搪瓷等无机物，经高温烧成后，能牢固地附着于基底材料表面的一种装饰材料。该种材料具有光洁度高、装饰性好、化学稳定性好、耐腐蚀性强等特点，用于各类建筑的内、外墙面装饰。

7.4 建筑钢材的防火与防腐

建筑钢材是建筑材料的三大主要材料之一，其在高温下的性能关系到建筑物的火灾危险性大小，以及发生火灾后火势扩大蔓延的速度，直接关系到建筑物的安全；而钢筋的锈蚀，直接影响到其受力截面减小，表面不平整引起应力集中，降低钢材的承载能力。因此，钢材的防火与防腐，有着极为重要的地位和意义。

7.4.1 钢材的防火保护

建筑物是由各种建筑材料建造起来的，这些建筑材料在高温下的性能直接关系到建筑物火灾的危险性程度，以及发生火灾后火势扩大蔓延的速度。对于钢材而言，在火灾高温作用下力学强度损失很快。以钢材制作的构件，如梁、柱、屋架，若不加保护或保护不力，在火灾中可能失去承载力而影响到建筑的安全。如 2001 年美国的“9·11”恐怖事件中，世贸大厦在高温作用下，短短数十分钟，轰然倒塌，这就是钢结构遇火失稳的典型案例。

当建筑物采用钢结构时，如果未做表面防火处理，耐火极限仅 15 min 左右失去支持能力，与国家有关防火规范对建筑构件的耐火极限要求相差很远（表 7－12），因此，需对钢结构进行防火处理。

表 7－12 建筑构件的耐火极限要求

耐火等级	高层民用建筑设计防火规范/h			建筑设计防火规范/h				
	柱	梁	楼板屋顶承重构件	支持多层的柱	支持单层的柱	梁	楼板	屋顶承重结构
一级	3.0	2.0	1.5	3.0	2.5	2.0	1.5	1.5
二级	2.5	1.5	1.0	2.5	2.0	1.5	1.5	0.5
三级				2.5	2.0	1.0	0.5	

为了克服钢结构耐火性差的缺点，可采取下列措施：

（1）根据不同的耐火极限要求，选用不同的保护方法。耐火极限是指对建筑构件按时间、温度标准曲线进行耐火试验时，从构件受到火作用时起到失去支持能力，或构件完整性被破坏，或失去隔火作用时止的这段时间，以 h 表示。如要求耐火极限更高时，其隔热板的厚度应相应增厚。

（2）给钢柱加做箱形外套，在套内注入水。火灾时，由于水的存在，使钢柱升温减慢，从而起到保护作用。

（3）用防火涂料涂刷钢结构，以提高其耐火极限。

近年来，工程中多采用防火涂料法进行钢结构的防火处理。防火涂料是指施涂于建筑物或构筑物的钢结构表面，能形成耐火隔热保护层，以提高钢结构耐火极限的涂料。常用的防火涂料有 LG 钢结构防火隔热涂料（厚涂层型）、LB（薄涂层型）防火涂料、JC－276 钢结构防火涂料和 ST1－A 型钢结构防火涂料，后两种涂料除作钢结构防火外，还可用做预应力混凝土构件的防火处理。其技术性能要符合《钢结构防火涂料》（GB 14907—2002）中的要求。

在钢筋混凝土结构中，由于钢材的热导率较混凝土大，钢筋受热后，其热膨胀率是混凝土膨胀率的 1.5 倍，故受热钢筋的伸长变形比混凝土大。因此，在结构设计允许的范围内适当增加保护层的厚度，可以减小或延缓钢筋的伸长变形和预应力值损失。如结构设计不允许有保护层，可在受拉区混凝土表面涂刷防火涂料，从而使结构得到保护。

7.4.2　钢材的腐蚀与防止

钢材的锈蚀，指其表面与周围介质发生化学反应而遭到破坏。锈蚀可发生在许多引起锈蚀的介质中，如湿润空气、土壤、工业废气等。温度升高，化学反应加速，引起锈蚀的程度加速。

钢材在存放中严重锈蚀，不仅截面积变小，材质降低甚至报废，而且除锈工作耗费很大。使用中除锈不仅使得受力面积减小，而且局部锈坑的产生可造成应力集中，促使结构早期破坏。尤其是当结构承受反复荷载时，钢材将产生锈蚀疲劳现象，使疲劳强度大为降低，出现脆性断裂。

1. 按钢材表面与周围介质的不同作用将锈蚀分类

1）化学腐蚀

化学腐蚀是由钢材与使用环境中的电解质溶液或各种干燥气体（如 O_2、CO_2、SO_2 等）发生化学反应所引起的一种纯化学性质的腐蚀，腐蚀过程无电流作用。这种腐蚀多数是氧化作用，在钢材表面形成疏松的氧化物。这种腐蚀受环境影响较大，在干燥环境下进展较缓慢，但在温度和湿度较高的环境，这种腐蚀进展很快。

2）电化学腐蚀

钢材与电解质溶液相接触而产生电流，形成原电池作用而发生的腐蚀，称为电化学腐蚀。由于钢材中不同成分的电极电位不同，从而很容易形成电极的两个极。如钢材与潮湿空气、水、土壤接触时，表面覆盖一层水膜，水中溶有来自空气中的各种离子，这样便形成了电解质。通过一系列的物理和化学作用，钢中的铁素体被氧化成氢氧化铁及氧化铁等，从而产生腐蚀。

实际工程中发生的腐蚀，主要是电化学腐蚀。

2. 钢材锈蚀的防护

在实际工程中，钢材锈蚀的防护方法主要有三种。

1）保护膜法

利用保护膜使钢材与周围介质隔离，从而避免或减缓外界腐蚀性介质对钢材的破坏作用。如在钢材的表面喷刷涂料、搪瓷、塑料等；或以金属镀层作为保护膜，如锌、锡、铬等。

2）电化学保护法

根据发生腐蚀的具体原因，分为无电流保护法和外加电流保护法。

无电流保护法也叫牺牲阳极法，是在钢铁结构上接一块较钢铁更为活泼的金属，如锌、镁，因为锌、镁比钢铁的电位低，锌、镁成为腐蚀电池的阳极而遭到破坏（牺牲阳极），而钢铁结构得到保护。这种方法对于那些不容易或不能覆盖保护层的地方，如蒸汽锅炉、轮船外壳、地下管道、港工结构、道桥建筑等常被采用。

外加电流保护法是在钢铁结构附近，安放一些废钢铁或其他难熔金属，如高硅铁及铅银合金，将外加直流电源的负极接在被保护的钢铁结构上，正极接在难熔的金属上，通电后则难熔金属成为阳极而被腐蚀，钢铁结构成为阴极而被保护。

3）合金化

在碳素钢中加入能提高抗腐蚀能力的合金元素，如镍、铬、钛、铜等，制成不同的合金钢。

防止钢筋混凝土中钢筋的腐蚀可以采用上述的方法，但最经济而有效的方法是提高混凝土的密实度和碱度，并保证钢筋有足够的保护层厚度。

在水泥水化产物中，由于存在1/5左右的氢氧化钙，介质的pH值达13左右，氢氧化钙的存在使钢筋表面产生一层钝化膜，形成保护层。同时，氢氧化钙也可以与大气中CO_2作用而降低混凝土的碱性，钝化膜可能被破坏，使钢材表面呈活化状态。在潮湿环境中，钢筋表面即开始发生电化学腐蚀作用，导致混凝土顺筋开裂。因此，应通过提高混凝土的密实性，来提高其抗碳化的性能。

另外，氯离子（Cl^-）有破坏钝化膜的作用，因此，在配制钢筋混凝土时，应限制氯盐的使用量。

3. 钢材的除锈

钢材锈蚀时，随着体积的增大，在钢筋混凝土中的钢筋将使混凝土胀裂。

目前一般的除锈方式有以下三种。

1）钢丝刷除锈

可采取人工用钢丝或半自动钢丝刷将钢材表面的铁锈全部刷去，直至露出金属表面为止。这种方法工作效率低，除锈质量得不到保证。

2）酸洗除锈

将生锈的钢材放入酸洗槽内，分别除去油污、铁锈，直至构件表面全部呈铁灰色，并清除干净，保证表面无残余酸液。这种方法较人工除锈彻底，工效高，效果好。

3）喷砂除锈

将钢材通过喷砂机将其表面的铁锈清除干净，直至构件表面呈灰白色为止，不得存在黄色。这种方法是一种较为先进的除锈方法。

混凝土配筋的防锈措施，主要是根据结构的性质和所处的环境条件等，考虑混凝土的质量要求，即限制水灰比和水泥用量，并加强施工管理，以保证混凝土的密实性及足够的保护层厚度，限制氯盐外加剂的掺量。

对于预应力配筋，一般含碳量较高，又多系经过变形加工或冷拉，因而对锈蚀破坏较敏感，特别是高强度热处理钢筋，容易产生应力锈蚀现象。故重要的预应力承重构件，除不能产用氯盐外，应对原材料进行严格检验。

对配筋的除锈措施，还有掺用除锈剂（如重铬酸盐等）的方法。

综合实训

钢筋的进场验收

1. 职业能力目标

（1）通过本节的实训，使学生能独立完成钢材进场验收的程序和所有试验操作。

（2）对钢材合格与否做出正确判断的能力。

（3）填写和审阅试验报告的能力。

2. 学习要求

熟悉现行标准中对各种钢材的主要技术要求。

项目一：钢材进场验收的基本内容

1. 一般规定

钢筋从钢厂发出时，应具有出厂质量证明书或试验报告单，每捆（盘）钢筋均应有标牌。钢筋进场时，应按炉（罐）号及直径分批验收，每批质量不得超过 60 t。

（1）钢筋出厂质量合格证和试验报告单应及时整理，试验单填写做到字迹清晰，项目明确，真实，且无未了事项。

（2）钢筋出厂质量合格证和试验报告单不允许涂改、伪造、任意抽撤或损毁。

（3）钢筋质量必须合格，应先试验后使用，有出厂质量合格证或试验单。需采取技术处理措施的，应满足技术要求并经有关技术负责人批准后方可使用。

（4）合格证、试（检）验单或记录单的抄件应注明原件存放单位，并有抄件人、抄件单位的签字和盖章。

（5）钢筋应有出厂质量证明书或试验报告单，并按有关标准的规定抽取试样做力学性能试验。进场时，应按炉罐（批）号及直径分批检验，查对标志，进行外观检查。

（6）下列情况之一者，还应做化学成分检验：

① 无出厂证明书或钢种、钢号不明的。

② 有焊接要求的进口钢筋。

③ 在加工过程中，发生脆断、焊接性能不良和力学性能显著不正常的。

（7）有特殊要求的，还应进行相应专项试验。

（8）集中加工的钢筋，还应有由加工单位出具的出厂证明及钢筋出厂合格证和钢筋试验单的抄件。

2. 验收内容

验收内容包括查对标牌、外观检查，并按技术标准的规定抽取试样做力学性能试验，检验合格后方可使用。

1）钢筋出厂质量合格证的验收

钢筋进场时，应检验由钢筋生产厂质量检验部门提供的质量合格证，如表 7－13 所示。

表 7－13　钢筋质量合格证内容

钢种	钢号	规格	数量	化学成分/%					力学性能			
				碳	硅	锰	磷	硫	屈服点/MPa	抗拉强度/MPa	伸长率/%	冷弯

供应单位：　　　　　备注：　　　　　厂检验部门　　　　签章

日期　　年　　月　　日

钢筋质量合格证上备注栏内，应由施工单位填明单位工程名称、工程使用部位等。

钢筋进场，经外观检查合格后，由技术员、材料采购员、材料保管员分别在合格证上签字，注明使用工程部位后，交由资料员保管。合格证应放入材质与产品检验卷内，在产品合格证分目录上填好相应项目。

2）外观质量检查

(1) 钢筋应逐批检查其尺寸，不得超过允许偏差。

(2) 逐批检查，钢筋表面不得有裂缝、折叠、结疤、耳子、分层及夹杂，盘条允许有压痕及局部的凸块、凹块、划痕、麻面，但其深度或高度（从实际尺寸算起）不得大于 0. 2 mm，带肋钢筋表面凸块不得超过横肋钢筋高度，钢筋表面上其他缺陷的深度和高度不得大于所在部位尺寸的允许偏差，冷拉钢筋不得有局部缩颈。

(3) 钢筋表面氧化铁皮重量不大于 16 kg/t。

(4) 带肋钢筋表面标志清晰明了，标志包括强度级别、厂名和直径数字。

3）力学性能检查

按技术标准的规定抽取试样做力学性能试验，力学性能试验应以每批钢筋中任选两根，每抽取两个试样分别进行拉伸试验和冷弯试验。计算样品的技术指标（主要是伸长率、屈服强度、拉伸强度、屈强比等），判断冷弯性能是否合格。

3. 质量评定

任何检验如有一项试验结果不符合标准要求，则从同一批任取双倍数量的试样，进行该不合格项目的复验。复验结果如有一项指标不合格，该批钢材评定为不合格，不得用于建设工程中。

项目二：钢材进场技术性能检测

1. 检测依据及标准要求

1）检测依据

《钢筋混凝土用钢　第 1 部分：热轧光圆钢筋》（GB 1499. 1—2008）

《钢筋混凝土用钢　第 2 部分：热轧带肋钢筋》（GB 1499. 2—2007）

《金属材料　拉伸试验　第 1 部分：室温试验方法》（GB/T 228. 1—2010）

《金属材料　弯曲试验方法》（GB/T 232—2010）

《钢及钢产品　力学性能试验取样位置及试样制备》（GB/T 2975—1998）

《钢筋焊接及验收规程》（JGJ 18—2003）

《钢筋焊接接头试验方法标准》（JGJ/T 27—2001）

《钢筋机械连接技术规程》（JGJ 107—2010）

《钢及钢产品　交货一般技术要求》（GB/T 17505—1998）

2）标准要求、试验方法、取样数量及要求试验方法

（1）热轧光圆钢筋。

① 钢材试验一般在室温 10 ℃ ~ 35 ℃ 范围内进行。对温度要求严格的试验，温度为 23 ℃ ±5 ℃。

② 分级。钢筋按屈服强度特征值分为 235、300 级。

③ 公称直径范围及推荐直径。钢筋公称直径范围为 6 ~ 22 mm，该部分推荐 6 mm、8 mm、10 mm、12 mm、16 mm、20 mm。

④ 力学性能。钢筋力学性能特征值应符合表 7 – 14 的规定，可作为交货检验的最小保证值。

表 7 – 14　热轧光圆钢筋力学性能特征值

牌号	R_{eL}/MPa	R_m/MPa	A/%	A_{gt}/%	冷弯试验 180° d—弯芯直径 a—钢筋公称直径
	≥				
HPB235	235	370	25.0	10.0	$d=a$
HPB300	300	420			
注：伸长率类型根据供需双方协议，可从 A 或 A_{gt} 选中。如未确定，采用 A，仲裁检验时采用 A_{gt}，弯芯直径弯曲 180°后，钢筋受弯部位表面不得产生裂纹。					

⑤ 取样数量及要求，如表 7 – 15 所示。

表 7 – 15　取样数量及要求

检验项目	取样数量	取样方法
拉伸	2	任选两根钢筋切取
弯曲	2	任选两根钢筋切取
尺寸	逐支（盘）	
表面	逐支（盘）	

（2）热轧带肋钢筋。

① 分级。钢筋按屈服强度特征值，分为 335、400、500 级。

② 公称直径范围及推荐直径 钢筋公称直径范围为 6 ~ 50 mm，该部分推荐 6 mm、8 mm、10 mm、12 mm、16 mm、20 mm、25 mm、32 mm、40 mm、50 mm。

③ 力学性能。钢筋力学性能特征值应符合表 7 – 16 的规定，可作为交货检验的最小保证值。

表 7－16　热轧带肋钢筋力学性能特征值

牌号	R_{eL}/MPa	R_m/MPa	A/%	A_{gt}/%
	≥			
HRB 335 HRBF 335	335	455	17	7.5
HRB 400 HRBF 400	400	540	16	
HRB 500 HRBF 500	500	630	15	

直径为 28～40 mm 的各牌号钢筋的断后伸长率 A 可降低 1%；直径大于 40 mm 各牌号钢筋的伸长率可降低 2%。

有较高要求的抗震结构适用牌号为：在表 7－16 中已有牌号后加 E，如 HRB400E、HRBF400E。该类钢筋除应满足以下要求外，其他要求与相对应的已有牌号钢筋相同。

- 钢筋实测抗拉强度与实测屈服强度之比不小于 1.25。
- 钢筋实测屈服强度与表 7－16 所规定的屈服强度特征值之比不大于 1.30。
- 钢筋的最大力总伸长率 A_{gt} ≥9%。

对于无明显屈服强度的钢，屈服强度特征值应采用非比例延伸强度。

④ 弯曲性能如表 7－17 所示。

表 7－17　热轧带肋钢筋的弯曲性能

牌　　号	公称直径 d/mm	弯芯直径
HRB335 HRBF335	6～25	3 d
	28～40	4 d
	>40～50	5 d
HRB400 HRBF400	6～25	4 d
	28～40	5 d
	>40～50	6 d
HRB500 HRBF500	6～25	6 d
	28～40	7 d
	>40～50	8 d

弯芯直径弯曲 180°后，钢筋受弯部位表面不得产生裂纹。反向弯曲试验的弯芯直径，比弯曲试验相应增加一个钢筋公称直径。

⑤ 取样数量及要求，如表 7－18 所示。

表 7-18　取样数量及要求

检验项目	取样数量	取样方法
拉伸	2	任选两根钢筋切取
弯曲	2	任选两根钢筋切取
反向弯曲	1	
疲劳试验	供需双方协议	
尺寸	逐支	
表面	逐支	

2. 组批规则

钢筋应按批进行检查和验收，每批由同一牌号、同一炉罐号、同一规格的钢筋组成。每批重量通常不大于60 t。超过60 t的部分，每增加40 t（或不足40 t的余数），增加一个拉伸试验试样和一个弯曲试验试样。允许同一牌号、同一冶炼方法、同一浇筑方法的不同炉罐号组成混合批，各炉罐号含碳量之差不大于0.02%，含锰量之差不大于0.15%，混合批重量不大于60 t。

3. 检测设备仪器及环境条件

仪器：万能试验机、冷弯机、钢筋标距仪、游标卡尺。

试验机应按照《静力单轴试验机的检验》（GB/T 16825）进行试验，并应为1级或优于1级准确度。引伸计的准确度级别，应符合《单轴试验用引伸计的标定》（GB/T 12160）的要求。测定上屈服强度、下屈服强度、屈服点延伸率、规定非比例延伸强度、规定总延伸强度、规定残余延伸强度及规定残余延伸强度的验证试验，应使用不劣于1级准确度的引伸计；测定其他具有较大延伸率的性能，如抗拉强度、最大力总延伸率和最大力非比例延伸率、断裂总伸长率及断后伸长率，应使用不劣于2级准确度的引伸计。

4. 试验步骤

1）试样制备及要求

（1）拉伸、弯曲、反向弯曲试验试样不允许进行车削加工。

（2）计算钢筋强度用公称横截面面积。

（3）反向弯曲试验时，经正向弯曲后的试样，应在100 ℃温度下保温不少于30 min，经自然冷却后再反向弯曲。当供方能保证钢筋经人工时效后的反向弯曲性能时，正向弯曲后的试样，亦可在室温下直接进行反向弯曲。

2）原始横截面积（S_0）的测定

（1）热轧带肋钢筋、热轧光圆钢筋及冷轧带肋钢筋进行钢筋强度计算时，均采用钢筋的公称横截面面积。

（2）经机加工的试样应在试样标距的两端及中间3处进行测量，取用3处测得的最小横截面积。其中，矩形截面试样分别测量宽度和厚度；圆形截面试样应在两个相互垂直方向测量试样的直径，取算术平均值计算截面积。管状试样应在其一端相互垂直方向测量外径和壁厚，分别取其平均值后计算截面积；也可以根据测量的试样长度、试样质量和材料密度计算截面积。

（3）厚度大于0.1 mm且小于3 mm薄板和薄带使用的试样原始横截面积测定，应准确到±0.2%；厚度不小于3 mm板材和扁材以及直径或厚度不小于4 mm线材、棒材和型材试样测量尺寸，应准确到±0.5%；直径或厚度小于4 mm线材、棒材和型材及管材试样的原始横截面积测定，应准确到±1%。通过计算得出的原始横截面积，应至少保留4位有效数字。

3）记原始标记（L_0）

应用小标记细画线或细墨线标记原始标记，但不得引起早断裂的缺口做标记。

试样一般为比例试样，试样原始标距（L_0）与原始横截面积（S_0）有 $L_0=k\sqrt{S_0}$ 的关系，比例系数 k 一般取 5.65。原始标距不应小于 15 mm。当试样横截面积太小，以致 k 采用 5.65 不能满足此最小标距要求时，可采用较高值（优先采用 11.3）或采用非比例试样。非比例试样原始标距，与横截面积无关。

对于比例试样，应将原始标距的计算修约至最接近 5 mm 的倍数，中间值向较大一方修约。

热轧光圆钢筋、热轧带肋钢筋，均采用 k 值为 5.65 的比例试样，原始标距为 5 倍的钢筋直径。

原始标距的标记应准确到 ±1%。

进行原始标距标记时，如平行长度比原始标距长许多时，应标记一系列套叠的原始标距，可将每个原始标距按 3 或 3 的整数倍进行等分。

4）屈服强度测定

呈现明显屈服现象的钢材，应按相关产品标准规定测定上屈服强度或下屈服强度或两者同时测定。如未做出具体规定，应测定上屈服强度和下屈服强度，或仅下屈服强度（屈服阶段无力下降现象时）。按照定义或采用下列方法测定上屈服强度和下屈服强度。

（1）图解方法。试验时记录力－延伸曲线或力－位移曲线。从曲线图读取，力首次下降前的最大力和不计初始瞬时效应时屈服阶段中的最小力或屈服平台的恒定力。将其分别除以试样原始横截面积，得到上屈服强度和下屈服强度（图 7－11）。仲裁试验采用图解方法。

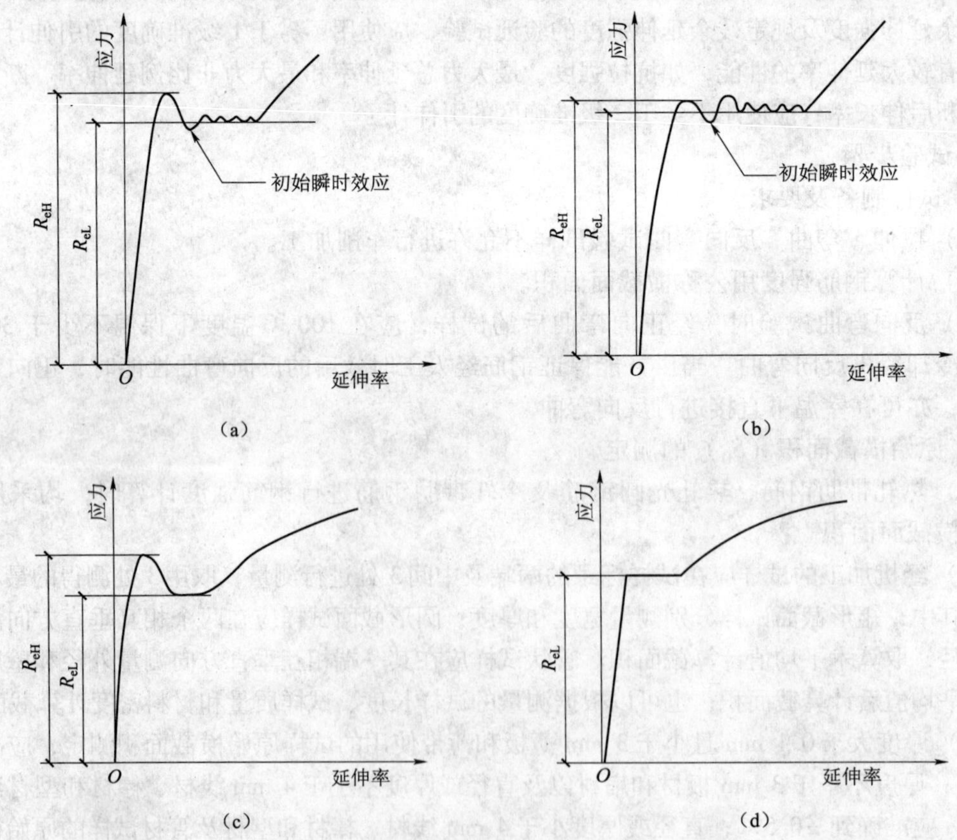

图 7－11　不同类型曲线的上屈服强度和下屈服强度（R_{eH} 和 R_{eL}）

（2）指针方法。试验时，读取测力度盘指针首次回转前最大力和不计初始瞬时效应时屈服阶段中指示的最小力或首次停止转动指示的恒定力，将其分别除以试样原始横截面积，得到上屈服强度和下屈服强度。

（3）可以使用自动装置（如微处理机等）或自动测试系统测定上屈服强度和下屈服强度。可以不绘制拉伸曲线图。

试验速率：测定上屈服强度时，在弹性范围和直至上屈服点，拉伸速率应保持恒定并按表 7－19 控制。若仅测定下屈服强度，弹性范围内按表的速率控制，在屈服即将开始前，将应变速率调节至 0. 000 25～0. 002 5/s，并在屈服完成前保持恒定。

表 7－19　拉伸速率要求

材料弹性模量 E	应变速率/[（N・mm⁻²）・s⁻¹]	
	最　小	最　大
<150 000	2	20
≥150 000	6	60

5）规定非比例延伸强度（R_p）测定

（1）对于无明显屈服现象的钢材，往往应进行规定非比例延伸强度的测定。根据力－延伸曲线图 7－10 的测定，规定非比例延伸强度。在曲线图上，画一条与曲线的弹性直线段部分平行，且在延伸轴上与此直线段的距离等效于非比例延伸率，如 0. 2% 的直线。此平行线与曲线的交截点给出相应于所求规定非比例延伸强度的力。此力除以试样原始横截面积，得到规定非比例延伸强度，如图7－12 所示。

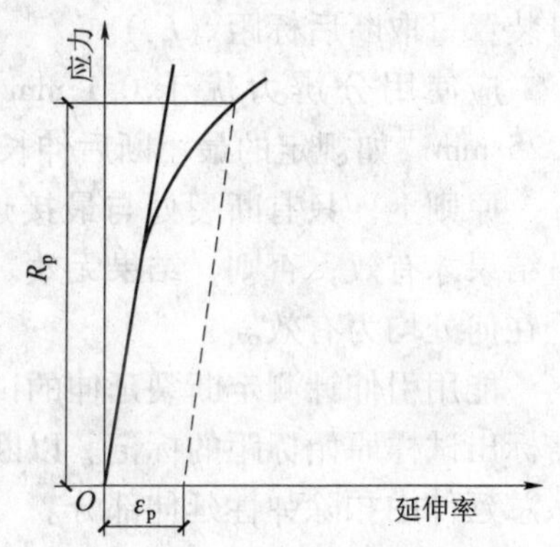

图 7－12　规定非比例延伸强度 R_p

准确地绘制力－延伸曲线图十分重要。

如力－延伸曲线图的弹性直线部分不能明确地确定，以致不能以足够的准确度画出这一平行线，推荐采用下列方法，如图 7－13 所示。

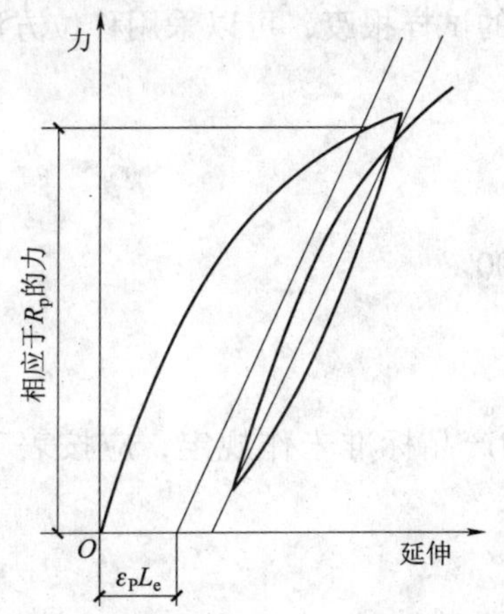

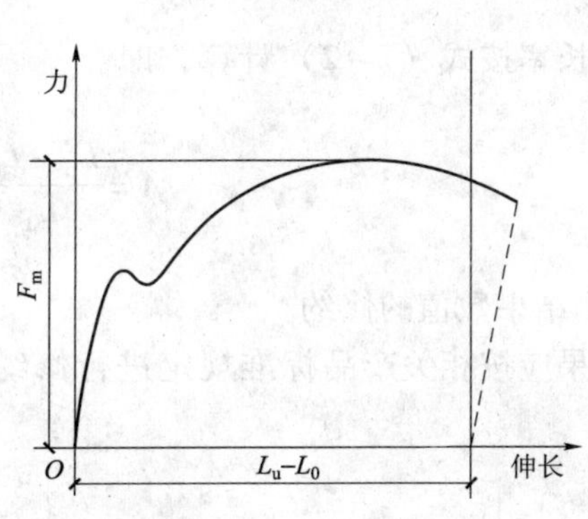

图 7－13　规定非比例延伸强度 R_p

试验时，当已超过预期的规定非比例延伸强度后，将力降至约为已达到的力的10%；然后，再施加力，直至超过原已达到的力。为了测定规定非比例延伸强度，过滞后环画一直线。然后，经过横轴上与曲线原点的距离等效于所规定的非比例延伸率的点，作平行于此直线的平行线。平行线与曲线的交截点，给出相应于规定非比例延伸强度的力。此力除以原始试样的横截面积，得到非比例延伸强度（图7－12）。

（2）可以使用自动装置（如微处理机等）或自动测试系统测定非比例延伸强度，可以不绘制力－延伸曲线图。

（3）日常一般试验允许采用绘制力－夹头位移曲线的方法，测定规定非比例延伸率不小于0.2%的规定非比例延伸强度。仲裁试验不采用此方法。

6）抗拉强度测定（R_m）

对于呈现明显屈服（不连续屈服）现象的金属材料，从记录的力－延伸或力－位移曲线图，或从测力度盘，读取过了屈服阶段后的最大力；对于呈现无明显屈服（连续屈服）现象的金属材料，从记录的力－延伸或力－位移曲线图，或从测力度盘，读取试验过程中的最大力。最大力除以原始横截面积，得到抗拉强度。

7）断后伸长率（A）测定

试样拉断后，将试样断裂部分仔细地配接在一起，使断口吻合并接触紧密，用量具或测量装置量取断后标距（L_u）。

应使用分辨力优于0.1 mm的量具或测量装置测定断后伸长率（L_u），准确到±0.25 mm。如规定的最小断后伸长率小于5%，建议采用特殊方法进行测定。

原则上，只有断裂处与最接近的标距标记的距离不小于原始标距（L_0）的1/3时，测量结果才有效；否则，结果无效。但如断后伸长率测量结果不小于规定值时，断裂处位置无论在何处均为有效。

能用引伸计测定断裂延伸的试验机，引伸计标距（L_e）应等于试样原始标距（L_0），无需标出试样原始标距的标记。以断裂时的总延伸作为伸长测量时，为了得到断后伸长率，应从总延伸中扣除弹性延伸部分。

原则上，断裂发生在引伸计标距以内方为有效，但断后伸长率不小于规定值，不管断裂位置处于何处，测量均为有效。

注：如产品标准规定用一固定标距测定断后伸长率，引伸计标距应等于这一标距。

为了避免因发生在规定范围以外的断裂而造成的试样报废，可以采用移位方法测定断后伸长率。

断后伸长率按式（7－2）计算，即：

$$A = \frac{L_u - L_0}{L_0} \times 100\% \tag{7-2}$$

8）检测结果数值的修约

检测结果应按相关产品标准规定进行修约；如产品标准未作规定，应按表7－20进行修约。

表7-20　检测结果数值的修约

性　能	范围/（$N \cdot mm^{-2}$）	修约间隔
R_{eH}，R_{eL}，R_p，R_t，R_r，R_m	≤200 >200～1 000 >1 000	1 N/mm^2 5 N/mm^2 10 N/mm^2
A_e		0.05%
A，A_t，A_{gt}，A_g		0.5%
Z		0.5%

9）弯曲试验

（1）根据产品标准选择正确的弯曲压头，明确弯曲角度。常用钢材的弯曲压头直径及弯曲角度选用，可见本章的技术要求。

（2）调节支辊间的距离，一般支辊间的距离（l）应为：

$$l = (d + 3a) \pm 0.5a \tag{7-3}$$

式中　d——弯曲压头的弯心直径；

a——试样的厚度或直径。

（3）将试样放于两支辊上，试样轴线应与弯曲压头轴线垂直。弯曲压头在两支座之间的中点处，对试样连续并缓慢施加压力，直至试样弯曲达到规定的角度。

（4）如不能直接达到规定的弯曲角度，应将试样置于两平行压板之间。连续施加压力，使其进一步弯曲，直至达到规定的弯曲角度。

5. 数据处理与结果判定

钢筋的拉伸和弯曲项目，如有某一项试验结果不符合标准要求，则从同一批中再任选取双倍数量的试样进行该不合格项目的复验。复验结果（包括该项试验所要求的任一指标）即使有一个指标不合格，则判定整批不合格。

复习思考题

1. 钢材的成分包括哪些元素？它们分别对钢材有什么影响？
2. 钢材按照何种标准分类？各分几类？建筑钢材主要有哪几类？
3. 镇静钢和沸腾钢有何不同？其应用范围有何不同？
4. 建筑钢材的技术性质有哪些？分别用何种指标表示？这些指标有何实际意义？
5. 何为冷加工？冷加工方式有几种？冷加工对钢材的性能有何影响？
6. 碳素结构钢和低合金结构钢的牌号如何表示？
7. 冷弯与冲击韧性试验在选材上有何实际意义？
8. 下列符号分别表示何种钢材：（1）Q235-AF；（2）Q275-A；（3）Q295-A；（4）Q390-C。
9. 钢材的锈蚀有哪几种？有哪些防护措施？
10. 某厂钢结构层架使用中碳钢，采用一般的焊条直接焊接。使用一段时间后层架坍落，请分析事故的可能原因。

11. 今有一批直径为 16 mm 的月牙肋钢筋，抽样截取两根试件进行拉伸试验，力学性能如下：屈服荷载分别为 52 kN、53 kN，极限荷载为 78 kN、80 kN；原始标距长度为 80 mm；拉断后标距长度为 102 mm、104 mm，试计算：

（1）屈服强度。

（2）抗拉强度。

（3）伸长率。

模块 8

防水材料的进场验收及性能检测

教学目标

本章主要讲述了沥青的基本知识和各种新型防水材料。通过学习，了解石油沥青的组成、结构与技术性质的关系，熟悉其他防水制品，掌握各种新型防水材料的应用和验收。掌握防水涂料的应用和现场验收。

任务引入

对于建（构）筑物而言，防水材料主要用做防止雨水、雪水、地下水等对建筑物和各种构筑物的渗透、渗漏和侵蚀，是工程建设的重要环节。因此，进入施工现场的防水材料制品必须经过严格的检查验收，使用合格的产品。作为建筑工程系的毕业生，在施工现场必须能按照相应的施工质量验收规范和材料产品标准、试验方法，分别验收材料的外观质量、技术性能、化学成分等。

任务分析

防水材料种类繁多，并且各有特点。因此，每一种产品都有自己相应的质量验收标准和配套的技术性能试验方法，而且防水的质量优劣直接关系到建筑的使用性，因此，从事现场质量控制和施工管理工作，必须掌握防水工程的质量检验：

（1）沥青的基本知识。

（2）防水卷材及其验收。

（3）防水涂料及其验收。

（4）其他防水材料。

相关知识

8.1 沥青基本知识

沥青是一种憎水性的有机胶凝材料，它是由一些极其复杂的高分子碳氢化合物及其非金属（氧、氮、硫等）衍生物所组成的混合物。在常温下呈黑色或黑褐色的固体、半固体和液体状态。沥青几乎完全不溶于水，具有良好的不透水性。沥青能与混凝土、砂浆、砖、石料、木材、金属等材料牢固地结合在一起，并且具有一定的塑性，能适应基材的变形。沥青具有良好的抗腐蚀能力，能抵抗一般的酸、碱、盐等的腐蚀。沥青还具有良好的电绝缘性。因此，沥青材料及其制品被广泛应用于建筑工程的防水、防潮、防渗、防腐及其道路工程。工程中应用最多的，是石油沥青和煤沥青。

8.1.1 石油沥青

石油沥青是由石油原油经过蒸馏提炼出来各种轻质油（如汽油、柴油等）及其润滑油等以后的残留物，再经加工而得到的褐色或黑褐色的黏稠状液体或固体状物质，略有松香味，能溶于多种有机溶剂。

1. 石油沥青的分类

按照原油的成分，分为石蜡基沥青、沥青基沥青和混合基沥青；按石油加工方法不同，分为残留沥青、蒸馏沥青、氧化沥青、裂解沥青和调合沥青；按用途，分为道路石油沥青、建筑石油沥青和普通石油沥青。

2. 石油沥青的组分和结构

1）石油沥青的组分

石油沥青的组分非常复杂，在研究沥青的组成时，将其中化学成分相近、物理性质相似而具有特征的部分划分为若干组，即组分。各组分的含量多少，会直接影响沥青的性能。一般分为油分、树脂和地沥青质三大组分。此外，还有一定的石蜡固体。各组分的主要特征及作用，见表8－1。

油分和树脂可以互溶，树脂可以浸润地沥青质。以地沥青质为核心，周围吸附部分树脂和油分，构成胶团。无数胶团均匀地分布在油分中，形成胶体结构（溶胶结构、溶胶－凝胶结构、凝胶结构），如图8－1所示。

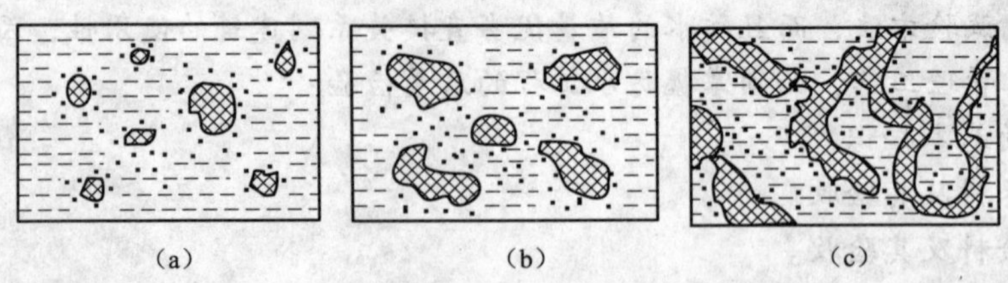

图8－1　石油沥青胶体结构的类型示意图
（a）溶胶型；（b）溶胶－凝胶型；（c）凝胶型

表 8－1　石油沥青的组分及主要特性

组分		状态	颜色	密度/（$g\cdot cm^{-3}$）	含量（质量分数）/%	作　用
油分		黏性液体	淡黄色至红褐色	小于 1	40～60	使沥青具有流动性
树脂	酸性	黏稠固体	红褐色至黑褐色	略大于 1	15～30	提高沥青与矿物的黏附性
	中性					使沥青具有黏附性和塑性
地沥青质		粉末颗粒	深褐色至黑褐色	大于 1	10～30	能提高沥青黏性的耐热性；含量提高、塑性降低

除上述三种主要成分外，石油沥青中还有少量的沥青碳和似碳物，为无定形的黑色固体粉末，分子量最大，含量不多，一般为 2%～3%。它们是在沥青加工过程中，由于过热或深度氧化脱氧而生成的。沥青碳和似碳物，会降低沥青的粘结力。

此外，石油沥青中还含有石蜡，它会降低沥青的黏性和塑性；同时，增加沥青的温度敏感性。所以，石蜡是石油沥青的有害成分。

石油沥青中的各组分的比例，并不是固定不变的。在热、阳光、空气及水等外界因素作用下，组分在不断改变，即由油分向树脂、树脂向沥青质转变，油分、树脂逐渐减少。而沥青质逐渐增多，使沥青流动性、塑性逐渐变小，脆性增加直至脆裂。这种现象称为沥青材料的老化。

2）石油沥青的结构

在石油沥青的胶体结构中，油分和树脂可以相互溶解，树脂能浸润地沥青质，在地沥青质超细颗粒的表面形成树脂薄膜。所以，石油沥青的结构是以地沥青质为核心，周围吸附部分树脂和油分的互溶物而构成胶团，无数胶团分散在油分中而形成胶体结构。

石油沥青的各组分相对含量不同，形成的胶体结构也不同。

（1）溶胶结构。油分和树脂含量较多，胶团间的距离较大，引力小，此时形成的沥青结构称为溶胶结构。此种结构沥青的特点是流动性、塑性和温度敏感性大，黏性小，开裂后自行愈合能力强。

（2）凝胶结构。地沥青质含量较多，胶团也多，胶团间的距离小、引力大、相对运动较困难，此时所形成的沥青结构称为凝胶结构。此种结构沥青的特点是黏性大，塑性和温度敏感性小，开裂后自行愈合能力差，建筑石油沥青多属此种结构。

（3）溶胶－凝胶结构。地沥青质含量适宜，胶团间的距离较近，相互间有一定的吸引力，形成介于溶胶和凝胶结构两者之间的结构。道路石油沥青，多属于此种结构。

石油沥青的结构除与组分的相对含量有关外，还与温度有关。

3. 石油沥青的技术性质

1）防水性

石油沥青是憎水性的胶凝材料，本身结构致密，不溶于水；同时，具有良好的塑性以及与矿物材料的黏附性和粘结性，故其具有良好的防水性。

2）黏滞性（黏性）

黏滞性是反映沥青材料在外力作用下，其材料内部阻碍产生相对流动的能力。液态石油沥青的黏滞性用黏度表示。半固体或固体沥青的黏性，用针入度表示。黏度和针入度，是沥青划分牌号的主要指标。

黏度是液体沥青在一定温度（25 ℃或 60 ℃）条件下，经规定直径（3.5 mm 或 10 mm）的孔，漏下 50 mL 所需的秒数。其测定示意图，如图 8-2 所示。黏度常以符号 C_t^d 表示，其中，d 为孔径（mm），t 为试验时沥青的温度（℃）。C_t^d 代表在规定的 d 和 t 条件下所测得的黏度值。黏度大时，表示沥青的稠度大。

针入度是指在温度为 25 ℃的条件下，以质量 100 g 的标准针，经 5 s 沉入沥青中的深度（0.1 mm 称 1 度）来表示。针入度测定示意图，如图 8-3 所示。针入度值大，说明沥青流动性大，黏性差。针入度范围在 5~200 度。

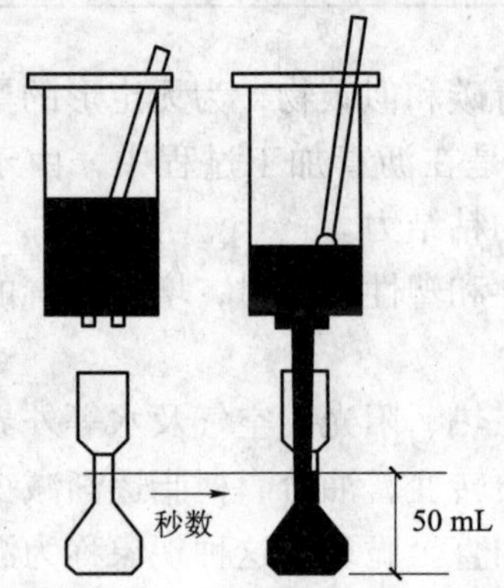

图 8-2　黏度测定示意图

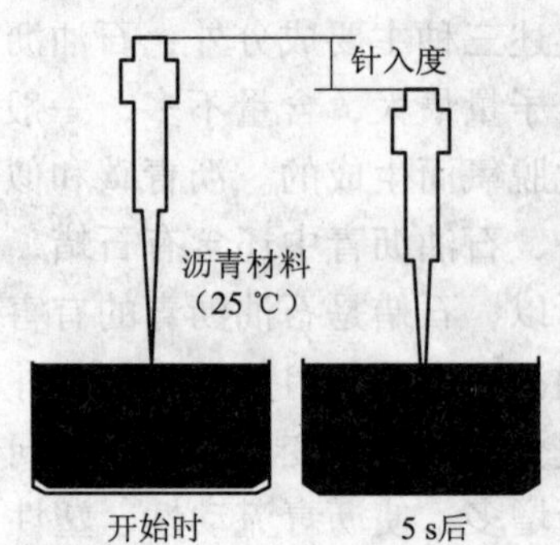

图 8-3　针入度测定示意图

按针入度可将石油沥青划分为以下几个牌号：道路石油沥青牌号有 200、180、140、100 甲、100 乙、60 甲、60 乙等号；建筑石油沥青牌号有 30、10 等号；普通石油沥青牌号有 75、65、55 等号。

3）塑性

塑性是指沥青在外力作用下产生变形而不破坏，除去外力后仍能保持变形后的形状不变的性质。

沥青的塑性用"延伸度"（或称延度）表示。按标准试验方法，制成"8"字形标准试件，试件中间最狭处截面积为 1 cm^2，在规定温度（一般为 25 ℃）和规定速度（5 cm/min）的条件下在延伸仪上进行拉伸，延伸度以试件拉细而断裂时的长度（cm）表示。沥青的延伸度越大，其塑性越好。延伸度测定示意图，如图 8-4 所示。

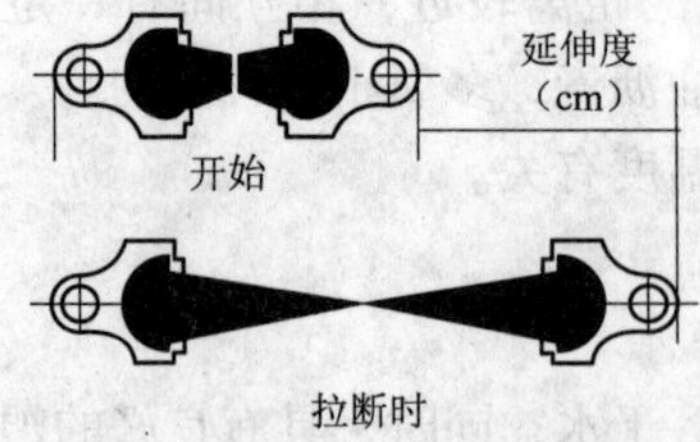

图 8-4　延伸度测定示意图

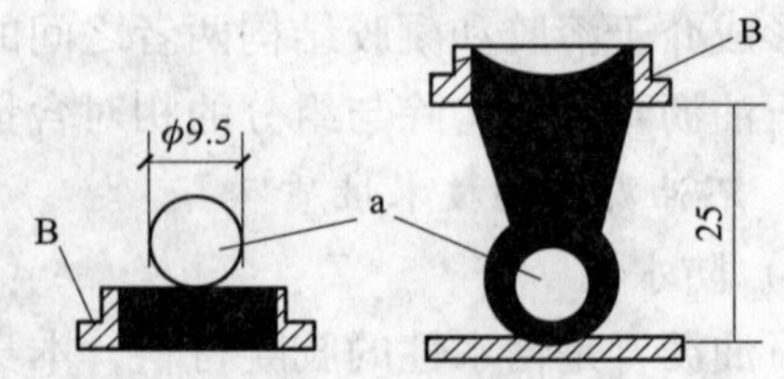

图 8-5　软化点测定示意图

4）温度敏感性

温度敏感性是指石油沥青的黏滞性和塑性随温度升降而变化的性能。温度敏感性较小的石油沥青，其黏滞性、塑性随温度的变化较小。

温度敏感性常用软化点来表示，软化点是沥青材料由固体状态转变为具有一定流动性的膏体时的温度。软化点可通过“环球法”试验测定，如图 8－5 所示。将沥青试样装入规定尺寸的铜环 B 中，上置规定尺寸和质量的钢球 a，再将置球的铜环放在有水或甘油的烧杯中，以 5 ℃/min 的速率加热至沥青软化下垂达 25 mm 时的温度（℃），即为沥青软化点。

不同沥青的软化点不同，大致为 25 ℃～100 ℃。软化点高，说明沥青的耐热性能好；但软化点过高，又不易加工；软化点低的沥青，夏季易产生变形，甚至流淌。

5）大气稳定性

大气稳定性是指石油沥青在热、阳光、氧气和潮湿等因素的长期综合作用下抵抗老化的性能，它反映沥青的耐久性。大气稳定性可以用沥青的蒸发减量及针入度变化来表示，即试样在 160 ℃温度加热蒸发 5 h 后的质量损失百分率和蒸发前后的针入度比两项指标来表示。蒸发损失率越小，针入度比越大，则表示沥青的大气稳定性越好。

4. 石油沥青的标准、选用和选配

1）技术标准

道路石油沥青、建筑石油沥青和防水防潮石油沥青都是按针入度指标来划分牌号的。在同一品种石油沥青材料中，牌号越小，沥青越硬；牌号越大，沥青越软，同时随着牌号增加，沥青的黏性减小（针入度增加），塑性增加（延度增大），而温度敏感性增大（软化点降低）。

2）石油沥青的选用

在选用沥青材料时，应根据工程性质（房屋、道路、防腐）及当地气候条件、所处工程部位（屋面、地下）来选用不同品种和牌号的沥青。

（1）道路石油沥青牌号较多，主要用于道路路面或车间地面等工程，一般拌制成沥青混凝土、沥青拌合料或沥青砂浆等使用。道路石油沥青还可作密封材料、胶黏剂及沥青涂料等。此时，宜选用黏性较大和软化点较高的道路石油沥青，如 60 甲。

（2）建筑石油沥青黏性较大，耐热性较好，但塑性较小，主要用做制造油毡、油纸、防水涂料和沥青胶。它们绝大部分用于屋面及地下防水、沟槽防水、防腐蚀及管道防腐等工程。对于屋面防水工程，应注意防止过分软化。据高温季节测试，沥青屋面达到的表面温度比当地最高气温高 25 ℃～30 ℃。为避免夏季流淌，屋面用沥青材料的软化点，应比当地气温下屋面可能达到的最高温度高 20 ℃以上。例如，某地区沥青屋面温度可达 65 ℃，选用的沥青软化点应在 85 ℃以上。但软化点也不宜选择过高，否则冬季低温易发生硬脆，甚至开裂。对一些不易受温度影响的部位，可选用牌号较大的沥青。

（3）防水防潮石油沥青的温度稳定性较好，特别适用作油毡的涂覆材料及建筑屋面和地下防水的粘结材料。其中，3 号沥青温度敏感性一般，质地较软，用于一般温度下的室内及地下结构部分的防水；4 号沥青温度敏感性较小，用于一般地区可行走的缓坡屋面防水；5 号沥青温度敏感性小，用于一般地区暴露屋顶或气温较高地区的屋面防水；6 号沥青温度敏感性最小，并且质地较软。除一般地区外，主要用于寒冷地区的屋面及其他防水防潮工程。

（4）普通石油沥青含蜡较多，其一般含量大于5%，有的高达20%以上（称多蜡石油沥青），因而温度敏感性大，故在工程中不宜单独使用，只能与其他种类石油沥青掺配使用。

在施工现场，应掌握沥青质量、牌号的鉴别方法，见表8－2，以便正确使用。

表8－2　石油沥青的外观及牌号鉴别

项　目		鉴　别　方　法
沥青形态	固态	敲碎，检查其断口，色黑而发亮的质好；暗淡的质差
	半固态	即膏状体，取少许，拉成细丝，丝越长越好
	液态	黏性强，有光泽、没有沉淀和杂质的较好；也可用一小木条插入液体中，轻轻搅动几下提起，丝越长越好
沥青牌号	140～100	质软
	60	用铁锤敲，不碎，只出现凹坑而变形
	30	用铁锤敲，成为较大的碎块
	10	用铁锤敲，成为较小的碎块，表面色黑、有光

石油沥青的技术标准，见表8－3。

3）石油沥青的掺配

（1）掺配原则——同属石油沥青或同属煤沥青的，才可以掺配。

（2）掺配估算公式为：

$$Q_1 = (T_2 - T) / (T_2 - T_1) \times 100\% \qquad (8-1)$$

$$Q_2 = 1 - Q_1$$

式中　Q_1，Q_2——分别表示较软（软化点低）、较硬（软化点高）沥青用量,%；

T_1，T_2——分别表示较软（软化点低）、较硬（软化点高）沥青软化点,℃；

T——需要配制沥青的软化点,℃。

表8－3　沥青的技术标准

沥青品种	防水防潮沥青（SH 0002）				建筑石油沥青（GB/T 494）			道路石油沥青（SH 0522）					
项目	质量指标				质量指标			质量指标					
	3号	4号	5号	6号	10号	30号	45号	200号	180号	140号	100号	60号
针入度(1/10 mm),(25 ℃,100 g,5 s)	25～45	20～40	20～40	30～50	10～25	25～40	40～60	200～300	160～200	120～160	80～100	50～80
针入度指数,<	3	4	5	6	1.5	3	—	—	—	—	—	—
软化点/℃,≥	85	90	100	95	95	70	—	30～45	35～45	38～48	42～52	45～55
溶解度/%,≥	98	98	95	92	99.5	99.5	99.5	99	99	99	99	99
闪点/℃,≥	250	270	270	270	230	230	230	180	200	230	230	230
脆点/℃,≥	−5	−10	−15	−20	—	—	—	—	—	—	—	—

续表

沥青品种	防水防潮沥青(SH 0002)				建筑石油沥青(GB/T 494)			道路石油沥青(SH 0522)				
项目	质量指标				质量指标			质量指标				
	3号	4号	5号	6号	10号	30号	45号	200号	180号	140号	100号	60号
蒸发损失/%，≥	1	1	1	1	1	1	1	1	1	1	1	1
垂度/℃			8	10	65	65	65	—	—	—	—	—
加热安定性	5	5	5	5		—		—	—	—	—	—
蒸发后针入度比/%，≥			—			—		50	60	60	65	70
延度(25 ℃,5 cm/min)/cm,≥		—				—		20	100	100	100	100

8.1.2　煤沥青

煤沥青是煤干馏得到的煤焦油，经再提炼加工得到的产品，也称煤焦油沥青或柏油。

（1）煤沥青分为低温、中温、高温煤沥青三大类。建筑中，主要使用半固体的低温煤沥青。煤沥青和石油沥青相比，煤沥青密度较大，塑性较差，温度敏感性较强，在低温下易变脆硬、老化快，与矿质材料表面结合紧密，防腐能力强，有毒和臭味等。因此，煤沥青适用于地下防水工程及防腐工程中。

（2）鉴别方法。由于煤沥青和石油沥青相似，使用时必须加以区别，方法参见表 8－4 所示的鉴别方法。

表 8－4　煤沥青和石油沥青的鉴别方法

性　质	石 油 沥 青	煤　沥　青
密度/$(g\cdot cm^{-3})$	近于 1.0	1.25～1.28
锤击	韧性较好	韧性差，较脆
颜色	灰亮褐色	浓黑色
溶解	易溶于汽油和煤油中，呈棕黑色	难溶于汽油和煤油中，呈黄绿色
温度敏感性	较好	较差
燃烧	烟少，无色，有松香味，无毒	烟多，黄色，臭味大，有毒
防水性	好	较差（含酚，能溶于水）
大气稳定性	较好	较差
抗腐蚀性	差	较好

8.1.3 改性沥青

1. *矿物填料改性沥青*

在沥青中加入一定数量的矿物填充料，可以提高沥青的黏性和耐热性，减小沥青的温度敏感性；同时，也减少了沥青的耗用量，主要适用于生产沥青胶。

（1）常用矿物填料。矿物填料有粉状和纤维状两种，常用的有滑石粉、石灰石粉、硅藻土、石棉绒和云母粉等。

（2）矿物填充料改性机理。由于沥青对矿物填充料的润湿和吸附作用，沥青可以单分子状态排列在矿物颗粒（或纤维）表面，形成结合力牢固的沥青薄膜，称之为“结构沥青”。结构沥青具有较高的黏性和耐热性等，但是矿物填充料的掺入量要适当。一般掺量为20% ~40% 时，可以形成恰当的结构沥青膜层。

2. *树脂改性沥青*

用树脂改性石油沥青，可以改善沥青的耐寒性、耐热性、粘结性和不透气性。在生产卷材、密封材料和防水涂料等产品时，均需应用。常用的树脂有古马隆树脂、聚乙烯、聚丙烯、酚醛树脂及天然松香等。

3. *橡胶改性沥青*

（1）氯丁橡胶改性沥青。石油沥青中掺入氯丁橡胶后，可使其气密性、低温柔性、耐化学腐蚀性、耐光、耐臭氧性、耐候性和耐燃性等得到大大改善。氯丁橡胶掺入的方法，有溶剂法和水乳法。溶剂法是先将氯丁橡胶溶于一定的溶剂（如甲苯）中形成溶液，然后掺入液态沥青中并混合均匀即可；水乳法是将橡胶和石油沥青分别制成乳液，然后混合均匀即可使用。

（2）丁基橡胶改性沥青。丁基橡胶改性沥青的配制方法与氯丁橡胶沥青类似。

（3）热塑性丁苯橡胶（SBS）改性沥青。SBS 热塑性橡胶兼有橡胶和塑料的特性，常温下具有橡胶的弹性，在高温下又能像塑料那样熔融流动，成为可塑的材料。所以，采用 SBS 橡胶改性沥青，其耐高温、耐低温性能均有较明显提高。

（4）再生橡胶改性沥青。再生橡胶掺入石油沥青中，同样可大大提高石油沥青的气密性，低温柔性，耐光、热和臭氧性及耐候性，并且价格低廉。

8.2 防水卷材及其验收

防水卷材是指能够卷曲的片状防水材料，是建筑防水材料的重要品种之一，在建筑防水工程的实践中起着重要的作用，广泛应用于建筑物地上、地下和其他特殊构筑物的防水，是一种应用面广、用量大的防水材料。建筑防水卷材目前的规格品种，已由 20 世纪 50 年代单一的沥青油毡发展到具有不同物理性能的几十种高、中档新型防水卷材。常用的防水卷材按照材料的组成不同，一般可分为沥青防水卷材、高聚物改性沥青防水卷材和合成高分子防水卷材三大系列。此外，还有柔性聚合物水泥卷材、金属卷材等几大类。

8.2.1 沥青防水卷材

沥青类防水卷材是在基胎（原纸或纤维织物等）上浸涂沥青后，在表面撒布粉状或片状隔离材料制成的一种防水卷材。

1. 主要品种的性能及应用

沥青类防水卷材有石油沥青纸胎油毡和油纸、石油沥青玻璃纤维（或玻璃布）胎油毡、铝箔面油毡、改性沥青聚乙烯胎防水卷材、沥青复合胎柔性防水卷材等品种。

（1）石油沥青纸胎防水卷材。纸胎油毡是用低软化点石油沥青浸渍原纸，用高软化点沥青涂盖油纸的两面，再撒以隔离材料而制成的一种纸胎油毡卷材。

《石油沥青纸胎油毡》（GB 326—2007）中规定：油毡按卷重和物理性能分为Ⅰ型、Ⅱ型、Ⅲ型。油毡幅宽为 1 000 mm。卷重≥17.5 kg/卷，为Ⅰ型；卷重≥22.5 kg/卷，为Ⅱ型；卷重≥28.5 kg/卷，为Ⅲ型。

由于沥青材料的温度敏感性大、低温柔性差、易老化，因而使用年限较短。其中，Ⅰ、Ⅱ型油毡适用于辅助防水、保护隔离层、临时性建筑防水、防潮及包装等；Ⅲ型油毡适用于屋面工程的多层防水。由于石油沥青纸胎油毡采用热沥青施工，会对城市环境造成污染，因此被限制使用。

表 8-5　石油沥青纸胎油毡的物理性能

项　目			指　标		
			Ⅰ型	Ⅱ型	Ⅲ型
单位面积浸涂材料总量/（$g\cdot m^{-2}$）		≥	600	750	1 000
不透水性	压力/MPa	≥	0.02	0.02	0.10
	保持时间/min	≥	20	30	30
吸水率/%		≤	3.0	2.0	1.0
耐热度			(85±2)℃，2 h 涂盖层无滑动、流淌和集中性气泡		
拉力（纵向）/［$N\cdot(50\ mm)^{-1}$］		≥	240	270	340
柔度			(18±2)℃，绕 ϕ20 mm 棒或弯板无裂纹		
注：本标准Ⅲ型产品物理性能要求为强制性的，其余为推荐性的。					

（2）石油沥青玻璃纤维油毡（简称玻纤油毡）和玻璃布油毡。玻纤油毡是以玻纤毡为胎基，浸涂石油沥青，两面覆以隔离材料制成的防水卷材。其指标应符合《石油沥青玻璃纤维胎卷材》（GB/T 14686—2008）的规定，柔性好（在 0~10 ℃弯曲无裂纹），耐化学微生物的腐蚀，寿命长。用于防水等级为Ⅲ级的屋面工程。

玻璃布油毡是采用玻璃布为胎基，浸涂石油沥青，表面撒以矿物粉料或覆盖以聚乙烯薄膜等隔离材料制成的一种防水卷材。根据行业标准《石油沥青玻璃布胎油毡》（JC/T 84—1996）规定，规格宽为 1 000 mm，分为一等品和合格品两个等级。每卷油毡的总面积为 20 m^2 ±0.3 m^2。它具有拉力大及耐霉菌性好，适用于要求强度高及耐霉菌性好的防水工程，柔韧性也比纸胎油毡好，易于在复杂部位粘贴和密封。主要用于铺设地下防水、防潮层、金属管道的防腐保护层。

这两种产品是大力推广的石油沥青油毡种类。

（3）沥青复合胎柔性防水卷材。这是指以沥青（用橡胶、树脂等高聚物改性）为基料，以两种材料复合为胎体，细砂、矿物粒（片）料、聚酯膜、聚乙烯膜等为覆面材料，以浸涂、滚压工艺而制成的防水卷材。按胎体分为沥青聚酯毡和玻纤网格布复合胎柔性防水卷材、沥青玻纤毡和玻纤网格布复合胎柔性防水卷材、沥青涤棉无纺布和玻纤网格布复合胎柔性防水卷材、沥青玻纤毡和聚乙烯膜复合胎柔性防水卷材。规格尺寸有长 10 m、7.5 m；宽 1 000 mm、1 100 mm；厚度 3 mm、4 mm。按物理性能分为一等品（B）和合格品（C）。其性能指标应符合《沥青复合胎柔性防水卷材》（JC/T 690—2008）中的规定。

（4）铝箔面石油沥青防水卷材（JC/T 504—2007 ）。铝箔面石油沥青防水卷材是用玻璃纤维毡为胎基，浸涂氧化沥青，表面用压纹铝箔贴面，底面撒以细颗粒矿物料或覆盖以聚乙烯（PE）膜制成的防水卷材。石油沥青防水卷材每卷面积为 $10 \pm 0.1\ m^2$。铝箔面石油沥青防水卷材按标称卷重量分为 30、40 两种标号。具有美观效果及能反射热量和紫外线的功能，能降低屋面及室内温度，阻隔蒸汽的渗透，用于多层防水的面层和隔汽层。30 号铝箔面石油沥青防水卷材适用于多层防水工程的面层；40 号铝箔面石油沥青防水卷材适用于单层或多层防水工程的面层。

2. 石油沥青防水卷材的验收、储存、运输和保管

石油沥青卷材容易压折变形而出现折裂，温度变化会因为沥青流淌而降低质量，因此，为保证使用，要求不同规格、标号、品种、等级的产品不得混放；卷材应保管在规定温度（粉毡和玻璃毡不大于 45 ℃，片毡不大于 50 ℃）下；纸胎油毡和玻璃纤维油毡要求立放，高度不得超过两层，所有搭接边的一端必须朝上；玻璃布胎油毡可以同一方向平放堆置成三角形，码放不超过 10 层，并应远离火源，置于通风、干燥的室内，防止日晒、雨淋和受潮；用轮船和铁路运输时，卷材必须立放，高度不得超过两层，短途运输可平放，不宜超过 4 层，不得倾斜、横压，必要时应加盖苫布；人工搬运要轻拿轻放，避免出现不必要的损伤；产品质量保证期为一年。

使用前应该检验的内容：外观不允许有孔洞、硌伤，胎体不允许出现露胎或涂盖不匀；裂纹、折纹、皱褶、裂口、缺边不许超标，每卷允许有一个接头，较短的一段不应小于 2.5 m，接头处应加长 150 mm。物理性能有：纵向拉力、耐热度、柔度、不透水性，指标应符合技术要求。

8.2.2 高聚物改性沥青防水卷材

高聚物改性沥青防水卷材是以合成高分子聚合物改性沥青为涂盖层，纤维织物或纤维毡为基胎，粉状、粒状、片状或薄膜材料为防粘隔离层，制成的防水卷材。它具有高温不流淌、低温不脆裂、拉伸强度高、延伸率较大等优异性能，是我国目前重点发展的中档防水材料产品。

1. 常用品种

常用品种有弹性体改性沥青防水卷材、塑性体改性沥青防水卷材、改性沥青聚乙烯胎防水卷材、自粘橡胶沥青防水卷材等，高聚物改性沥青有 SBS、APP、PVC 等。

（1）弹性体改性沥青防水卷材。以聚酯毡、玻纤毡、玻纤增强聚酯毡为胎基，以苯乙烯－丁二烯－苯乙烯热塑性弹性体作石油沥青改性剂，两面覆以隔离材料所制成的防水卷材，简称 SBS 卷材。它是大力推广使用的品种。

国家标准《弹性体改性沥青防水卷材》（GB 18242—2008）规定：SBS 卷材按所用增强材料（胎基），分为聚酯毡（PY）、玻纤毡（G）、玻纤增强聚酯毡（PYG）三种；按上表面

隔离材料、覆面隔离材料，分为聚乙烯膜（PE）、细砂（S）、矿物粒（M）三种；按下表面隔离材料，分为聚乙烯膜（PE）、细砂（S）两个品种。卷材幅宽1 000 mm，聚酯毡的厚度有3 mm、4 mm、5 mm三种，玻纤毡的厚度有3 mm、4 mm两种，玻纤增强聚酯毡的公称厚度为5 mm。每卷卷材的公称面积为7.5 m^2、10 m^2、15 m^2。按材料性能分为Ⅰ型、Ⅱ型，其物理性能见表8－6。

SBS卷材属高性能的防水材料，是目前国家重点推广的品种。这种材料保持沥青防水的性能可靠性和橡胶的弹性，提高了柔韧性、延展性、耐寒性、黏附性、耐气候性，具有良好的耐高温、耐低温性能，可形成高强度防水层。耐穿刺、硌伤、撕裂和疲劳，出现裂缝能自我愈合，能在寒冷气候热熔搭接，密封可靠。

SBS卷材广泛应用于各种领域和类型的防水工程。最适用于以下工程：工业与民用建筑的屋面及地下防水工程，玻纤毡卷材用于多层防水的底层，玻纤增强聚酯毡卷材用于机械固定的多层防水及特殊屋面防水；地下工程的防水应该用表面隔离材料为细砂的卷材；外露使用应采用上表面隔离材料为不透明矿物颗粒的卷材。

表8－6　弹性体改性沥青防水卷材的物理、力学性能

序号	项目		指标				
			Ⅰ		Ⅱ		
			PY	G	PY	G	PYG
1	可溶物含量／（g·m^{-2}）≥	3 mm	2 100				—
		4 mm	2 900				—
		5 mm	3 500				
		试验现象	—	胎基不燃	—	胎基不燃	—
2	耐热性	℃	90		105		
		≤mm	2				
		试验现象	无流淌、滴落				
3	低温柔性/℃		－20		－25		
			无裂缝				
4	不透水性30 min		0.3 MPa	0.2 MPa	0.3 MPa		
5	拉力	最大峰拉力/[N·$(50\ mm)^{-1}$] ≥	500	350	800	500	900
		次高峰拉力/[N·$(50\ mm)^{-1}$] ≥	—	—	—	—	800
		试验现象	拉伸过程中，试件中部无沥青涂盖层开裂或与胎基分离现象				
6	延伸率	最大峰时延伸率/% ≥	30	—	40	—	—
		第二峰时延伸率/% ≥	—		—		15
7	浸水后质量增加/% ≤	PE、S	1.0				
		M	2.0				

续表

序号	项目			指标				
				I		Ⅱ		
				PY	G	PY	G	PYG
8	热老化	拉力保护率/%	≥	90				
		延伸率保护率/%	≥	80				
		低温柔性/℃		-15		-20		
				无裂缝				
		尺寸变化率/%	≤	0.7	—	0.7	—	0.3
		质量损失/%	≤	1.0				
9	渗油性	张数	≤	2				
10	接缝剥离强度/（$N\cdot mm^{-1}$）		≥	1.5				
11	钉杆撕裂强度①/N		≥	—				300
12	矿物粒料黏附性②/g		≤	2.0				
13	卷材下表面沥青涂盖层厚度③/mm		≥	1.0				
14	人工气候加速老化	外观		无滑动、流淌、滴落				
		拉力保持率/%	≥	80				
		低温柔性/℃		-15		-20		
				无裂缝				

① 仅适用于单层机械固定施工方式卷材。
② 仅适用于矿物粒料表面的卷材。
③ 仅适用于热熔施工的卷材。

（2）塑性体（APP）改性沥青防水卷材。塑性体改性沥青防水卷材是指以聚酯毡（PY）、玻纤毡（G）、玻纤增强聚酯毡（PYG）为胎基，以无规聚丙烯或聚烯烃类聚合物作石油沥青改性剂，两面覆以隔离材料所制成的防水卷材。简称 APP 卷材。卷材的品种、规格、外观要求，同 SBS 卷材；其物理、力学性能应符合《塑性体改性沥青防水卷材》（GB 18243—2008）的规定，见表 8-7。

APP 卷材具有良好的防水性能、耐高温性能和较好的柔韧性（耐 -15 ℃不裂），能形成高强度、耐撕裂、耐穿刺的防水层，耐紫外线照射，耐久寿命长。采用热熔法粘结，可靠性强。

APP 卷材广泛用于各种领域和类型的防水，尤其是最适用于以下工程：工业与民用建筑的屋面及地下防水工程，玻纤毡卷材用于多层防水的底层，玻纤增强聚酯毡卷材用于机械固定的多层防水及特殊屋面防水；地下工程的防水应该用表面隔离材料为细砂的卷材；外露使用，应采用上表面隔离材料为不透明矿物颗粒的卷材。

表 8－7　塑性体（APP）改性沥青防水卷材物理、力学性能

序号	项目		指标				
			Ⅰ		Ⅱ		
			PY	G	PY	G	PYG
1	可溶物含量／（g·m^{-2}）≥	3 mm	2 100				—
		4 mm	2 900				—
		5 mm	3 500				
		试验现象	—	胎基不燃	—	胎基不燃	—
2	耐热性	℃	110		130		
		≤mm	2				
		试验现象	无流淌、滴落				
3	低温柔性／℃		−7		−15		
			无裂缝				
4	不透水性 30 min		0.3 MPa	0.2 MPa	0.3 MPa		
5	拉力	最大峰拉力／［N·（50 mm）$^{-1}$］≥	500	350	800	500	900
		次高峰拉力／［N·（50 mm）$^{-1}$］≥	—	—	—	—	800
		试验现象	拉伸过程中，试作中部无沥青涂盖层开裂或与胎基分离现象				
6	延伸率	最大峰时延伸率／%　≥	25	—	40	—	—
		第二峰时延伸率／%　≥	—		—		15
7	浸水后质量增加／%　≤	PE、S	1.0				
		M	2.0				
8	热老化	拉力保护率／%　≥	90				
		延伸率保护率／%　≥	80				
		低温柔性／℃	−2		−10		
			无裂缝				
		尺寸变化率／%　≤	0.7	—	0.7	—	0.3
		质量损失／%　≤	1.0				
9	接缝剥离强度／（N·mm^{-1}）		1.0				
10	钉杆撕裂强度①／N　≥		—				300
11	矿物粒料黏附性②／g　≤		2.0				
12	卷材下表面沥青涂盖层厚度③／mm　≥		1.0				

续表

<table>
<tr><td rowspan="3">序号</td><td rowspan="3" colspan="2">项　目</td><td colspan="5">指　标</td></tr>
<tr><td colspan="2">Ⅰ</td><td colspan="3">Ⅱ</td></tr>
<tr><td>PY</td><td>G</td><td>PY</td><td>G</td><td>PYG</td></tr>
<tr><td rowspan="4">13</td><td rowspan="4">人工气候加速老化</td><td>外观</td><td colspan="5">无滑动、流淌、滴落</td></tr>
<tr><td>拉力保持率/%　≥</td><td colspan="5">80</td></tr>
<tr><td rowspan="2">低温柔性/℃</td><td colspan="2">-2</td><td colspan="3">-10</td></tr>
<tr><td colspan="5">无裂缝</td></tr>
<tr><td colspan="8">① 仅适用于单层机械固定施工方式卷材。
② 仅适用于矿物粒料表面的卷材。
③ 仅适用于热熔施工的卷材。</td></tr>
</table>

（3）冷自粘聚合物改性沥青防水卷材。这种卷材是用 SBS 和 SBR 等弹性体及沥青材料为基料，并掺入增塑增粘材料和填充材料，采用聚乙烯膜或铝箔为表面材料或无表面覆盖层，底表面或上、下表面覆涂硅质隔离、防粘的材料，制成的可自行粘结的防水材料，可节省胶粘剂。

《自粘聚合物改性沥青防水卷材》（GB 23441—2009）中规定：每卷面积有 20 m^2、10 m^2、5 m^2 三种；宽度有 920 mm 和 1 000 mm 两种，厚度有 2.2 mm、1.5 mm、2.0 mm 三种。按表面材料分为聚乙烯膜、铝箔、无膜三种。具有良好的柔韧性、延展性，适应基层变形能力强，不需要胶黏剂。采用聚乙烯膜作为覆面材料时，适用于非外露的屋面防水；采用铝箔作为覆面材料，适用于外露的防水工程。

2. 高聚物改性沥青防水卷材的验收外观要求

外观要求：成卷卷材应卷紧、整齐，端面里进外出不得超过 10 mm；成卷卷材在规定温度下展开，在距卷芯 1.0 m 长度外，不应有 10 mm 以上的裂纹和粘结；胎基应浸透，不应有未被浸透的条纹；卷材表面应平整，不允许有空洞、缺边、裂口，矿物粒（片）应均匀并且紧密粘附于卷材表面；每卷接头不多于 1 个，较短的一段不应少于 2.5 m，接头应剪切整齐，加长 150 mm，备作粘结。

物理性能有拉力、最大拉力时的延伸率、耐热度、低温柔性、不透水性等指标。

3. 高聚物改性沥青防水卷材的卷重、面积、厚度

高聚物改性沥青防水卷材的卷重、面积、厚度，见表 8-8。

表 8-8　高聚物改性沥青防水卷材的卷重、面积、厚度

<table>
<tr><td colspan="2">规格（公称厚度）/mm</td><td colspan="3">3</td><td colspan="3">4</td><td colspan="3">5</td></tr>
<tr><td colspan="2">上表面材料</td><td>PE</td><td>S</td><td>M</td><td>PE</td><td>S</td><td>M</td><td>PE</td><td>S</td><td>M</td></tr>
<tr><td colspan="2">下表面材料</td><td>PE</td><td colspan="2">PE、S</td><td>PE</td><td colspan="2">PE、S</td><td>PE</td><td colspan="2">PE、S</td></tr>
<tr><td rowspan="2">面积/（m^2·卷$^{-1}$）</td><td>公称面积</td><td colspan="3">10、15</td><td colspan="3">10、7.5</td><td colspan="3">7.5</td></tr>
<tr><td>偏差</td><td colspan="3">±0.10</td><td colspan="3">±0.10</td><td colspan="3">±0.10</td></tr>
</table>

续表

规格（公称厚度）/mm		3			4			5		
单位面积质量/（kg·m^{-2}），≥		3.3	3.5	4.0	4.3	4.5	5.0	5.3	5.5	6.0
厚度/mm	平均值，≥	3.0			4.0			5.0		
	最小单值	2.7			3.7			4.7		

4. 高聚物改性沥青防水卷材储存、运输与保管常识

为了保证卷材的使用，要求：存放时，不同品种、等级、标号、规格的产品应有明显标记，不得混放；应远离火源、通风，存放在干燥的室内，防止日晒、雨淋和受潮；同时，必须立放，高度不得超过两层，不得倾斜或横压，运输时平放不宜超过4层；应避免与化学介质及有机溶剂等有害物质接触。

8.2.3　合成高分子类防水卷材

合成高分子防水卷材是以合成树脂、合成橡胶或橡胶-塑料共混体等为基料，加入适量的化学助剂和添加剂，经过混炼（塑炼）压延或挤出成型、定型、硫化等工序制成的防水卷材。技术性能好，耐久性好，但价格昂贵，适用于单层防水的重要工程中。

1. 常用的合成高分子卷材的品种

有三元乙丙（EPDM）防水卷材、聚氯乙烯（PVC）防水卷材、氯化聚乙烯（CPE）防水卷材、氯化聚乙烯橡胶共混（CPE共混）防水卷材、氯磺化聚乙烯（CSPE）防水卷材、聚乙烯丙纶复合（PE）防水卷材、高密度聚乙烯（HDPE）防水卷材、低密度聚乙烯（LDPE）及EVA防水卷材、TPO防水卷材。下面主要介绍几种常用的品种。

（1）三元乙丙橡胶防水卷材（EPDM）。这种卷材是以三元乙丙橡胶或掺入适量丁基橡胶为基料，加入各种添加剂而制成的高弹性防水卷材。有硫化型（JL）和非硫化型（JF）两类。厚度有1.0 mm、1.2 mm、1.5 mm、1.8 mm、2.0 mm；宽度有1.0 mm、1.2 mm；长度为20 m。

《高分子防水材料　第1部分：片材》（GB 18173.1—2006）规定：其物理、力学性能应符合表8-9中的规定。

三元乙丙防水卷材的耐老化性能好，使用寿命长（30~50年）；耐紫外线，耐氧化，弹性好，拉伸性能、抗裂性优异，耐高温、耐低温性能好，能在严寒或酷热环境中使用，可以采用单层施工和冷施工。三元乙丙防水卷材按其物理性能，分为合格品、一等品两个等级，是一种重点发展的高档防水卷材。

三元乙丙卷材在工业及民用建筑的屋面工程中，适用于外露防水层的单层或多层防水，如易受振动、易变形的建筑防水工程，有刚性保护层或倒置式屋面及地下室、桥梁、隧道防水。

表8-9　三元乙丙防水卷材的物理、力学性能

项　目	指　标		
	JL1	JF1	JL2
断裂拉伸强度/MPa，≥	7.5	4.0	6.0
拉断伸长率/%，常温，≥	450	400	400

续表

项目		指标		
		JL1	JF1	JL2
撕裂强度/（$kN \cdot m^{-1}$），常温，≥		25	18	24
不透水性，30 min，无渗漏，水压/MPa		0.3		
低温弯折温度/℃，≤		-40	-30	-30
加热伸缩量/（$mm \cdot m^{-1}$），≤	延伸	2		
	伸缩	4		
热空气老化（80 ℃ ×168 h）	断裂拉伸强度保持率/%，≥	80	90	80
	拉断伸长率/%，≥	70		
耐碱性 常温，168 h 10% $Ca(OH)_2$	断裂拉伸强度保持率/%，≥	80		
	拉断伸长率/%，≥	80	90	80

（2）聚氯乙烯防水卷材（PVC 卷材）。这是以聚氯乙烯树脂为主要基料，掺加适量添加剂，加工而成的防水材料，属非硫化型、高档弹塑性防水材料。按基料分为 S 型、P 型两种。S 型是以煤焦油与聚氯乙烯树脂混溶料为基料的柔性卷材；P 型是以增塑聚氯乙烯树脂为基料的塑性卷材。按有无增强材料，分为均质型（单一的 PVC 片材）和复合型（有纤维毡或纤维织物增强材料）两个品种。均质型 PVC 卷材按《聚氯乙烯防水卷材》（GB 12952—2003）规定，分为优等品、一等品和合格品，厚度有 0.5 mm、1.0 mm、1.2 mm、1.5 mm、1.8 mm，宽度有 2.0 mm、2.5 mm；长度为 20 m。《高分子防水卷材　第 1 部分：片材》（GB 18173.1—2006）规定：复合型 PVC 卷材不分级。

PVC 卷材的拉伸强度高，伸长率大，对基层的伸缩和开裂变形适应性强；卷材幅面宽，可焊接性好；具有良好的水蒸气扩散性，冷凝物容易排出；耐穿透、耐腐蚀、耐老化。低温柔性和耐热性好。可用于各种屋面防水、地下防水及旧屋面维修工程。

（3）氯化聚乙烯 - 橡胶共混防水卷材。以氯化聚乙烯树脂和丁苯橡胶的混合体为基料，加入各种添加剂加工而成，简称共混卷材。属硫化型高档防水卷材。

卷材的厚度有 1.0 mm、1.2 mm、1.5 mm、1.8 mm、2.0 mm，幅宽有 1 000 mm、1 200 mm，长度为 20 m，其物理性能应符合国标《高分子防水卷材　第 1 部分：片材》（GB 18173.1—2006）的规定。具有高延伸率、高强度，耐臭氧性能和耐低温性能好，耐老化性、耐水和耐腐蚀性强。性能优于单一的橡胶类或树脂类卷材，对结构基层的变形适应能力强，适用于屋面的外露和非外露防水工程，地下室防水工程及水池、土木建筑的防水工程等。

（4）热塑性聚烯烃（TPO）。热塑性聚烯烃类（TPO）防水卷材是一种以乙烯树脂为基料，采用先进聚合技术和特定配方制成的片状热橡塑弹性防水材料，是近几年在美国和欧洲盛行的一种新材料，配料中不含增塑剂，不存在增塑剂迁移而变脆。规格标准：长度不小于 20 m；宽度为 2.1 m；厚度为 1.2 mm、1.5 mm、2.0 mm，颜色有黑色、白色、绿色等。

这类高分子卷材具有拉伸强度大、耐穿性好、抗紫外线强、表面光滑、高反射率且耐污染等综合特点，是一种易加工、可焊接、施工方便、完全回收、绿色环保的新型防水材料。

适用范围：可广泛应用于屋面、地下室、地铁、堤坝、水利、隧道及钢结构屋面、垃圾掩埋厂等各种防水、防渗工程。

2. 合成高分子卷材的验收

同高聚物改性沥青防水卷材一样，要求其外观不允许出现裂纹、气泡、机械损伤、折痕、穿孔、杂质及异常黏着的缺陷；允许在 20 m 长度内有一接头，并加长 150 mm，备作搭接；接头处要求剪切平整，最短段不小于 2.5 m 等。

物理性能应检验断裂拉伸强度、拉断伸长率、低温弯折、不透水性等技术要求。

常用合成高分子防水卷材的主要性能，见表 8－10。

表 8－10　常用合成高分子防水卷材的主要性能

<table>
<tr><td colspan="2" rowspan="2">项　目</td><td colspan="3">性 能 要 求</td></tr>
<tr><td>Ⅰ</td><td>Ⅱ</td><td>Ⅲ</td></tr>
<tr><td colspan="2">拉伸强度/MPa，≥</td><td>7</td><td>2</td><td>9</td></tr>
<tr><td colspan="2">断裂伸长率/%，≥</td><td>450</td><td>100</td><td>10</td></tr>
<tr><td colspan="2" rowspan="2">低温弯折性</td><td>－40 ℃</td><td>－20 ℃</td><td>－20 ℃</td></tr>
<tr><td colspan="3">无 裂 纹</td></tr>
<tr><td rowspan="2">不透水性</td><td>压力/MPa，≥</td><td>0.3</td><td>0.2</td><td>0.3</td></tr>
<tr><td>保持时间/ min，≥</td><td colspan="3">30</td></tr>
<tr><td rowspan="2">热老化保持率</td><td>拉伸强度/%，≥</td><td colspan="3">80</td></tr>
<tr><td>断裂伸长率/%，≥</td><td colspan="3">70</td></tr>
<tr><td colspan="5">注：Ⅰ类是指弹性体卷材，Ⅱ类是指塑性体卷材，Ⅲ类是指夹合成纤维的卷材。</td></tr>
</table>

8.2.4　防水卷材验收

防水卷材种类多样，因此，其检验标准和验收规范也是多样的，现将其所依据的标准列于表 8－11 中，供验收时参考。

表 8－11　现行建筑防水工程材料标准

类别	标 准 名 称	标 准 号
防水卷材	聚氯乙烯防水卷材	GB 12952—2003
	氯化聚乙烯防水卷材	GB 12953—2003
	改性沥青聚乙烯胎防水卷材	GB 18967—2009
	氯化聚乙烯—橡胶共混防水卷材	JC/T 684—1997
	高分子防水材料　第 1 部分：片材	GB 18173.1—2006
	弹性体改性沥青防水卷材	GB 18242—2008
	塑性体改性沥青防水卷材	GB 18243—2008

8.3 防水涂料及其验收

防水涂料是由合成高分子聚合物、高分子聚合物与沥青、高分子聚合物与水泥为主要成膜物质，加入各种助剂、改性材料、填充材料等加工制成的溶剂型、水乳型或粉末型的涂料。这种涂料在常温下呈无定型流态或半固态，涂刷在建筑物的屋顶、地下室、卫生间、浴室和外墙等需要进行防水处理的基层表面，通过溶剂挥发或反应固化后，在常温条件下可形成连续的、整体的、具有一定厚度的涂料防水层。

按主要成膜物质，可划分为沥青类、高聚物改性沥青类、合成高分子类、无机类、有机-无机复合类等。按涂料的液态类型，可分为溶剂型、水乳型、反应型三种。按涂料的组分可分为单组分和双组分两种。

表8-12 防水涂料的分类与主要类别

主要类别	涂料类型	产品举例
合成树脂类	单组分	① 溶剂型：聚氯乙烯；② 水乳型：丙烯酸酯；苯乙烯—丙烯酸酯等
	双组分	聚硫环氧树脂（溶剂型）；氯丁橡胶沥青
橡胶类	单组分	① 溶剂型：氯磺化聚乙烯橡胶、乙丙橡胶；聚氨酯；② 水乳型：硅橡胶、丁苯（丁二烯—苯乙烯）橡胶、羰基丁苯橡胶、氯丁（氯乙烯—丁二烯）橡胶
	双组分	溶剂型：焦油聚氨酯、沥青聚氨酯、聚硫橡胶
沥青类	单组分	① 溶剂型：沥青防水涂料；② 水乳型：膨润土乳化沥青防水涂料
橡胶及改性沥青类	单组分	① 溶剂型：氯丁橡胶沥青、再生橡胶沥青类、SBS改性沥青、丁基橡胶沥青；② 水乳型：氯丁橡胶沥青、羰基氯丁橡胶沥青、再生橡胶沥青
无机类	涂层覆盖型	确保时（COPROX）、防水宝、M1500、HM1500和TM1500
	结晶渗透型	稳当水（VANDEX，德国）、赛柏斯（XYPEX，加拿大）、KRYSTOL（加拿大）、房挡水（FORMDEX，新加坡）、彭内传（PENETRON，美国）、DIPSEC（法国）、CRYSTAL（澳大利亚）、PANDEX（日本）以及国产的各种类型的水泥基渗透结晶型防水涂料等
有机-无机复合类	双组分	聚合物水泥复合型防水涂料（JS）；丙烯酸酯乳液—硅溶胶复合防水涂料等

（1）乳液型防水涂料。其为单组分乳液型防水涂料，涂料涂刷在建筑物体上以后，随着水分挥发而成膜，因而安全、不污染环境、不易燃烧。涂层防水性能良好，价格相对较为便宜。

（2）溶剂型防水涂料。该类涂料是以高分子合成树脂为成膜物，随着有机溶剂的蒸发而成膜。在建筑施工时有大量的、易燃的、有毒的有机溶剂逸出，污染周围环境。但由于是溶剂型涂料，可以在较低的气温下施工，涂膜防水效果良好。

（3）反应型防水涂料。这类涂料通常是双组分型，它们系涂料中的主要成膜物质与固化剂进行反应而形成的，一般是交联固化型的。这类涂料施工较复杂、价格较贵。涂层耐水、延伸、耐老化等性能良好，是目前性能最佳的一类防水涂料。

8.3.1　沥青类防水涂料

这类涂料的主要成膜物质是沥青，包括溶剂型和水乳型两种，主要品种有冷底子油、沥青胶、水性沥青基防水涂料。为了提高涂料的技术性能，一般采用改性沥青材料。

1. 冷底子油

这是将建筑石油沥青（30 号、10 号或 60 号）加入汽油、柴油或将煤沥青（软化点为 50 ℃ ~70 ℃）加入苯，溶和而成的沥青溶液。一般不单独作为防水材料使用，作为打底材料与沥青胶配合使用，增加沥青胶与基层的粘结力。常用配合比为：① 石油沥青∶汽油 = 30∶70；② 石油沥青∶煤油（或柴油） =40∶60。一般现用现配，用密闭容器储存，以防溶剂挥发。

2. 沥青胶（玛琋脂）

沥青胶是为了提高沥青的耐热性，降低沥青层的低温脆性，在沥青材料中加入填料进行改性而制成的液体。粉状填料有石灰石粉、白云石粉、滑石粉、膨润土等；纤维状填料有木质纤维、石棉屑等。该产品主要有耐热性、柔韧性、粘结力三种技术指标，见表 8 – 13。

沥青胶的标号，应根据屋面的历年最高温度及屋面坡度进行选择，见表 8 – 14。沥青与填充料应混合均匀，不得有粉团、草根、树叶、砂土等杂质。施工方法有冷用和热用两种。热用比冷用的防水效果好；冷用施工方便，避免烫伤，但耗费溶剂。用于沥青或改性沥青类卷材的粘结、沥青防水涂层和沥青砂浆层的底层。

表 8 – 13　石油沥青胶的技术指标

项　目	标　号					
	S – 60	S – 65	S – 70	S – 75	S – 80	S – 85
耐热度	用 2 mm 厚沥青胶粘和两张沥青油纸，在不低于下列温度（℃）下，于 45°的坡度上，停放 5 h，沥青胶结料不应流出，油纸不应滑动					
	60	65	70	75	80	85
粘结力	将两张用沥青胶粘贴在一起的油纸揭开时，若被撕开的面积超过粘贴面积的一半时，则认为不合格；否则，认为合格					
柔韧性	涂在沥青油纸上的厚沥青胶层，在 18 ℃ ±2 ℃时围绕下列直径（mm）的圆棒以 5 s 时间且匀速弯曲成半周，沥青胶结料不应有开裂					
	10	15	15	20	25	30

表 8 – 14　石油沥青胶的标号选择

屋面坡度/%	历年极端室外温度/℃	沥青胶标号
1 ~ 3	低于 38	S – 60
	38 ~ 41	S – 65
	41 ~ 45	S – 70

续表

屋面坡度/%	历年极端室外温度/℃	沥青胶标号
3～15	低于 38	S－65
	38～41	S－70
	41～45	S－75
15～25	低于 38	S－75
	38～41	S－80
	41～45	S－85

3. 水乳型沥青防水涂料

这是指乳化沥青及在其中加入各种改性材料的水乳型防水材料。属于低档防水涂料，主要用于Ⅲ、Ⅳ级防水等级的屋面防水及厕浴间、厨房防水。

我国的主要品种有 AE－1、AE－2 型两大类。AE－1 型是以石油沥青为基料，用石棉纤维或其他矿物填充料改性的水性沥青厚质防水涂料，如水性沥青石棉防水涂料、水性沥青膨润土防水涂料，价格低廉，可以在潮湿基层上施工；AE－2 型是用化学乳化剂配成的乳化沥青，掺入氯丁胶乳或再生橡胶等橡胶改性的水性沥青基薄质防水涂料，其性能指标应符合《水乳型沥青防水涂料》（JC/T 408—2005）的规定，见表 8－15。按其质量，分为一等品和合格品。

这类材料经检验合格后，才能用于工程中。

表 8－15　水乳型沥青防水涂料的技术指标

项　目		AE－1	AE－2
固体含量/%，≥		45	45
干燥时间	表干时间/h	8	
	实干时间/h	24	
低温柔度/℃	标准条件	－15	0
	碱处理	－10	5
	热处理		
	紫外线处理		
	处理后	无裂纹、无断裂	
耐热度/℃		80±2	110±2
		无流淌、起泡和滑动	
粘结强度/MPa，≥		0.30 MPa	
不透水性		0.1 MPa，30 min 无渗水	
断裂伸长率/%，≥		600（标准条件、热处理、碱处理、紫外线处理）	

8.3.2　高聚物改性沥青防水涂料

高聚物改性沥青防水涂料是以高聚物改性沥青为基料，制成的水乳型或溶剂型防水涂料，有再生胶改性沥青防水涂料、水乳型氯丁橡胶沥青防水涂料、SBS橡胶改性沥青防水涂料等。

1. 再生胶改性沥青防水涂料

再生胶改性沥青防水涂料分为JG－1和JG－2两类冷胶料。

JG－1型是溶剂型再生胶改性沥青防水胶黏剂。以渣油（200号或60号道路石油沥青）与废开司粉（废轮胎里层带线部分磨成的细粉）加热熬制，加入高标号的汽油而制成。执行《溶剂型橡胶沥青防水涂料》（JC/T 852—1999）规定，见表8－16。

表8－16　溶剂型橡胶沥青防水涂料的技术性能

项　目	技术性能	
	一等品	合格品
外观	黑色、黏稠状、细腻、均匀胶状液体	
耐热性（80 ℃，5 h）	无流淌、鼓泡、滑动	
粘结性/MPa	≥0.20	
低温柔性（2 h绕直径为10 mm的圆棒，无裂纹）	－15 ℃	－10 ℃
不透水性	动水压0.2 MPa，30 min不渗水	
抗裂性，基层裂缝/mm，涂膜状态无裂纹	0.3	0.2
固体含量	≥48%	

JG－2型是水乳型的双组分防水冷胶料，属反应固化型。A液为乳化橡胶，B液为阴离子型乳化沥青，分别包装，现用现配，在常温下施工，维修简单，具有优良的防水、抗渗性能。温度稳定性好，但涂层薄，需多道施工（低于5 ℃不能施工），加衬中碱玻璃丝或无纺布可做防水层。性能指标见表8－15中AE－2类的标准。

2. 氯丁橡胶改性沥青防水涂料

有溶剂型和水乳型两类，可用于Ⅱ、Ⅲ、Ⅳ级屋面防水。

溶剂型氯丁橡胶改性沥青防水涂料是将氯丁橡胶和石油沥青溶于芳烃溶剂（苯或二甲苯）中，形成一种混合胶体溶液。它具有较好的耐高温、耐低温性能，粘结性好，干燥成膜速度快。按抗裂性及低温柔性，可分为一等品和合格品。其性能指标应符合《溶剂型橡胶沥青防水涂料》（JC/T 852—1999）的规定，见表8－16。

水乳型氯丁橡胶改性沥青防水涂料，是以阳离子氯丁胶乳和阴离子沥青乳液混合而成。涂膜层强度高，耐候性好，抗裂性好。以水代替溶剂，成本低，无毒。其技术指标见表8－15中AE－2类材料的规定。

3. 检验及应用

高聚物改性沥青防水涂料适用于民用及工业建筑的屋面工程、厕浴间、厨房的防水；地下室、水池的防水、防潮工程；以及旧油毡屋面的维修。在实际使用时，应检验涂料的固含量、延伸性、柔韧性、不透水性、耐热性等技术指标，合格后才能用于工程。

8.3.3 合成高分子类防水涂料

合成高分子类防水涂料是以合成橡胶或合成树脂为主要成膜物质，加入其他辅料而配成的单组分或双组分防水涂料。主要有聚氨酯（单组分、双组分）、硅橡胶、水乳型、丙烯酸酯、聚氯乙烯、水乳型三元乙丙橡胶防水涂料等。

1. 聚氨酯防水涂料

其又称聚氨酯涂膜防水材料，有单组分和双组分两种。双组分反应型，是甲乙两组分之间发生化学变化而直接由液态变成固态。甲组分是含有异氰酸基的预聚体，乙组分含有多羟基的固化剂与增塑剂、稀释剂等，分为焦油系列双组分聚氨酯涂膜防水涂料和非焦油系列双组分聚氨酯涂膜防水涂料两种。该涂膜有透明、彩色、黑色等品种，具有耐磨、装饰及阻燃等性能。单组分聚氨酯防水涂料，也称湿固化型聚氨酯防水涂料，是基料通过和空气中的湿气反应而固化交联成膜，可用于地下室、新旧屋、卫生间、桥梁、涵洞、人防工程等场合的防水、防潮，也可用于金属管道、车间地坪、水池等的防腐使用。

聚氨酯涂膜防水涂料的技术性能应符合《聚氨酯防水涂料》（GB/T 19250—2003）的规定，见表 8－17。

在实际工程中这类材料主要用于防水等级为Ⅰ、Ⅱ、Ⅲ级的非外露屋面、墙体及卫生间的防水、防潮工程，地下围护结构的迎水面防水，地下室、储水池、人防工程等的防水，是一种常用的中、高档防水涂料。

表 8－17 单组分聚氨酯防水涂料物理、力学性能

序号	项目		Ⅰ	Ⅱ
1	拉伸强度/MPa，≥		1.9	2.45
2	断裂伸长率/%，≥		550	450
3	撕裂强度/（N·mm^{-1}），≥		12	14
4	低温弯折性/℃，≤		−40	
5	不透水性（0.3 MPa，30 min）		不透水	
6	固体含量/%，≥		80	
7	表干时间/h，≤		12	
8	实干时间/h，≤		24	
9	加热伸缩率/%	≤	1.0	
		≥	−4.0	
10	潮湿基面粘结强度①/MPa		0.50	
11	定伸时老化	加热老化	无裂纹及变形	
		人工气候老化②	无裂纹及变形	
12	热处理	拉伸强度保持率/%	80～150	
		断裂伸长率/%，≥	500	400
		低温弯折性/℃，≤	−35	

续表

序号	项　目		Ⅰ	Ⅱ
13	碱处理	拉伸强度保持率/%	60 ~ 150	
		断裂伸长率/%，≥	500	400
		低温弯折性/℃，≤	−35	
14	酸处理	拉伸强度保持率/%	80 ~ 150	
		断裂伸长率/%，≥	500	400
		低温弯折性/℃，≤	−35	
15	人工气候老化[2]	拉伸强度保持率/%	80 ~ 150	
		断裂伸长率/%，≥	500	400
		低温弯折性/℃，≤	−35	
① 仅用于地下工程潮湿基面时要求。 ② 仅用于外露使用的产品。				

2. 丙烯酸酯防水涂料

丙烯酸酯防水涂料是以纯丙烯酸共聚物、改性丙烯酸或纯丙烯酸乳液为主要成分，加入适量填料、助剂及颜料等配制而成，属合成树脂类单组分防水涂料。这类防水涂料的最大优点是具有优良的耐候性、耐热性和耐紫外线性，在 −30 ℃ ~80 ℃范围内性能基本无多大变化。延伸性好，能适应基层的开裂变形。装饰层具有装饰和隔热效果。施工工程中的检验项目与聚氨酯防水涂料相同，主要用于防水等级为Ⅰ、Ⅱ、Ⅲ级的屋面和墙体的防水、防潮工程；黑色防水屋面的保护层及厕浴间的防水。

8.3.4　无机类防水涂料（水泥渗透结晶类）

水泥基渗透结晶型防水材料是以硅酸盐水泥或普通硅酸盐水泥、石英砂等为基材，掺入活性化学物质制成的一种产品，是一种新型刚性防水材料。它的作用机理是其与水作用后，材料中含有的活性化学物质通过载体向混凝土内部渗透，在混凝土中形成不溶于水的结晶体，填塞毛细孔道，从而使混凝土致密、防水。

这种防水涂料具有以下优点：

（1）抗渗性能佳，效用持久。多年以后涂层中的活性化学物质仍能被水激活，形成新的结晶，具有二次抗渗能力，效用持久、可靠。

（2）粘结力强。由于采用水泥为基料，使用时以水为介质，涂料与水泥混凝土具有良好的相容性，施工后涂层与混凝土结构基面粘结牢固，不会产生分层。无论应用在混凝土结构的背水面还是迎水面，都不影响应用效果。

（3）自愈性能好。施工后，活性物质便以水为载体，在混凝土微孔及毛细管中迁移，遇水产生新的结晶，能使混凝土结构上小于 0.4 mm 的细小裂纹得到填充、密封、愈合，自愈性能好。

（4）耐化学物质侵蚀。防水涂料长期在海水中及酸碱性的液体中浸泡，不影响防水效果。因此，产品可用于污水处理池和海水养殖池的防水施工。不但能够防水，还能够阻挡酸、碱、盐等化学物质及其他有害物质的侵蚀，并能有效防止钢筋不被腐蚀。

（5）产品无毒、无公害。可用于食品、饮用水等工业混凝土建筑结构防水。

（6）施工简便。

8.3.5 有机－无机复合防水涂料

聚合物水泥基防水涂料（JS 复合防水涂料）是指以丙烯酸酯等聚合物（由聚丙烯酸酯、聚醋酸乙烯酯乳液）乳液和水泥（由高铝高铁水泥、石英粉及各种添加剂组成）为主要原料，加入其他外加剂制得的双组分水性建筑涂料。根据成分，分为Ⅰ型和Ⅱ型两种：Ⅰ型产品以聚合物为主，主要用于非长期浸水环境下的建筑防水工程；Ⅱ型产品以水泥为主，适用于长期浸水环境下的建筑防水工程。适用于工业及民用建筑的屋面工程，厕浴间、厨房的防水防潮工程，地面、地下室、游泳池、罐槽的防水。

这种防水涂料既有有机材料的弹性高，又有无机材料耐久性好的优点，涂覆后形成高强的防水涂膜，并可根据工程需要配置彩色涂层。可在潮湿或干燥的砖石、砂浆、混凝土、金属、木材、各种保温层、防水层上直接施工，涂层坚韧、高强，耐水、耐候、耐久性强，无毒、无害，施工简单，在立面、斜面和顶面施工不流淌，耐高温，是目前工程上应用较广泛的一种新型、高效的防水材料。

实际工程应用中，应检验涂料的含固量、表干时间、实干时间、低温柔韧性、常温拉伸断裂延伸率及强度、不透水性、粘结性等指标。聚合物水泥防水涂料物理、力学性能（《聚合物水泥防水涂料》GB/T 23445—2009），如表 8－18 所示。

表 8－18　聚合物水泥防水涂料的物理力学性能

序号	试验项目		技术指标		
			Ⅰ型	Ⅱ型	Ⅲ型
1	固体含量/%，≥		70	70	70
2	拉伸强度	无处理/MPa，≥	1.2	1.8	1.8
		加热处理后保持率/%，≥	80	80	80
		碱处理后保持率/%，≥	60	70	70
		浸水处理后保持率/%，≥	60	70	70
		紫外线处理后保持率/%，≥	80	—	—
3	断裂伸长率	无处理/%，≥	200	80	30
		加热处理/%，≥	150	65	20
		碱处理/%，≥	150	65	20
		浸水处理/%，≥	150	65	20
		紫外线处理/%，≥	150	—	—
4	低温柔性（ϕ10 mm 棒）		−10 ℃ 无裂纹	—	—

续表

<table>
<tr><th rowspan="2">序号</th><th colspan="2" rowspan="2">试　验　项　目</th><th colspan="3">技术指标</th></tr>
<tr><th>Ⅰ型</th><th>Ⅱ型</th><th>Ⅲ型</th></tr>
<tr><td rowspan="4">5</td><td rowspan="4">粘结强度</td><td>无处理/MPa，≥</td><td>0.5</td><td>0.7</td><td>1.0</td></tr>
<tr><td>潮湿基层/MPa，≥</td><td>0.5</td><td>0.7</td><td>1.0</td></tr>
<tr><td>碱处理/MPa，≥</td><td>0.5</td><td>0.7</td><td>1.0</td></tr>
<tr><td>浸水处理/MPa，≥</td><td>0.5</td><td>0.7</td><td>1.0</td></tr>
<tr><td>6</td><td colspan="2">不透水性（0.3 MPa，30 min）</td><td>不透水</td><td>不透水</td><td>不透水</td></tr>
<tr><td>7</td><td colspan="2">抗渗性（砂浆背水面）/MPa，≥</td><td>—</td><td>0.6</td><td>0.8</td></tr>
</table>

8.3.6　防水涂料的储运及保管

防水涂料的包装容器必须密封、严实，容器表面应有标明涂料名称、生产厂名、生产日期和产品有效期的明显标志；储运及保管的环境温度，应不得低于0 ℃；严防日晒、碰撞、渗漏；应存放在干燥、通风、远离火源的室内，料库内应采取专门用于扑灭有机溶剂的消防措施；运输时，运输工具、车轮应有接地措施，防止静电起火。

8.3.7　常用防水涂料的性能及用途

常用防水涂料的性能及用途，见表8－19。

表8－19　常用防水涂料的性能及用途

水乳型沥青防水涂料	成本低，施工方便，耐候性好，但延伸率低	适用于民用及工业建筑厂房的复杂屋面和青灰屋面防水，也可涂于屋顶钢筋板面和油毡屋面防水
橡胶改性沥青防水涂料	有一定的柔韧性和耐水性，常温下冷施工，安全、可靠	适用于工业及民用建筑的保温屋面、地下室、洞体、冷库地面等的防水
硅橡胶防水涂料	防水性好，成膜性、弹性粘结性好，安全、无毒	地下工程、储水池、厕浴间、屋面的防水
聚氯乙烯防水涂料	具有弹塑性，能适应基层的一般开裂或变形	可用于屋面及地下工程、蓄水池、水沟、天沟的防腐和防水
三元乙丙橡胶防水涂料	具有高强度、高弹性、高延伸率，施工方便	可用于宾馆、办公楼、厂房、仓库、宿舍的建筑屋面和地面防水
氯化聚乙烯防水涂料	涂层附着力高，耐腐蚀，耐老化	可以用于地下工程、海洋工程、石油化工、建筑屋面及地面的防水
聚丙烯酸酯防水涂料	粘结性强，防水性好，延伸率高，耐老化，能适应基层的开裂变形，冷施工	广泛应用于中、高级建筑工程的各种防水工程，平面、立面均可施工

续表

聚氨酯防水涂料	强度高，耐老化性能优异，延伸率大，粘结力强	用于建筑屋面的隔热防水工程，地下室、厕浴间及彩色装饰性防水
粉状黏性防水涂料	属于刚性防水，涂层寿命长，经久耐用，不存在老化问题	适用于建筑屋面、厨房、厕浴间、坑道、隧道地下工程防水

8.4　其他防水制品

建筑密封材料是建筑工程施工中不可缺少的一类，用以处理建筑物的各种缝隙进行填充，并与缝隙表面很好地结合成一体，实现缝隙密封的材料。按产品形式分类，可分为三大类：无定形密封材料（密封胶）、定型密封材料（止水带、密封圈、密封件等）、半定型密封材料（密封带、遇水膨胀止水条等）。

8.4.1　建筑密封胶

建筑密封胶是一种使用时为可流动或可挤注的不定型胶状材料，应用后在一定的温度条件下（一般为室温固化型）通过吸收空气中的水分进行化学交联固化或通过密封胶自身含有的溶剂、水分挥发固化，形成具有一定形状的密封层。

建筑密封胶具有良好的技术性能：

（1）有很好的粘结力，并能长期保持，不出现与基层剥离现象。

（2）随动性，能承受一定的接缝位移；具有一定的内聚力，自身不会破坏。

（3）耐疲劳性能好，反复变形仍能充分恢复原有性能和状态。

（4）有很好的耐高温、耐低温性能，高温不下垂和流淌，低温下不会脆裂。

（5）良好的施工性能、挤注性能，储存稳定性，无毒和低毒性。密封胶的品种较多，常以合成高分子密封胶为主。

建筑密封胶主要用于建筑物的缝隙密封处理。例如，外墙板缝的密封，窗、门与墙体连接部位的密封；屋面、厕浴间、地下防水工程节点部位的密封，卷材防水层的端部密封及各种缝隙及裂缝的密封。分为垂直缝隙专用密封胶（N 型）和水平缝专用的自流平型密封胶（L 型）。

建筑密封胶的品种如下：

（1）建筑防水沥青嵌缝油膏。这是以石油沥青为基料，加入改性材料、稀释剂及填料混合而成。改性材料有废橡胶粉和硫化鱼油；稀释剂有松节油、机油；填充料有石棉绒和滑石粉。执行《建筑防水沥青嵌缝油膏》（JC/T 207—1996）规定，见表 8－20。

表 8－20　建筑防水沥青嵌缝油膏技术性能指标

项　目	技术指标	
	702	801
密度/（$g\cdot cm^{-3}$）	规定值 ±0.1	
施工度/mm，≥	22.0	20.0

续表

项　目	技 术 指 标	
	702	801
耐热性	70 ℃下垂值不小于 4.0 mm	80 ℃下垂值不小于 4.0 mm
低温柔韧性	-20 ℃时无裂纹剥离	-10 ℃时无裂纹剥离
拉伸粘结性	不小于 125%	
浸水后粘结性	不小于 125%	
浸出性	渗出幅度不大于 5 mm，渗出张数不多于 4 张	
挥发性	不超过 2.8%	

(2) 聚氯乙烯建筑防水接缝材料。这是以聚氯乙烯（含 PVC 废料）和焦油为基料，同增塑剂、稳定剂、填充剂等共混，经塑化或热熔而成。呈黑色黏稠状或块状，产品应符合《聚氯乙烯建筑防水接缝材料》(JC/T 798—1997) 的要求，见表 8-21。

表 8-21　聚氯乙烯建筑防水接缝材料技术性能

项　目		技 术 要 求	
		801	802
密度/ ($g \cdot cm^{-3}$)①		规定值 ±0.1①	
下垂度/mm，80℃，≤		4	
低温柔性	温度/℃	-10	-20
	柔性	无裂缝	
拉伸粘结性	最大抗拉强度/MPa	0.02 ~ 0.15	
	最大延伸率/%，≥	300	
浸水拉伸未	最大抗拉强度/MPa	0.02 ~ 0.15	
	最大延伸率/%，≥	250	
恢复率/%，≥		80	
挥发率/%②，≤		3	
① 规定值是指企业标准或产品说明书所规定的密度值； ② 挥发率仅限于 G 型 PVC 接缝材料。			

(3) 聚氨酯密封胶。它包括单组分聚氨酯密封胶和双组分聚氨酯密封胶；聚氨酯密封胶还常常根据应用要求，配以颜色或带有阻燃性能。为解决单组分聚氨酯密封胶的固化时间过长、易发泡的问题，同时应有较好的储存稳定性，一般采用封端（封闭一端 NCO）或加入潜固化系统的方法解决，使水不直接参加与异氰酸根的固化反应，因此，可应用于潮湿或干燥的基层表面施工，不会产生气泡。单组分聚氨酯密封胶固化时间较长，应考虑应用过程（操作及固化阶段）的环境（下雨）影响。双组分聚氨酯密封胶是在应用时，将聚氨酯预聚体与固化系统经按规定比例配制后固化，因此，固化时间比单组分聚氨酯密封胶短。聚氨酯

密封胶虽然具有很好的强度、延伸率、弹性、适应变形能力强等优秀的密封性能；但是，受聚氨酯分子结构的影响，聚氨酯密封胶在紫外线的作用下，易发生老化现象，一般用于非外露部位。或以丙烯酸酯、有机硅、环氧改性的方法提高聚氨酯密封胶的耐候性，以达到外露使用的要求。聚氨酯建筑密封胶的主要性能指标，应符合表 8－22 的要求。

表 8－22　聚氨酯建筑密封胶主要性能指标（JC/T 482—2003）

<table>
<tr><th colspan="2" rowspan="2">试验项目</th><th colspan="3">技术指标</th></tr>
<tr><th>20HM</th><th>25LM</th><th>20LM</th></tr>
<tr><td colspan="2">密度/（g·cm^{-3}）</td><td colspan="3">规定值 ±0.1</td></tr>
<tr><td rowspan="2">流动性</td><td>下垂度（N 型），mm</td><td colspan="3">≤3</td></tr>
<tr><td>流平性（L 型）</td><td colspan="3">光滑、平整</td></tr>
<tr><td colspan="2">表干时间/h</td><td colspan="3">≤24</td></tr>
<tr><td colspan="2">挤出性①/（mL·min^{-1}）</td><td colspan="3">≥80</td></tr>
<tr><td colspan="2">适用期②/h</td><td colspan="3">≥1</td></tr>
<tr><td colspan="2">弹性恢复率/%</td><td colspan="3">≥70</td></tr>
<tr><td rowspan="2">拉伸模量/MPa</td><td>23 ℃</td><td rowspan="2">>0.4 或
>0.6</td><td colspan="2" rowspan="2">≤0.4
和
≤0.6</td></tr>
<tr><td>－20 ℃</td></tr>
<tr><td colspan="2">定伸粘结性</td><td colspan="3">无破坏</td></tr>
<tr><td colspan="2">浸水后定伸粘结性</td><td colspan="3">无破坏</td></tr>
<tr><td colspan="2">冷拉－热压后的粘结性</td><td colspan="3">无破坏</td></tr>
<tr><td colspan="2">质量损失率/%</td><td colspan="3">≤7</td></tr>
<tr><td colspan="5">注①：此项仅适用于单组分产品。
注②：此项仅适用于多组分产品，允许采用供需双方商定的其他指标值。</td></tr>
</table>

（4）丙烯酸酯建筑密封胶。丙烯酸酯建筑密封胶是以丙烯酸酯乳液为主体材料，配以交联剂、热稳定剂、催化剂、增塑剂、填料、色料等，经混合配制而成的单组分室温固化（RTV）密封材料。丙烯酸酯建筑密封胶是以水分挥发固化，可在潮湿基面施工，施工温度应在 5 ℃以上，丙烯酸酯建筑密封胶有很好的粘结效果。

丙烯酸酯建筑密封胶耐候性好，价格便宜，一般多用于外墙板缝等部位的密封。丙烯酸酯类因吸水性强，吸水后会发生软化、溶胀等现象而使密封工程失败。当应用于长期泡水的部位时，必须对丙烯酸酯建筑密封胶进行耐水性试验，耐水性不得低于 80% 时方可使用。

（5）硅酮密封胶。硅酮密封胶是以端羟基聚二甲基硅氧烷为主体材料，配以交联剂、热稳定剂、催化剂、增塑剂、填料、颜料等，经混合配制而成的室温固化型（RTV）密封材料。分为单组分型和双组分型，单组分型密封胶在无水的密封条件下可稳定地储存，开罐后在大气水分的作用下逐步固化形成弹性体；双组分型密封胶以端羟基聚二甲基硅氧烷、填料、增塑剂、热稳定剂等为一组分；以催化剂、交联剂等为另一组分，在使用时经两组分配合、交联固化，形成弹性体。硅酮密封胶分为高模量（HM）和低模量（LM）两类，可分别适应不同的变形需要；建筑工程中常用的玻璃胶，就是一种单组分、室温固化、高模量的

A型（脱醋酸型）硅酮密封胶。

硅酮密封胶具有优良的技术性能：拉伸模量较高、粘结性能好、固化速度快，脱醋酸型密封胶固化过程中释放出醋酸，因此，应注意对铝合金、铁件等金属的腐蚀作用。

（6）聚硫建筑密封胶。以液态聚硫橡胶或经树脂改性的聚硫橡胶为主体材料，并配以硫化剂、促进剂、补强剂、填充剂等配制而成的单组分或双组分的室温硫化型密封胶。聚硫建筑密封胶的耐油性能和耐老化性能很好、强度高，气密性、水密性均好，粘结性能可靠；应用范围广泛，但价格偏高。聚硫建筑密封胶分为单组分型和双组分型。由于单组分型的固化速度较慢，所以，双组分型更宜于建筑施工。按《聚硫建筑密封胶》JC/T 483—2006标准执行。按伸长率和模量分为A、B两类，按性能分为优等品、一等品和合格品。

8.4.2　定型密封材料

除了上述不定型密封材料以外，工程上还经常应用一些有固定形状的密封堵漏材料，常见的有以下几种：

（1）防水瓦材。屋面常用的烧结瓦、水泥瓦、金属瓦、木板瓦、茅草瓦及美国研发的生态瓦，如PVC/木瓦、TPO/EPDM石板瓦等，大都是利用自然资源和废物再生的防水材料。

（2）防水板。塑料板和金属板等。

（3）止水条、止水带。

（4）土工膜。土工膜一般可分为沥青和聚合物（合成高聚物）两大类。含沥青的土工膜，目前主要为复合型的（含编织型或无纺型的土工织物），沥青作为浸润胶黏剂。聚合物土工膜又根据不同的主材料，分为塑性土工膜、弹性土工膜和组合型土工膜。聚乙烯土工膜是以LDPE、LLDPE、HDPE、EVA为主原料，经3层共挤吹塑而成。复合土工膜是聚乙烯土工膜和织造土工织物或非织造土工织物复合而成。

土工膜的不透水性很好，弹性和适应变形的能力很强，能适用于不同的施工条件和工作应力，具有良好的耐老化能力，处于水下和土中的土工膜的耐久性尤为突出。土工膜具有突出的防渗和防水性能。

8.4.3　常用建筑密封材料的性能与用途

常用建筑密封材料的性能与用途，见表8-23。

表8-23　常用建筑密封材料的性能与用途

品种	特点	用途
有机硅酮密封胶	具有对硅酸盐制品、金属、塑料良好的粘结性，具有耐水，耐热、耐低温、耐老化性能	适用于窗玻璃、幕镜装、大型玻璃幕墙、储槽、水族箱、卫生陶瓷等接缝密封
聚硫建筑密封胶	对金属、混凝土、玻璃、木材具有良好的粘结性。具有耐水、耐油、耐老化、化学稳定等特性	适用于中空玻璃、混凝土、金属结构的接缝密封，也适用于耐油、耐试剂要求的车间，试验的地板、墙板密封和一般建筑、土木工程的各种接缝密封

续表

品　种	特　点	用　途
聚氨酯密封胶	对混凝土、金属、玻璃有良好的粘结性，并具有弹性、延伸性、耐疲劳性、耐候性等性能	适用于建筑物屋面、墙板、地板、窗框、卫生间的接缝密封，也适用于混凝土结构的伸缩缝、沉降缝和高速公路、机场跑道、桥梁等土木工程的嵌缝密封
丙烯酸酯建筑密封胶	具有良好的粘结性、耐候性，一定的弹性，可在潮湿基层上施工	适用于室内墙面、地板、门窗框、卫生间的接缝，室外小位移量的建筑缝密封
氯丁橡胶密封胶	具有良好的粘结性、延伸性、耐候性、弹性	同上
聚氯乙烯接缝材料	具有良好的弹塑性、延伸性、粘结性、防水性、耐腐蚀性，耐热、耐寒性、耐候性较好	适用于各种坡度的建筑屋面和耐腐蚀要求的屋面的接缝防水及水利设施及地下管道的接缝防渗
改性沥青油膏	具有良好的粘结性、柔韧性、耐温性，可冷施工	适用于屋面板、墙板等装配式建筑构件间的接缝嵌填，以及小位移量的各种建筑接缝的防水密封

8.4.4 其他新型防水材料

1. 沥青基的防水材料

为了改善沥青的性能，常用橡胶、树脂等对沥青改性。橡胶、树脂与沥青间有很好的互溶性，混熔后使沥青具有橡胶或树脂的很多优点，如高温变形小、低温柔韧性好、粘结力强及不透水性等。

可对沥青改性，使之成为橡胶沥青，常用的橡胶有氯丁橡胶、丁基橡胶及再生橡胶等。也用树脂对沥青改性，使之成为树脂沥青。常用的树脂有古马隆树脂、聚乙烯、聚丙烯、聚醋酸乙烯酯等。将鱼油硫化后的硫化鱼油，也是一种很好的沥青改性材料。改性后的沥青，可制成卷材（如再生油毡）、沥青防水涂料及油膏等。

沥青基类的防水涂料，可分为溶剂型涂料（即指汽油、煤油、甲苯等有机溶剂，将改性的沥青稀释而制得的涂料）和水乳型（以水和乳化剂为稀释剂的涂料）涂料。实际上，冷底子油、沥青胶（溶剂型）和乳化沥青（水乳型），都属于防水涂料。

溶剂型沥青防水涂料最常用的是再生橡胶沥青防水涂料，它是由再生橡胶、沥青和汽油为主要原料，经再生和研磨制浆后制得的，可直接涂于基层，形成涂膜防水。此外，还有JC－1 冷水胶料、氯丁－1 防水涂料、鱼油改性沥青涂料等，均属此列。

水乳型沥青涂料是将改性材料经乳化后制成乳胶，石油沥青制成乳化沥青，再将两者按比例进行混熔而得。常见的水乳型沥青涂料有 JC－2 型冷胶料、水性石棉沥青防水涂料、弹性沥青防水涂料、氯丁胶乳沥青防水涂料等。

防水涂料常用为冷法施工，经涂刷后在防水基层形成一坚韧的防水膜层。

2. 橡胶基和树脂基防水材料

随着合成高分子材料的发展，以合成橡胶、树脂等为主体的高效能防水材料，得到了广泛的开发与应用。这类材料采用冷加工，铺设单层防水层，其效果远超过热施工的多层沥青油毡防水层。

我国当前生产的这类防水材料有防水卷材，如三元乙丙橡胶卷材、氯丁橡胶防水卷材、聚氯乙烯（PVC）防水卷材、氯化聚乙烯防水卷材等；防水涂料，如氯丁橡胶－海帕仑涂料、低分子量丁基橡胶涂料、硅酮涂料及聚氨酯涂料等。

3. 粉状防水涂料

我国于20世纪80年代末成功地研制出一种粉状的防水材料。它是以无机非金属原料的粉末，其表面涂以强憎水性的有机高分子材料而成。由于采用了轻质的粉状颗粒构成防水层，因此，又可以起到保温隔热的作用，常称为防水隔热粉。施工时，将防水隔热粉铺撒于找平层上；然后，再加一层牛皮纸作为隔离层；最后，在隔离层上面加细石混凝土作为防水粉的保护层。这样，不仅防止粉层的改变，同时也防止了防水隔热粉表面高分子材料的老化、变质。

这种粉状防水材料适用于平屋面的防水工程及底下工程等，具有良好的应变性能，能抗热胀冷缩、抗振动，防水性能不受基层裂缝的影响，并且施工方便。

综合实训

卷材和涂料的进场验收

1. 职业能力目标

（1）通过本节的实训，使学生能独立完成工程常见卷材和涂料进场验收的程序和主要技术指标的检测。

（2）对材料合格与否，做出正确判断的能力。

（3）填写和审阅试验报告的能力。

2. 学习要求

（1）熟悉现行标准中主要技术要求。

（2）了解防水卷材的相关试验。

项目：防水卷材的验收与检测

1. 防水卷材验收检验的基本内容

常见防水卷材验收试验项目、依据规范及现场抽检项目见表8－24至表8－26。

表8－24　防水卷材验收试验项目

材料名称		试验项目
沥青防水卷材	石油沥青纸胎油毡 油纸 石油沥青玻璃纤维胎油毡 石油沥青玻璃布胎油毡 铝箔面石油沥青防水卷材 沥青复合胎柔性防水卷材 自粘聚合物改性沥青防水卷材	纵向拉力 耐热度柔度 不透水性

续表

材料名称		试验项目
高聚物改性沥青防水卷材	改性沥青聚乙烯胎防水卷材 弹性体改性沥青防水卷材 塑性体改性沥青防水卷材 高分子防水材料	拉力 断裂延伸率 不透水性 柔度 耐热度
合成高分子防水卷材	三元乙丙橡胶 聚氯乙烯防水卷材 氯化聚乙烯防水卷材 三元丁橡胶防水卷材 氯化聚乙烯－橡胶共混防水卷材	断裂拉伸强度 断裂伸长率 不透水性 低温弯折性 热老化保持率

表 8－25　防水材料验收依据标准

类别	标准名称	标准号
防水卷材	聚氯乙烯防水卷材 氯化聚乙烯防水卷材 改性沥青聚乙烯胎防水卷材 氯化聚乙烯－橡胶共混防水卷材 高分子防水材料　第 1 部分：片材 弹性体改性沥青防水卷材 塑性体改性沥青防水卷材	GB 12952—2003 GB 12953—2003 GB 18967—2009 JC/T 684—1997 GB 18173. 1—2006 GB 18242—2008 GB 18243—2008
防水涂料	聚氨酯防水涂料 溶剂型橡胶沥青防水涂料 聚合物乳液建筑防水涂料 聚合物水泥防水涂料	GB/T 19250—2003 JC/T 852—1999 JC/T 864—2008 GB/T 23445—2009
密封材料	聚氨酯建筑密封胶 聚硫建筑密封胶 丙烯酸酯建筑密封胶 建筑防水沥青嵌缝油膏 聚氯乙烯建筑防水接缝材料 建筑用硅酮结构密封胶	JC/T 482—2003 JC/T 483—2006 JC/T 484—2006 JC/T 207—1996 JC/T 798—1997 GB 16776—2005
其他防水材料	高分子防水材料　第 2 部分：止水带 高分子防水材料　第 3 部分：遇水膨胀橡胶	GB 18173. 2—2000 GB 18173. 3—2002

续表

类别	标准名称	标准号
刚性防水材料	砂浆、混凝土防水剂 混凝土膨胀剂 水泥基渗透结晶型防水材料	JC 474—2008 GB 23439—2009 GB 18445—2001
防水材料试验方法	建筑防水卷材试验方法 建筑胶黏剂试验方法 建筑密封材料试验方法 建筑防水涂料试验方法 建筑防水材料老化试验方法	GB 328.1～27—2007 GB/T 12954—2008 GB/T 13477.1～20—2002 GB/T 16777—2008 GB/T 18244—2000

表 8－26　建筑防水工程材料现场抽样复验

序号	材料名称	现场抽样数量	外观质量检验	物理性能检验
1	高聚物改性沥青防水卷材	大于 1 000 卷抽 5 卷，每 500～1 000 卷抽 4 卷，100～499 卷抽 3 卷，100 卷以下抽 2 卷，进行规格尺寸和外观质量检验。在外观质量检验合格的卷材中，任取一卷作物理性能检验	断裂、皱褶、孔洞、剥离、边缘不整齐，胎体露白、未浸透，撒布材料粒度、颜色，每卷卷材的接头	拉力，最大拉力时延伸率，低温柔度，不透水性
2	合成高分子防水卷材		折痕、杂质、胶块、凹痕，每卷卷材的接头	断裂拉伸强度，扯断伸长率，低温弯折，不透水性
3	沥青基防水涂料	每工作班生产量为一批抽样	搅匀和分散在水溶液中，无明显沥青丝团	固含量，耐热度，柔性，不透水性，延伸率
4	无机防水涂料	每 10 t 为一批，不足 10 t 按一批抽样	包装完好无损，且标明涂料名称、生产日期、生产厂家、产品有效期	抗折强度，粘结强度，抗渗性
5	有机防水涂料	每 5 t 为一批，不足 5 t 按一批抽样		固体含量，拉伸强度，断裂延伸率，柔性，不透水性
6	胎体增强材料	每 3 000 m^2 为一批，不足 3 000 m^2 按一批抽样	均匀，无团状，平整，无折皱	拉力，延伸率

续表

序号	材料名称	现场抽样数量	外观质量检验	物理性能检验
7	改性石油沥青密封材料	每2 t为一批，不足2 t按一批抽样	黑色、均匀、膏状，无结块和未浸透的填料	低温柔性，拉伸粘结性，施工度
8	合成高分子密封材料		均匀膏状物，无结皮、凝结或不易分散的固体团块	拉伸粘结性，柔性
9	高分子防水材料止水带	每月同标记的止水带产量为一批抽样	尺寸公差；开裂，缺胶，海绵状，中心孔偏心；凹痕，气泡，杂质，明疤	拉伸强度，扯断伸长率，撕裂强度
10	高分子防水材料遇水膨胀橡胶	每月同标记的膨胀橡胶产量为一批抽样	尺寸公差；开裂，缺胶，海绵状；凹痕，气泡，杂质，明疤	拉伸强度，扯断伸长率，体积膨胀倍率

2. 实训项目

各卷材试验方法不统一且项目较繁多，本项目以聚氯乙烯防水卷材的拉伸性能为主要检测项目为例。

1）试件制备

将被测样品在标准试验条件下放置24 h，按尺寸（纵向×横向）为120 mm×25 mm裁取所需试件，试件距卷材边缘不小于100 mm。裁切织物时，应顺着卷材的走向，尽量使工作部位有最多的纤维根数。

2）实训内容

（1）常规验收项目。验收内容包括查对标牌、外观检查，并按技术标准的规定抽取试样做力学性能试验，检验合格后方可使用。材料进场，经外观检查合格后，由技术员、材料采购员、材料保管员分别在合格证上签字，注明使用工程部位后，交由资料员保管。合格证应放入材质与产品检验卷内，在产品合格证分目录上填好相应项目。

（2）力学性能检查。按技术标准的规定，抽取试样进行相应试验。

① 尺寸偏差。用最小分度值为1 mm的卷尺在卷材两端和中部3处测量宽度、长度，以长度的平均值乘以宽度的平均值得到每卷卷材的面积；若有接头，以量出的两段之和减去150 mm计算。

② 外观。卷材外观用目测方法检查。

③ 拉伸性能。

试验目的：测定卷材拉伸强度与断裂伸长率。

主要仪器：拉力试验机，能同时测定拉力与延伸率，保证拉力测试值在量程的20%～30%之间，精度为1%；能达到250 mm/min±50 mm/min的拉伸速度，测长装置测量精度为1 mm。

试验方法：裁取试件，采用哑铃Ⅰ型试件，拉伸速度为250 mm/min±50 mm/min，夹具间距约 75 mm，标线间距 25 mm。测量标线及中间 3 点的厚度，取中值作为试件厚度。

将试件置于夹持器中心夹紧，不得歪扭，开动拉力试验机。读取试件的最大拉力 P，试件断裂时标线间的长度 L_1；若试件在标线外断裂，数据作废。

结果计算：

试件的拉伸强度按下式计算（精确到 0.1 MPa），即：

$$T_s = \frac{P}{BD}$$

式中　T_s——拉伸强度，MPa；

P——最大拉力，N；

B——试件中间部位宽度，mm；

D——试件厚度，mm。

试件的断裂伸长率按下式计算（精确到 1%），即：

$$E = \frac{L_1 - L_0}{L_0} \times 100\%$$

式中　E——断裂伸长率，%；

L_1——试件断裂时标线间距离，mm；

L_0——试件起始标线间距离，通常为 25 mm。

分别计算纵向或横向 5 个试件的算术平均值，作为试验结果。

复习思考题

1. 石油沥青的组分是什么？各对其性质有什么影响？
2. 常用建筑防水卷材的品种有哪些？各自的性能和应用范围是什么？
3. 常用建筑防水涂料的品种有哪些？各自的特点和应用范围有哪些？
4. 防水卷材的质量检验包含哪些内容？
5. 防水涂料的质量检验包含哪些内容？
6. 工地上为什么都用改性沥青？常用哪些方法对沥青进行改性？
7. 什么是建筑密封材料？不定型密封材料的主要品种及其应用有哪些？
8. 某工程需要软化点为 80 ℃的石油沥青胶，工地现有 30 号和 60 号两种沥青。经试验，其软化点分别为 70 ℃和 45 ℃，试计算这两种沥青的掺配比例。

模块 9

绝热材料和吸声材料

教学目标

熟悉绝热和吸声材料的作用原理和影响因素；掌握常用绝热和吸声材料的品种与应用。

任务引入

绝热材料和吸声材料同属功能型材料，在建筑物中适当合理地采用，可改善人们的居住环境。绝热材料的性能好坏，成为建筑节能的一个关键环节。建筑节能主要是屋面保温和墙体保温两项工作。随着各种保温材料的出现，不同的墙体及屋面保温构造也变得多种多样。吸声材料往往在有特殊要求的场所专门设置，它可以保持室内良好的音响效果和减少噪声污染。

任务分析

学习重点：绝热材料及吸声材料的应用。

本章所介绍的材料非本专业学生的学习重点，故内容陈述较为简单。对学生的学习要求也较低，多数属于了解性内容。学时分配不宜过多，只做浏览性介绍即可。

相关知识

绝热材料；吸声材料；建筑保温、隔声材料。

9.1　建筑保温与绝热材料

绝热材料是指对热流具有显著阻抗性的材料或材料复合体，是保温材料和隔热材料的总称。保温材料是用于控制室内热量外流的材料，建筑中对于寒冷地区的建筑物，为保持室内温度的恒定，减少热量的损失，要求围护结构具有良好的保温性能。常用于墙体和屋顶、热工设备、热力管道、冬期施工的保温，一般在冷藏设备上也有大量使用。图 9－1 是墙体保温材料施工现场，图 9－2 是屋面保温材料施工现场。

隔热材料是防止室外热量进入室内的材料。对于炎热夏季使用空调的建筑物，则要求围护结构具有良好的隔热性能。绝热材料通常为轻质、疏松、多孔或纤维状材料，对热流具有显著的阻抗性。合理使用绝热材料，可以减少热损失、节约能源、减少外墙厚度、减轻自重，从而节约材料，降低造价。因此，有些国家将绝热材料看作是继煤炭、石油、天然气、核能之后的“第五大能源”。

9.1.1　绝热材料的作用原理

在理解材料绝热原理前，先了解传热的原理。传热是指热量从高温区向低温区的自发流动，是一种由于温差而引起的能量转移。在自然界中，无论是在一种介质内部，还是在两种介质之间，只要有温差存在，就会出现传热过程。传热的方式有三种：导热、对流和辐射。

“导热”是依靠物体内各部分直接接触的物质近质点（分子、原子、自由电子）等做热运动而引起的热能传递过程；“对流”是指较热的液体或气体因遇热膨胀而密度减小，从而上升，冷的液体或气体就会补充过来，形成分子的循环流动，这样热量就从高温的地方通过分子的相对位移，转向低温的地方；“热辐射”是依靠物体表面对外发射电磁波而传递热量的现象，高温物体辐射给低温物体的能量大于低温物体辐射给高温物体的能量，其结果为热从高温物体传递给低温物体。因此，要实现绝热，必须使材料表观密度降到极其小，对流弱到极其小，热辐射降到极其小。

图9－1　墙体保温材料施工

图9－2　屋面保温材料施工

在实际的传热过程中，往往同时存在着两种或三种传热方式。建筑材料的传热主要是靠导热，由于建筑材料内部空隙中含有空气和水分，所以，同时还有对流和辐射存在，只是对流和热辐射所占比例较小。

材料导热能力称为导热性，用热导率 λ 表示，即：

$$\lambda = \frac{Qd}{(T_1 - T_2)\ At} \tag{9-1}$$

式中　λ——材料的热导率，W/（m·K）；

Q——传导的热量，J；

d——材料的厚度，m；

$T_1 - T_2$——材料两侧的温度差，K；

A——材料的传热面积，m^2；

t——热传导时间，h。

9.1.2 影响材料热导率的主要因素

热导率受材料本身物质构成、表观密度和孔隙率、材料所处环境的温度及热流方向的影响。热导率越小，导热性越差。

1. 材料的物质构成

不同成分的材料，其热导率有很大差异。通常，金属最大，非金属次之，液体较小，气体更小。即使同一种材料，其内部结构不同，热导率也不同。玻璃体结构最小，微晶体结构次之，晶体结构最大。而对多孔的绝热材料，对热导率的影响起主导作用的是空气，固体部分无论什么结构，对其影响都不大。

2. 材料的表观密度与孔隙率

由于材料中固体的热导率远大于气体，所以表观密度越小的材料，孔隙率越大，热导率就越小。在孔隙率相近的情况下，如果孔隙粗大或连通，由于空气对流作用的影响，材料的热导率反而会增高。纤维材料（如超细玻璃纤维），当其表观密度低于某一限值时，就会发生热导率增加的现象。因此，在使用这类材料时，要选择热导率最小时的表观密度作为最佳表观密度。图 9－3 是保温砂浆硬化后的多孔构造。

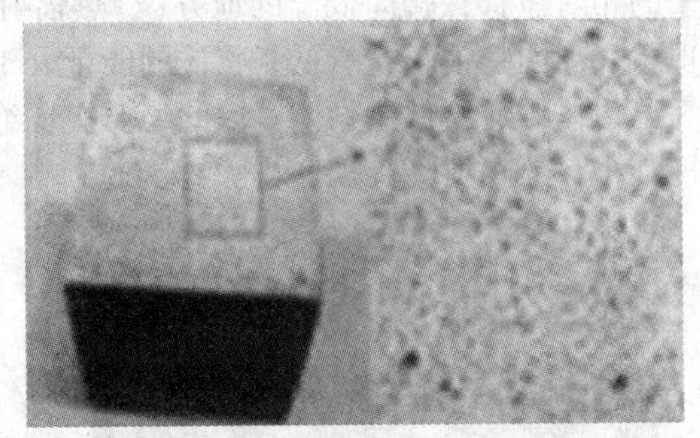

图 9－3　保温砂浆硬化后的多孔构造

3. 材料所处的温度、湿度

当材料受潮后，由于空隙中增加了水蒸气的扩散和水分子的热传导作用，致使材料热导率增大[$\lambda_{水}=0.58$ W/(m·K)，$\lambda_{空气}=0.029$ W/(m·K)，水的热导率比空气大 20 多倍]。而当材料受冻后，水变成冰，其热导率将更大［$\lambda_{冰}=2.33$ W/（m·K）］。因而使用绝热材料时，切忌受潮、受冻。当温度升高时，材料固体分子的热运动增强；同时，材料空隙中空气的导热和孔壁间的辐射作用也有所增强，材料的热导率将随着温度的升高而增大。但是当温度在 0～50 ℃范围内变化时，这种影响并不显著。只有处于高温或负温度下，才考虑温度的影响。

4. 热流方向的影响

材料如果是各向异性的，如木材等纤维质材料，当热流平行于纤维延伸方向时，受到的阻力小；而热流垂直于纤维延伸方向时，受到的阻力最大。

9.1.3 常用绝热材料

常用的绝热材料按化学成分不同，可分为无机和有机两大类。一般来说，无机绝热材料的表观密度大，但不容易腐蚀，不会燃烧，可耐高温。有机绝热材料的表观密度小，绝热效果好，但耐热性差。

（一）无机绝热材料

1. 石棉及其制品（图 9－4）

石棉是蕴藏在中性或酸性火成岩矿床中的一种非金属矿物，具有极高的抗拉强度，并具有耐高温、耐腐蚀、绝热、绝缘等优良特性，是一种优质绝热材料。通常，将其加工成石棉粉、石棉板、石棉毡等制品。

(a)　(b)　(c)

图9－4　石棉及其制品

(a) 石棉矿物；(b) 石棉绒；(c) 泡沫石棉毡

2. *矿棉及其制品*

矿棉包括岩石棉和矿渣棉。生产岩石棉的原料为天然岩石；生产矿渣棉的主要原料为高炉硬矿渣、铜矿渣等。矿棉具有质轻、难燃、绝热和电绝缘等性能，可制成矿棉板、矿棉毡等用作建筑物的墙壁、屋顶、顶板等处的保温隔热和吸声材料，也可用做管道的保温材料。

产品按制品形式分为：岩棉、矿渣棉；岩棉板、矿渣棉板；岩棉带、矿渣棉带；岩棉毡、矿渣棉毡；岩棉缝毡、矿渣棉缝毡；岩棉贴面毡、矿渣棉贴面毡和岩棉管壳、矿渣棉管壳，图9－5所示为岩棉及其制品。

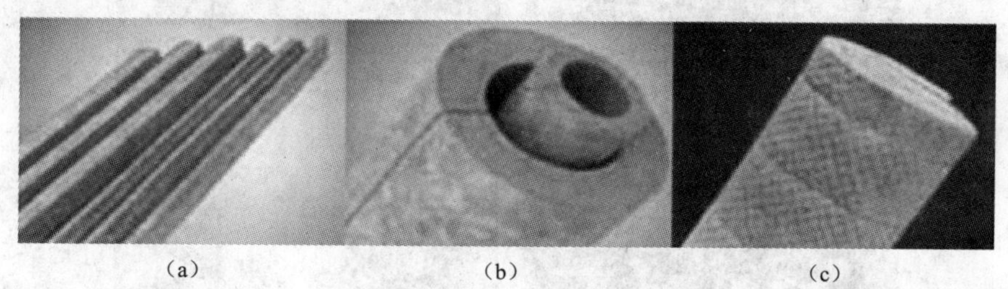

(a)　(b)　(c)

图9－5　岩棉及其制品

(a) 岩棉条；(b) 岩棉管；(c) 岩棉毡

产品标记由三部分组成：产品名称、产品技术特征（密度、尺寸）、标准号，商业代号也可列于其后。

例如：矿渣棉，标记为矿渣棉　GB/T 11835（商业代号）。

3. *玻璃棉及其制品*

玻璃棉是玻璃原料熔融后制成的纤维状材料，有短棉和超细棉两种。短棉的纤维长度一般为50～150 mm，纤维直径为12×10^{-3} mm，堆积密度为100～150 kg/m^3，热导率为0.035～0.058 W/（m·K），价格与矿棉相近。玻璃棉制品具有良好的保温、阻燃、吸声、耐腐蚀等性能，制成的沥青玻璃棉毡、板及酚醛玻璃棉毡、板等产品，广泛使用在温度较低的电力设备、房屋建筑、管道、储藏、锅炉、飞机、船舶等有关部位的保温、隔热和吸声方面，如图9－6所示。超细棉的纤维直径为4×10^{-3} mm，表观密度更小，热导率更低，绝热效果更优良。

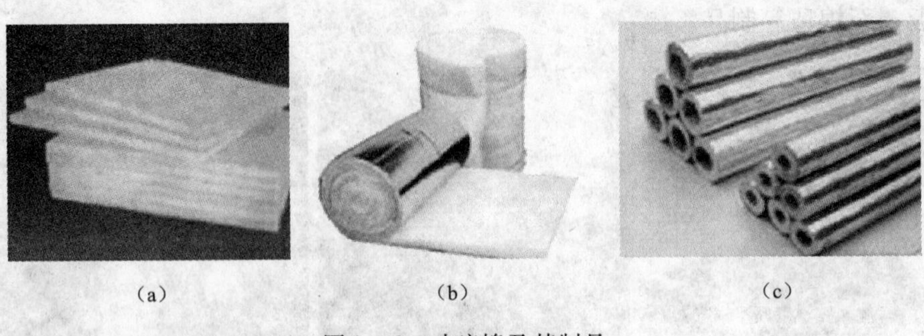

(a) (b) (c)

图 9－6 玻璃棉及其制品

(a) 玻璃棉板；(b) 玻璃棉毡；(c) 玻璃棉管

4. 膨胀珍珠岩及其制品

珍珠岩是一种酸性火山玻璃质岩石，膨胀珍珠岩是将天然珍珠岩高温煅烧，导致体积膨胀（20 倍）而制成的白色或灰白色蜂窝状松散颗粒，具有表观密度轻、热导率低、化学稳定性好、使用温度范围广、吸湿能力小且无毒、无味、吸声等特点，因而是一种优良的保温、隔热建筑材料。目前市场上产品有膨胀珍珠岩和玻化微珠（闭孔珍珠岩），其堆积密度为 40～300 kg/m^3，热导率为 0.025～0.048 W/（m·K），可耐 800 ℃的高温和－200 ℃的低温，是高效能的保温保冷填充材料，如图 9－7 所示。膨胀珍珠岩也可与水泥、水玻璃等胶凝材料配合，制成砖、管等膨胀珍珠岩制品，用途与膨胀蛭石制品相同。

(a) (b)

图 9－7 珍珠岩及其制品

(a) 珍珠岩保温板；(b) 膨胀珍珠岩

5. 膨胀蛭石及其制品

膨胀蛭石是将天然蛭石在 850 ℃～1 000 ℃煅烧时，体积膨胀 5～20 倍而制成的松散颗粒。膨胀蛭石的堆积密度为 80～200 kg/m^3，热导率为 0.046～0.070 W/（m·K），可在 1 000 ℃～1 100 ℃下使用。膨胀蛭石吸水后绝热效果降低，因此，多用于墙壁、屋面、楼板的夹层中，作为隔热和吸声材料，如图 9－8 所示。膨胀蛭石也可与水泥、水玻璃等胶凝材料配合，制成各种膨胀蛭石制品，用于围护结构及管道的隔热。

图 9－8 膨胀蛭石

6. 泡沫玻璃

泡沫玻璃是用碎玻璃加入一定量的发泡剂，经粉磨、混合、装模，在800 ℃下煅烧生成具有大量封闭气泡的多孔材料。泡沫玻璃具有热导率小、抗压强度高、抗冻性好、耐久性好等特点，并且可锯切、钻孔、粘结，是一种高级绝热材料，如图9-9所示。可用来砌筑墙体，泡沫玻璃用于墙体保温隔热，代替烧结普通砖，减薄墙体厚度，节约能源更是首屈一指，而且间接地扩大了建筑使用面积，减轻了建筑物的自重。施工时用普通水泥砂浆或聚合物水泥砂浆粘贴，粘贴力强。如作外墙涂料面层，只要在泡沫玻璃层外抹一层水泥砂浆找平即可。如采用彩色泡沫玻璃，可将泡沫玻璃切割成一定大小的形状，直接用聚合物水泥砂浆粘贴。

图9-9　泡沫玻璃保温板

（二）无机多孔绝热材料

1. 泡沫混凝土

泡沫混凝土是将水泥、水和松香泡沫剂混合后，经搅拌、成型、养护、硬化而成，具有多孔、轻质、保温、绝热、吸声等性能，如图9-10所示。也可用粉煤灰、石灰、石膏和泡沫剂制成粉煤灰泡沫混凝土，用于建筑物围护结构的保温绝热。

图9-10　泡沫混凝土

2. 加气混凝土

加气混凝土是由水泥、石灰、粉煤灰和发气剂（铝粉）配制而成，经成型、蒸汽养护制成，是一种保温绝热性能良好的材料，具有保温、绝热、吸声等性能。加气混凝土表观密度小，热导率比烧结普通砖小好几倍，因此，24 cm厚的加气混凝土墙体，其保温绝热效果优于37 cm厚的砖墙。此外，加气混凝土的耐火性能良好。目前，地暖施工中采用的泡沫水泥，就是此类材料。

3. 硅藻土

硅藻土是一种被称为硅藻的水生植物的残骸。硅藻土是由微小的硅藻壳构成，硅藻壳内又包含大量极细小的微孔。硅藻土的孔隙率为50%～80%，因而具有很好的保温绝热性能。其热导率 $\lambda=0.060$ W/（m·K），最高使用温度约为900 ℃。硅藻土常用做填充料或制作硅藻土砖等。

4. 微孔硅酸钙制品

微孔硅酸钙制品是用硅藻土、石灰、石英砂、纤维增强材料及水等以拌合、成型、蒸压处理和干燥等工序制成，如图9-11所示。热导率 $\lambda=0.047\sim0.056$ W/（m·K），最高使用温度为650 ℃～1 000 ℃，用于建筑物的围护结构和管道保温，效果比水泥膨胀珍珠岩和水泥膨胀蛭石好。

5. 泡沫玻璃

泡沫玻璃是用碎玻璃加入一定量的发泡剂，经粉磨、混合、装模，在800 ℃下煅烧生成

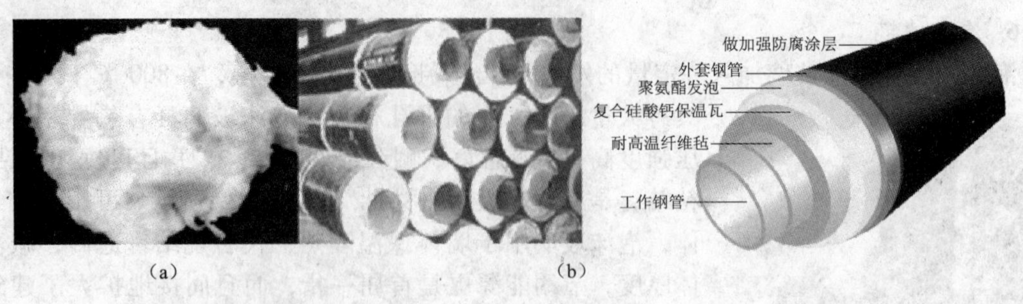

图 9－11　硅酸钙及其制品

(a) 微孔硅酸钙；(b) 硅酸钙用于钢套钢保温管

具有大量封闭气泡的多孔材料。具有热导率小、抗压强度高、抗冻性好、耐久性好等特点，并且可锯切、钻孔、粘结，是一种高级绝热材料，如图 9－12 所示。可用来砌筑墙体，也可用于冷藏设备的保温，或用做漂浮过滤材料。

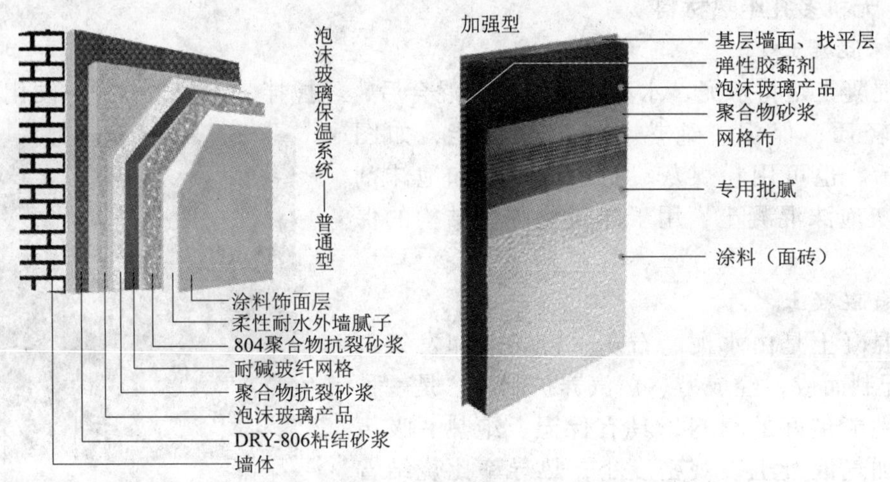

图 9－12　泡沫玻璃保温系统

（三）有机绝热材料

1. 泡沫塑料

泡沫塑料是以合成树脂为基料，加入一定剂量的发泡剂、催化剂、稳定剂等辅助材料经过加热发泡而制成。具有质轻、热导率小、吸水率低、耐老化、耐低温、易加工、价廉质优、防振等优点。目前，我国生产的有聚苯乙烯泡沫塑料、聚氯乙烯泡沫塑料、聚氨酯泡沫塑料及脲醛泡沫塑料等。其中，舒乐舍板、泰柏板、GRG 聚苯芯材保温板、EPS 建筑模块、彩色钢板聚苯乙烯泡沫夹芯板等产品，在市场上十分畅销。可用于屋面、墙面保温、冷库绝热和制成夹心复合板。图 9－13 是泡沫塑料散粒，图 9－14 是泡沫塑料用外墙保温示意图。

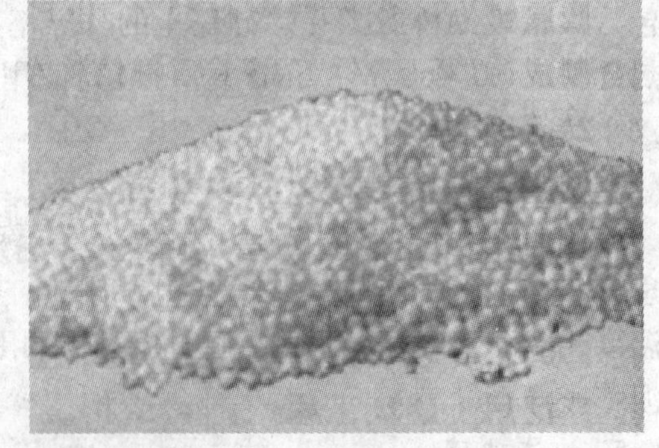

图 9－13　泡沫塑料颗粒

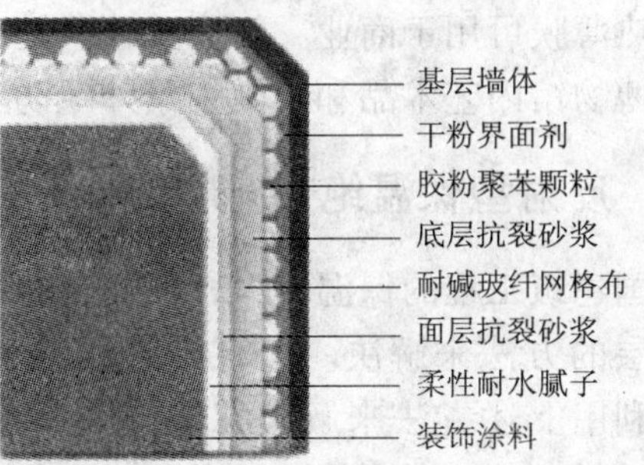

图9－14　泡沫塑料用外墙保温示意图

2. 植物纤维类绝热板

以植物纤维为主要成分的板材，常用做绝热材料，包括各种软质纤维板。

1）软木板

软木板是用栓皮栎树或黄菠萝树皮为原料，经破碎后与皮胶溶液拌合，加压成型，在80 ℃的干燥室中干燥一昼夜而制成。具有表观密度小、热导率小、抗渗和防腐性能好的特点。

2）蜂窝板

蜂窝板是由两块较薄的面板，牢固地粘结在一层较厚的蜂窝状芯材两面制成的板材，也称为蜂窝夹层结构。如图9－15所示。蜂窝状芯材通常是用浸渍过合成树脂（酚醛、聚酯等）的牛皮纸、玻璃布或铝片经过加工粘合成六角形空腹的整块芯材，芯材的厚度可根据使用要求确定。常用的面板为浸渍过树脂的牛皮纸、玻璃布或不经浸渍的胶合板、纤维板、石膏板等。面板与芯材必须用合适的胶黏剂，牢固地粘合在一起。蜂窝板的特点是强度大、热导率小、防震性好，可以制成轻质、高强的结构用板材，也可以制成绝热性能良好的非结构用板材和隔声材料。

图9－15　蜂窝板

3）木板丝。木板丝是用木材下脚料以机械制成均匀木丝，加入硅酸钠溶液，与普通硅酸盐水泥混合，经成型、冷压、养护、干燥而制成的。多用于顶板、隔墙板或护墙板。

4）甘蔗板。它是以甘蔗渣为原料，经过蒸制、干燥等工序制成的一种轻质、吸声、保温绝热材料。

3. 窗用绝热薄膜

窗用绝热薄膜，又叫新型防热片，厚度为12～15 μm，用于建筑物窗户的绝热，可以遮蔽阳光，防止室内陈设物褪色，减少冬季热能损失，节约能源，给人们带来舒适环境。使用时，将特制的防热片（薄膜）贴在玻璃上，其功能是将透过玻璃的大部分阳光反射出去，反射率高达80%。放热片能减少紫外线的透过率，减轻紫外线对室内家具和织物的有害作用，减弱室内温度变化程度。图9－16是绝热膜反射原理。

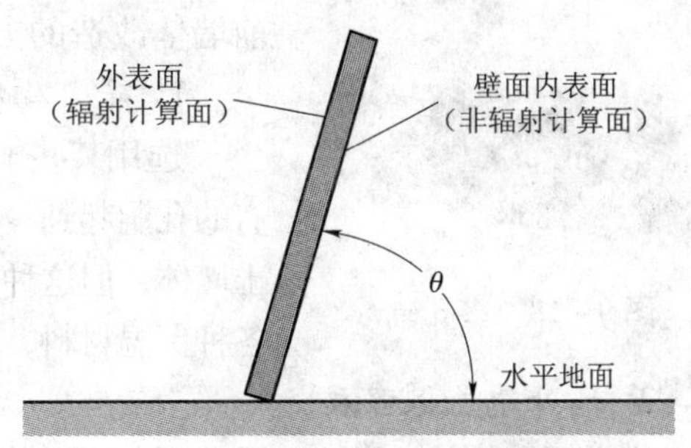

图9－16　绝热膜反射原理

绝热薄膜可用于商业、工业、公共建筑、家庭寓所、宾馆等建筑物的窗户内外表面，也可用于博物馆内艺术品和绘画的紫外线防护。

9.1.4 反射型保温绝热材料

我国建筑工程的保温材料，目前普遍采用的是利用多孔保温材料和在围护结构中设置普通空气层的方法来解决。但在围护结构较薄的情况下，仅利用上述方法来解决保温隔热问题是较为困难的，反射型保温绝热材料为解决上述问题提供了一条新的途径。如铝箔波形纸保温隔热板，它是以波形纸板为基础，铝箔作为面层经加工而制成，具有保温隔热性能、防潮性能，吸声效果好且质量轻、成本低，可固定在钢筋混凝土屋面板下及木屋架下作保温隔热顶棚用，也可以设置在复合墙体内，作为冷藏室、恒温室及其他类似房间的保温隔热墙体使用。图 9－17 是纳米复合反射隔热板。

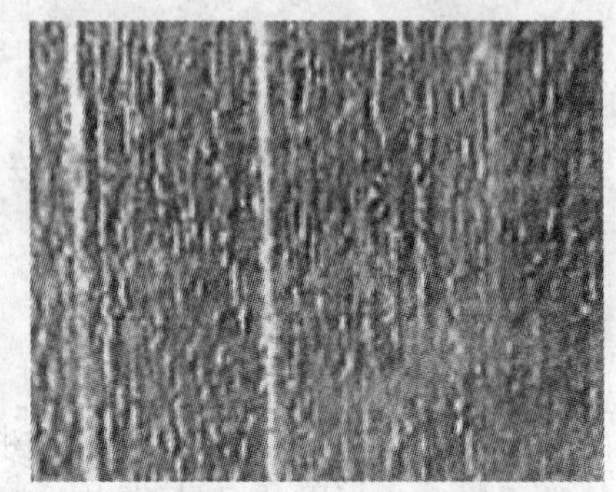

图 9－17　纳米复合反射隔热板

9.1.5 保温材料

建筑保温（Building Insulation）的工作主要是屋面及墙体保温，尤其是外墙。这些部位是建筑物与外界环境相接触的部位，也就是有可能发生热交换的部位。因此，在这些部位，保温材料的使用尤为重要。按照《民用建筑热工设计规范》（GB 50176—1993）的规定，我国共划分为 5 个热工设计分区，即严寒地区、寒冷地区、夏热冬冷地区、夏热冬暖地区、温和地区。在不同的地区，对建筑的保温及隔热有着不同的要求。

（一）墙体保温

外墙是建筑物维护结构的主体，其热工性能的好坏会对建筑物的使用及能耗带来直接影响。北方寒冷地区要求建筑物的外墙应具有良好的保温能力，在采暖期尽量减少热量损失，降低能耗，保证室内温度不致过低，不出现墙体内表面产生冷凝水的现象。南方炎热地区要求建筑物的外墙应具有良好的绝热能力，以阻隔太阳的辐射热传入室内，防止室内温度过高。

综上所述，除去某些特殊场所的特殊要求，对于普通的民用及工业建筑来说，墙体材料的热导率越小越好。但保温性能良好的材料往往强度较低，如何协调墙体强度与保温能力之间的关系成为目前墙体改造的方向之一。就目前来说，主要有以下几种方式：

1. 砖、砌块自保温

选用某些本身就具有一定保温能力的砖或砌块，利用砌体内部已有的孔洞起到一定的保温作用，如烧结普通砖的热导率就小于钢筋混凝土墙体，但这种方式对墙体保温性能的改善有限。主要使用前节提到的各种保温材料，其具有一定的保温能力。图 9－18 是常见的多孔砖。

图 9－18　多孔砖

2. 墙外覆盖保温层

在普通墙体外，附加一层保温性能良好的保温层，形成复合墙体，以提高整个墙体的保温能力。

1）保温砂浆类

使用具有保温能力的轻质、多孔颗粒材料拌制砂浆，将保温砂浆接外墙抹灰施工的工艺覆盖到外墙表面，可起到良好的保温隔热作用。硅酸盐复合绝热砂浆是一种新型墙体保温材料，以精选的海泡石、硅酸铝纤维为主要原料，辅以多种优质轻体无机矿物为填料，在几种添加剂的作用下，多种工艺深度复合而成的灰白黏稠浆状物。此种材料的显著特点在于，保湿隔热性好、施工简便（可直接涂抹）。目前，这种产品已被我国列为新型绝热材料及其制品的重点发展对象。图9－19是外墙保温砂浆构造，图9－20是胶粉聚苯颗粒材料做保温层示意图。

图9－19　外墙保温砂浆构造

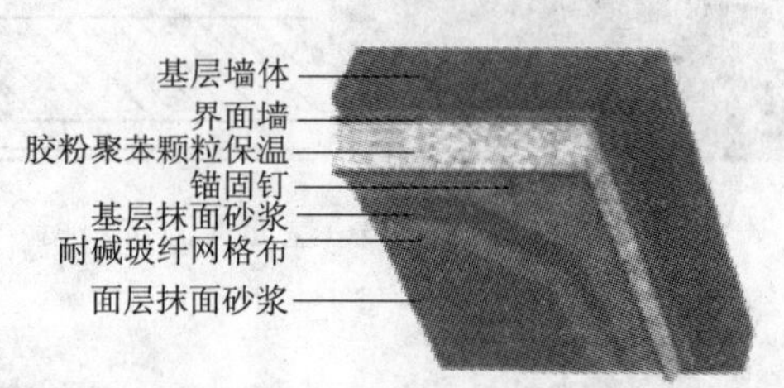

图9－20　胶粉聚苯颗粒材料做保温层示意图

2）外贴保温板类

目前，墙体外贴保温板的做法最为常见，构造形式如图9－21所示，保温效果较为明显，保温板材的选用也比较灵活，常用的保温板材有：聚苯乙烯泡沫板（EPS）、挤塑板等。

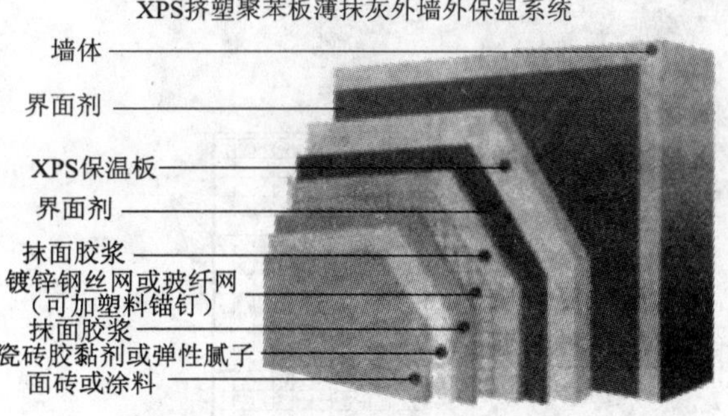

图9－21　外墙XPS挤塑板保温

图9－22　新型复合墙体保温材料

水泥聚苯板是由聚苯乙烯泡沫塑料下脚料或废聚苯乙烯泡沫塑料经破碎而成的颗粒，加水泥、水、起泡剂和稳泡剂等材料制成的，是一种新型保温隔热材料。该产品具有质轻、热导率小、保温隔热性能好、强度高、韧性好、耐水、粘贴牢固、施工方便、价格低廉等优点，适用于建筑物外墙和屋顶的保温隔热层。

3）新型墙体板材保温

目前，有很多新型的复合墙体板材也可起到很好的保温作用，如图9－22所示，还有其他一些墙体保温构造。

（二）屋面保温

屋面一般是建筑物接受阳光直射最多的部位，也是热量交换较为集中的部位。屋面保温除了可以采取在构造上设置架空层等措施外，更为重要的手段是在屋面设置保温隔热层。由于屋面需考虑上人施工等问题，往往选用密度较高的聚苯板或挤塑板等材料，图 9－23 所示为挤塑板做屋面保温。传统的屋面保温构造形式仍在沿用，但是传统的膨胀珍珠岩等散粒材料由于自重过大、保温效果较差等因素，已逐渐被取代。在某些工业厂房中，由于对屋面保温的要求不是太高，通常会在屋顶铺设矿棉保温层来实现隔热，如图 9－24 所示为厂房屋面保温。

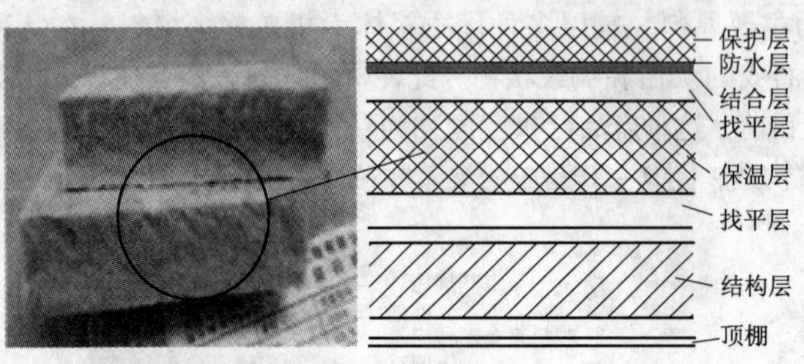

图 9－23　屋面保温挤塑板

图 9－24　厂房面铺设矿棉保温层

9.2　吸声材料与隔声材料

吸声材料（Sound Absorption Materials）是指能在一定程度上吸收由空气传递的声波能量的材料，其主要作用是消耗声波的能量。吸声材料广泛用在音乐厅、影剧院、大会堂、语音室等内部的墙面、地面、顶棚等部位。适当布置吸声材料，能改善声波在室内传播的质量，获得良好的音响效果；同时，也能获得降噪减排的效果。

9.2.1　材料的吸声原理

声音源于物体的振动，它迫使邻近的空气跟着振动而形成声波，并在空气介质中向四周传播。声音在室外空旷处传播过程中，一部分声能因传播距离增加而扩散；另一部分因空气分子的吸收而减弱。但在室内体积不大的房间，声能的衰减不是靠空气，而主要是靠墙壁、顶板、地板等材料表面对声能的吸收。图 9－25 是材料吸声原理示意图。

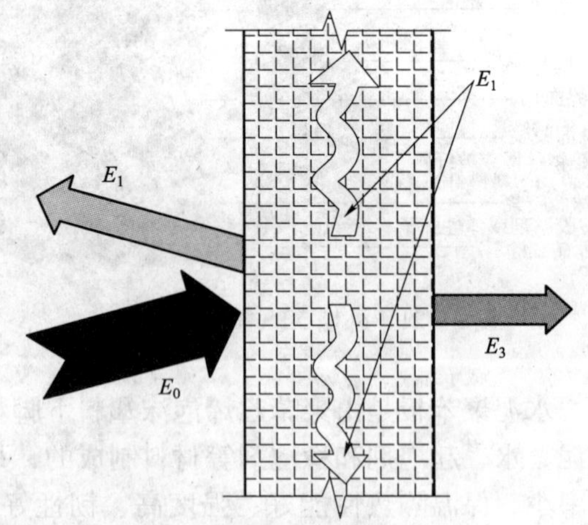

图 9－25　材料吸声原理示意图

当声波遇到材料表面时，一部分被反射，另一部分穿透材料，其余部分则被材料吸收。这些被吸收的能量（包括穿透部分的声能）与入射声能之比，称为吸声系数 α，即：

$$\alpha = \frac{E}{E_0} \tag{9-2}$$

式中　α——材料的吸声系数；

E——被材料吸收的（包括透过的）声能；

E_0——传递给材料的全部入射声能。

材料的吸声性能，除与材料本身性质、厚度及材料的表面特征有关外，还与声音的频率及声音的入射方向有关。通常采用 125 Hz、250 Hz、500 Hz、1 000 Hz、2 000 Hz、4 000 Hz 六个频率的吸声系数，表示材料吸声的频率特征。任何材料均能不同程度地吸收声音，通常把六个频率的平均吸声系数大于 0.2 的材料，称为吸声材料。吸声系数的值在 0 ~ 1 范围内。吸声系数越大，材料的吸声效果越好。

9.2.2　影响材料吸声性能的主要因素

1. 材料的表观密度

对同一种多孔材料来说，当其表观密度增大（即孔隙率减小时），对低频的吸声效果有所提高，而对高频的吸声效果则有所降低。

2. 材料的厚度

增加材料的厚度，可以提高低频的吸声效果，而对高频吸声没有多大影响。因而，为提高材料的吸声能力，盲目增加材料的厚度是不可取的。

3. 材料的孔隙特征

孔隙越多、越细小，吸声效果越好；如果孔隙太大，则吸声效果较差。互相连通的开放的孔隙越多，材料的吸声效果越好。当多孔材料表面涂刷油漆或材料吸湿时，由于材料的孔隙大多被水分或涂料堵塞，吸声效果将大大降低。

4. 吸声材料设置的位置

悬吊在空中的吸声材料，可以控制室内的混响时间和降低噪声。多孔材料或饰物悬吊在空中，其吸声效果比布置在墙面或顶棚上要好，而且使用和安置也较为便利。

5. 温度和湿度的影响

温度对材料的吸声性能影响并不十分显著。温度的影响主要改变入射波的波长，使材料的吸声系数产生相应的改变。

湿度对多孔材料的影响主要表现在多孔材料容易吸湿变形，孳生微生物，从而堵塞孔洞，使材料的吸声性能降低。

9.2.3　吸声材料的种类

根据吸声结构的不同，将吸声材料分为以下三大类。

1. 多孔吸声材料

多孔吸声材料是应用最普遍的吸声材料，有纤维状、颗粒状。与隔热材料要求的封闭细孔不同，多孔吸声材料从表到里都有大量内外连通的微小气泡，有一定的通气性。常用的多孔吸声材料有：玻璃棉、矿棉、岩棉等无机纤维材料；棉、毛、麻、草质或木制纤维等有机纤维材料。多孔吸声材料主要吸收中高频声波，对低频声波的吸收效果差。图 9 - 26 是常见的多孔吸声材料。

多孔吸声材料是最主要的吸声材料，影响多孔材料吸声性能的因素主要有以下几个方面。

1）材料的孔隙率

材料的孔隙率指材料中空气体积与总体积的比值。这里的空气体积指连通的并且能够被入射到材料中的声波引起运动的部分。孔隙率越大，入射声波所遇到的运动阻力就越大，因此，吸声效果越好。一般，多孔吸声材料的孔隙率在 70% 以上。

图 9－26　常见的多孔吸声材料

2）材料的孔隙特征

在空隙率相同的前提下，孔越细小，吸声效果就越好。如果材料中的孔隙大部分为封闭的气泡（如聚氯乙烯泡沫塑料），则因声能不能进入；作为多孔性吸声材料，吸声效果就会降低。

3）材料的厚度

对同一种多孔材料，随着厚度的增加，中、低频范围的吸声效果有所增加。吸声的有效频率范围也有所加大，而对高频则没有多大影响。

4）材料的表观密度

对同一种多孔材料，当厚度一定而表观密度增加时，对低频的吸声效果有所提高，而对高频效果有所降低，但比厚度的改变引起的变化小。

2. 共振吸声结构

共振吸声结构是一开有小孔的空腔形成的共鸣器，小孔的空气柱和共振腔内的空气构成一个弹性振动系统。当入射声波的振动频率与该弹性振动系统的振动频率相同时，引起小孔处的空气柱与孔壁发生剧烈摩擦，声能就因克服摩擦阻力而消耗。共振吸声结构，主要吸收低频声波。

3. 板振动吸声结构

将板周边固定在墙或顶棚的龙骨上，并在背后保留一定的空气层，即构成板振动吸声结构。当声波射入时，使板、膜振动，在板内部和龙骨产生摩擦，将声能转化成热能而被吸收。板振动吸声结构，也主要吸收低频声波。

9.2.4　常用的吸声材料

常用的吸声材料如图 9－27 所示，常用材料的吸声系数如表 9－1 所示。

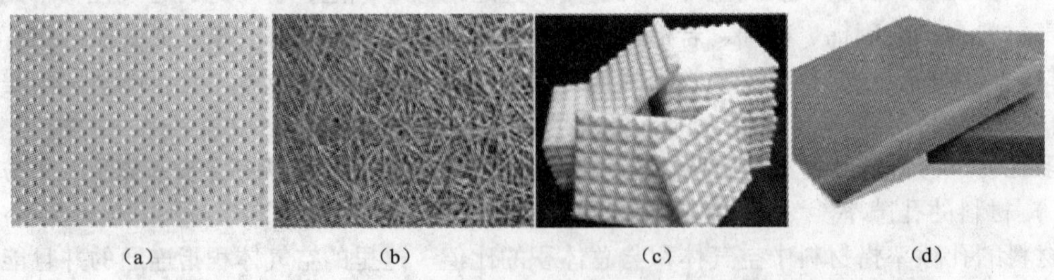

(a)　(b)　(c)　(d)

图 9－27　常用吸声材料

(a) 吸声石膏板；(b) 木质吸声板；(c) 锥形吸声棉；(d) 酚醛玻璃纤维板

表9-1　常用的吸声材料及吸声系数参考值

分类及名称		厚度/cm	表观密度/(kg·m^{-3})	各种频率下的吸声系数						装置情况
				125 Hz	250 Hz	500 Hz	1 000 Hz	2 000 Hz	4 000 Hz	
无机材料	吸声泥砖	6.5	—	0.05	0.07	0.10	0.12	0.16	—	贴实
	石膏板（有花纹）	—	—	0.03	0.05	0.06	0.09	0.04	0.06	
	水泥蛭石板	4.0	—	—	0.14	0.46	0.78	0.50	0.60	
	石膏砂浆（掺水泥，玻璃纤维）	2.2	—	0.24	0.12	0.09	0.30	0.32	0.83	粉刷在墙上
	水泥膨胀珍珠岩板	5	350	0.16	0.46	0.64	0.48	0.56	0.56	贴实
	水泥砂浆	1.7	—	0.21	0.16	0.25	0.40	0.42	0.48	粉刷在墙上
	砖（清水墙面）		—	0.02	0.03	0.04	0.04	0.05	0.05	贴实
木质材料	软木板	2.5	260	0.05	0.11	0.25	0.63	0.70	0.70	贴实
	木丝板	3.0	—	0.10	0.36	0.62	0.53	0.71	0.90	钉在木龙骨上，后面留10 cm空气层和留5 cm空气层两种
	三夹板	0.3	—	0.21	0.73	0.21	0.19	0.08	0.12	
	穿孔五夹板	0.5	—	0.01	0.25	0.55	0.30	0.16	0.19	
	木花板	0.8	—	0.03	0.02	0.03	0.03	0.04	—	
	木质纤维板	1.1	—	0.06	0.15	0.28	0.30	0.33	0.31	
多孔材料	泡沫玻璃	4.4	1 260	0.11	0.32	0.52	0.44	0.52	0.33	贴实
	脲醛泡沫塑料	5.0	20	0.22	0.29	0.40	0.68	0.95	0.94	贴实
	泡沫水泥（外粉刷）	2.0	—	0.18	0.05	0.22	0.48	0.22	0.32	紧靠粉刷
	吸声蜂窝板	—	—	0.27	0.12	0.42	0.86	0.48	0.30	贴实
	泡沫塑料	1.0	—	0.03	0.06	0.12	0.41	0.85	0.67	
纤维材料	矿渣棉	3.13	210	0.10	0.21	0.60	0.95	0.85	0.72	贴实
	玻璃棉	5.0	80	0.06	0.08	0.18	0.44	0.72	0.82	
	酚醛玻璃纤维板	8.0	100	0.25	0.55	0.80	0.92	0.98	0.95	
	工业毛毡	3.0	—	0.10	0.28	0.55	0.60	0.60	0.56	紧靠墙面

图9-28　共振吸声板

1. 共振吸声结构

共振吸声结构是一开有小孔的空腔形成的共鸣器，小孔的空气柱和共振腔内的空气构成一个弹性振动系统。当入射声波的振动频率与该弹性振动系统的振动频率相同时，引起小孔处的空气柱与孔壁发生剧烈摩擦，声能就因克服摩擦阻力而消耗。共振吸声结构，主要吸收低频声波。图9-28所示为共振吸声板。

2. 板振动吸声结构

将板周边固定在墙或顶棚的龙骨上，并在背后保留一定的空气层，即构成板振动吸声结构。当声波射入时，使板、膜振动，在板内部和龙骨产生摩擦，将声能转化成热能而被吸收。板振动吸声结构，也主要吸收低频声波。

3. 穿孔板组合共振吸声结构

在各种穿孔板、狭缝板背后设置空气形成吸声结构，其实也属于空腔共振吸声结构，其原理同共振器相似，它们相当于若干个共振器并列在一起。这类结构取材方便，并有较好的装饰效果，所以使用广泛。穿孔板具有适合于中频的吸声特性。穿孔板还受其板厚、孔径、穿孔率、孔距、背后空气层厚度的影响，它们会改变穿孔板的主要吸声频率范围和共振频率；若穿孔板背后空气层还填有多孔吸声材料，则吸声效果更好。

4. 薄膜、薄板共振吸声结构

薄膜、薄板共振吸声结构，是由皮革、人造革、塑料薄膜等材料，因具有不透气、柔软、受张拉时有弹性等特点，将其固定在框架上，背后留有一定的空气层，即构成薄膜共振吸声结构（图 9－29）。某些薄板固定在框架上后，也能与其后面的空气层构成薄板共振吸声结构（图 9－30）。当声波入射到薄膜、薄板结构时，声波的频率与薄膜、薄板的固有频率接近时，膜、板产生剧烈振动。由于膜、板内部和龙骨间摩擦损耗，使声能转变为机械运动，最后转变为热能，从而达到吸声的目的。由于低频声波比高频声波容易使薄膜、薄板产生振动，所以，薄膜、薄板吸声结构是一种很有效的低频吸声结构。

图 9－29　透明吸声膜

图 9－30　薄板共振吸声结构

图 9－31　帘幕吸声体

5. 帘幕

纺织品中，除了帆布一类因流阻很大、透气性差而具有膜状材料的性质以外，大都具有多孔材料的吸声性能。只是由于它的厚度一般较薄，仅靠纺织品本身作为吸声材料使用，得不到大的吸声效果。如果帘幕、窗帘等离开墙面和窗玻璃一定的距离，恰如多孔材料背后设置了空气层，尽管没有完全封闭，对中、高频甚至低频的声波具有一定的吸声作用。图 9－31 是帘幕吸声结构。

6. 空间吸声体

空间吸声体是一种悬挂于室内的吸声结构。它与一般吸声结构的区别在于，它不是与顶棚、墙体等壁面组成吸声结构，而是自成体系。空间吸声体常用形式有平板状、圆柱状、圆锥状等，它可以根据不同的使用场合和具体条件，因地制宜地设计成各种形状。既能获得良好的声学效果，又能获得建筑艺术效果。图 9－32 是几种形状的空间吸声体。

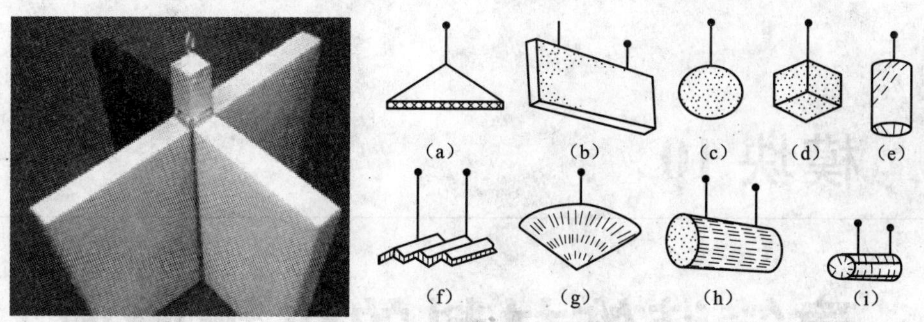

图 9－32　几种形状的空间吸声体

9.2.5　隔声材料

吸声性能好的材料，不等于隔声性能好的材料。隔声材料是能减弱或隔断声波传递的材料。声音的传播是通过空气（空气声）或通过固体的撞击或振动（固体声）。不同的传播途径，隔声原理不同。

对空气声的隔绝，主要是依据声学中的“质量定律”，即材料的密度越大，越不易受声波作用而产生振动。因此，其声波通过材料传递的速度迅速减弱，其隔声效果越好。因此，应选择密实、沉重的材料（如烧结普通砖、钢板、钢筋混凝土等）作为隔声材料；而吸声性能好的材料，一般为轻质、疏松、多孔材料，不宜用做隔声材料。

对固体声隔绝的最有效措施，是断绝其声波继续传递的途径。即在产生和传递固体声波的结构（如梁、框架与楼板、隔墙及其交接处等）层中，加入具有一定弹性的衬垫材料，如软木、橡胶、毛毡、地毯或设置空气隔离层等，以阻止或减弱固体声波的继续传播。

复习思考题

1. 什么是绝热材料？使用绝热材料在建筑节能中有何意义？
2. 影响材料绝热性能的因素有哪些？
3. 建筑中常用的绝热材料有哪些？
4. 什么是吸声系数？吸声材料与绝热材料在技术上的要求有何不同？
5. 影响多孔材料吸声性能的因素有哪些？

模块 10

建筑装饰材料的进场验收及性能检测

教学目标

知识目标：了解装饰材料的基本要求及选用原则；理解装饰材料应用中的环保要求；掌握常用建筑涂料、建筑陶瓷、建筑饰面石材、玻璃的品种、性能和要求。

技能目标：掌握常用装饰材料的选用方法和验收方法。

10.1 装饰材料的基本性质及选用

建筑装饰是依据一定的方法对建筑物进行美的设计和包装。在某种程度上，建筑装饰可以反映某一时代的科技、文化、民族风格及城市的特色。现代建筑不但要求其要有良好的使用功能，还要求其结构新颖、造型美观、立面丰富、环境清洁、优美。因此，只有正确地选择和应用装饰材料，最大限度地发挥材料本身的作用和功能，才能满足人们的需求。

10.1.1 建筑装饰材料的分类

建筑上应用的装饰材料品种齐全、种类繁多，而且新品种不断出现，质量也不断提高。

从化学性质上，可分为有机装饰材料（木材、有机涂料等）、无机装饰材料（石材、陶瓷、玻璃、不锈钢、铝型材、水泥等）和有机－无机复合材料（人造石材、铝合金蜂窝板、铝塑板等）。按装饰部位，可分为外墙装饰材料、地面装饰材料、顶棚装饰材料、屋面装饰材料。根据材质的不同，可将其分为石材类、陶瓷类、玻璃类、木质类、纤维类、金属类等。

10.1.2 建筑装饰材料的装饰性质

1. 材料的颜色、光泽、透明性

材料的颜色，实质上是材料对光谱的反射，并非是材料本身固有的。不同的颜色，给人以不同的感觉。例如，红、橙、黄色使人联想到太阳、火焰而感到热烈、兴奋、温暖，所以是暖色；绿、蓝、紫罗兰色使人联想到大海、蓝天和森林而感到宁静、幽雅、凉爽，所以是冷色；夏天宜采用冷色调，冬天宜采用暖色调；寝室宜采用浅蓝色或淡绿色，增加舒适和宁静感等。一般人对不协调的颜色组合会产生强烈的反应。所以，材料的颜色选用对于建筑物的装饰效果就显得尤为重要。

光泽是材料表面的一种特征，与材料表面对光线反射的能力有关。不同的光泽度可以改变材料表面的明暗程度，并可扩大视野，造成不同的虚实对比，它对于物体形象的清晰度起着决定性的作用。在评定材料的外观时，其重要性仅次于颜色。

透明性是光线透过材料的性质。材料的透明性也是与光线有关的一种性质。既能透光又能透视的物体，称为透明体；只能透光而不能透视的物体，称为半透明体；既不能透光又不能透视的物体，称为不透明体。如普通门窗玻璃大多是透明的；磨砂玻璃和压花玻璃是半透明的；釉面砖则是不透明的。利用材料的透明度不同，可以用来调节光线的明暗，改善建筑内部的光环境。

2. 材料的花纹图案、形状、尺寸

对于块状材料、板材和卷材等装饰材料的形状和尺寸，以及表面的天然花纹（如天然石材）、纹理（如木材）及人造花纹或图案（如壁纸）等，都有特定的要求。除卷材的尺寸和形状可在使用时按需要裁剪外，大多数装饰板材和块材都有一定的形状和规格（如长方、正方、多角等几何形状），以便拼装成各种图案或花，改变装饰材料的形状、尺寸，并配合花纹、颜色、光泽等，可拼镶出各种线形和图案。从而得到不同的装饰效果，以满足不同装饰形体和线形的需要，最大限度地发挥材料的装饰性。

3. 材料的质感

任何材料及其做法，都以不同的质地感觉表现出来。质感是材料的表面组织结构、花纹图案、颜色、光泽、透明性等给人的一种综合感觉。主要是通过线的粗细、凹凸不平程度等，对光线吸收、反射强弱不同产生感观上的区别。质感不仅取决于饰面材料的性质，而且取决于施工方法。同种材料不同的施工方法，也会产生不同的质地感觉。选择饰面质感，不能只看材料本身装饰效果如何。要结合具体建筑物的体型、体量、风格等，进行统筹考虑。

4. 材料的耐污性、易清洁性与耐擦性

材料表面抵抗污物污染、保持其原有颜色和光泽的性质，称为材料的耐污性；材料表面易于清洁的性质，称为材料的易洁性，它包括在风、雨等作用下的易洁性及在人工清洗下的易洁性；材料的耐擦性，实质上就是材料的耐磨性。耐擦性越高，材料的使用寿命越长。例如，用于地面、台面、外墙以及卫生间、厨房等的装饰材料，有时必须考虑材料的耐玷污性、易洁性和耐磨性。

10.1.3　建筑物装饰材料的选用原则

建筑装饰材料的品种众多，性能和特点各异，用途也不尽相同。因此，在选择建筑装饰材料时，必须综合考虑材料的装饰特性、使用环境等多方面因素。一般来说，装饰材料的选择，可从以下几方面来考虑。

1. 材料的装饰效果

材料的装饰性主要是指材料的形体、质感、光泽、纹理和色彩等特性。块状材料有稳重、厚实的感觉，板状材料则有轻盈、柔和的视觉效果；不同的材料质感，给人的尺度感和冷暖感是不同的。质地粗糙的材料，使人感到浑厚、稳重，因其可以吸收部分光线，会使人感受到一种光线的柔和之美；质地细腻的材料，使人感觉到精致、轻巧的装饰气氛；不锈钢材料显得现代、新颖，玻璃则显得通透、光亮。

2. 材料的使用功能

选择建筑装饰材料时，首先应从建筑物的使用要求出发，结合建筑的造型、功能、用途和所处的环境等，并充分考虑建筑装饰材料的装饰性质及材料的其他性质，最大限度地表现出所选各种建筑装饰材料的装饰效果，使建筑物获得良好的装饰效果和使用功能。

例如，在人流密集的公共场所地面上，应采用耐磨性好、易清洁的地面装饰材料；而厨房和卫生间的墙面和顶面，则宜采用耐污性和耐水性好的装饰材料；地面则用防水和防滑性能优异的地面砖，而在会议室、音乐厅或空调房间的装饰中，则需选用吸声性好并具有绝热性的装饰材料。

3. 材料的经济性

建筑装饰材料的费用，占其建筑材料成本的50%左右；在豪华型建筑中，装饰材料的费用占70%以上；其中，主要的原因是由于装饰材料和相应设备的价格较高。在选择装饰材料时，不但要考虑到一次投资，也应考虑到维修费用。在考虑装饰投资时，应从长远性、经济性的角度出发，充分利用有限的资金，取得最佳的装饰和使用效果。

4. 材料的安全性

在选用装饰材料时，要妥善处理好安全性的问题，应优先选用环保材料，优先使用无辐射、无有毒气体挥发的材料，优先使用不燃或难燃的安全材料，努力创造一个安全、健康的生活和工作环境。

5. 材料的地区特点

装饰工程所处的地区，与装饰材料之间有着极大的关系。地区的气象条件，如温度、湿度、风力等，都影响到装饰材料的选择。

10.2 常用建筑装饰材料

10.2.1 建筑装饰石材

自古以来，人们广泛采用天然石材作为建筑材料，这不仅因为天然石材具有较高的耐久性，而且由于石材表面经过加工可获得优良的装饰性。装饰用石材有天然装饰石材和人造装饰石材两种。

1. 天然石材

1）天然大理石

天然大理石是石灰岩或白云岩在地壳内经过高温、高压作用而形成的变质岩，多为层状结构，有明显的结晶，纹理有斑纹、条纹之分，是一种富有装饰性的天然石材。天然大理石化学成分为碳酸盐（如碳酸钙或碳酸镁），矿物成分为方解石或白云石，纯大理石为白色。当含有部分其他深色矿物时，便产生多种色彩与优美花纹。从色彩上来说，有纯黑、纯白、纯灰、墨绿等；从纹理上来说，有晚霞、云雾、山水、海浪等山水图案、自然景观，如图10－1所示。

图10－1　天然大理石

大理石的抗压强度较高，但硬度并不太高，易于加工雕刻与抛光。由于这些优点，使其在工程装饰中得以广泛应用。当大理石长期受雨水冲刷，特别是受酸性雨水冲刷时，可能使大理石表面的某些物质被侵蚀，从而失去原貌和光泽，影响装饰效果，因此，大理石多用于室内装饰。

2）天然花岗石

建筑装饰工程中用的天然花岗石，是由天然花岗岩加工成板材、块材的。花岗岩是典型的火成岩，是全晶质岩石，其主要成分是石英、长石和少量的暗色矿物和云母。按结晶颗粒大小，分为细粒、中粒和斑状等。颜色呈灰色、黄色、蔷薇色、红花等。优质花岗岩石英含量多（20% ~40%），云母含量少，晶粒细而匀，结构紧密，不含其他杂质，抛光后光泽明亮，不易风化，色调鲜明，花色丰富，庄重大方，如图 10 - 2 所示。

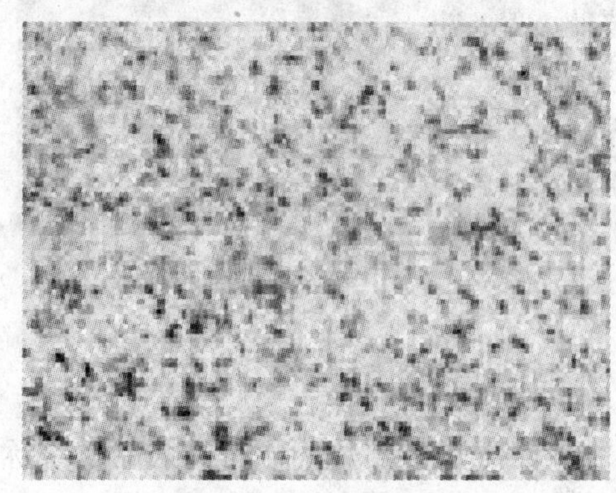

图 10 - 2　天然花岗岩

花岗石比大理石密度大，密度为 2 300 ~ 2 800 kg/m^3，抗压强度高达 120 ~ 250 MPa。孔隙率吸水率极低，材质硬度高，其耐磨、耐久、耐腐蚀性能均优于其他石材。经抛光后，是室内外地面、墙面、踏步、柱石、勒脚等处的首选装饰材料。

2. 人造装饰石材

由于天然石材加工较困难，花色品种较少。因此，20 世纪 70 年代以后，人造石材发展较快。人造石材是以天然石材碎料、石英砂、石渣等为骨料，树脂、聚酯树脂或水泥等为胶结料，经拌合、成型、聚合或养护后，打磨、抛光，切割而成。

人造石材具有天然石材的质感，但质量轻、强度高、耐腐蚀、耐污染，可锯切、钻孔、施工方便。适用于墙面、门套或柱面装饰，也可用作工厂、学校等的工作台面及各种卫生洁具，还可以加工成浮雕、工艺品等。与天然石材相比，人造石材是一种比较经济的饰面材料。

人造石材主要品种有各种水磨石和人造大理石等。

1）水磨石

水磨石板是以水泥和大理石渣为主要原料制成的一种建筑装饰用人造石材。水磨石可分为现浇水磨石和预制水磨石两种。一般预制水泥石板是以普通水泥混凝土为底层，以添加颜料的白水泥和彩色水泥与各种大理石渣拌制的混凝土为面层组成，如图 10 - 3 所示。

水磨石板因其美观、强度高、施工方便等优点，被广泛地应用于建筑物的地面、柱面、窗台、踢脚线、楼梯踏步等处，是常用的人造石材之一。

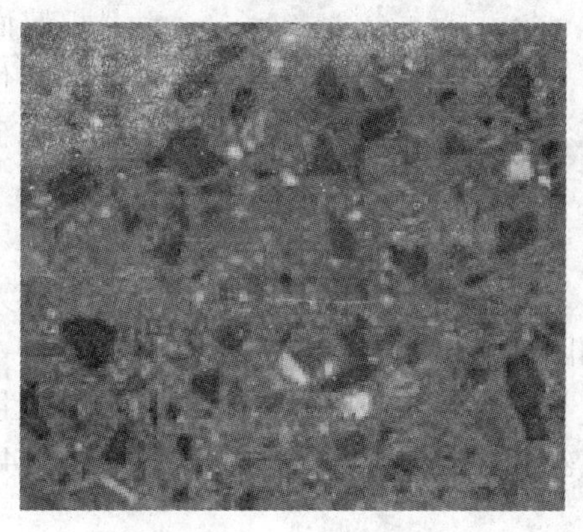

图 10 - 3　水磨石

2）人造大理石

按照人造大理石生产所用的材料，可分为水泥型人造大理石、聚酯型人造大理石、复合型人造大理石、烧结型人造大理石。其中，最常见的是聚酯型人造大理石，如图 10－4 所示。

图 10－4　人造大理石

聚酯型人造大理石是以不饱和聚酯树脂为胶黏剂，配以天然大理石或方解石、白云石、硅砂、玻璃粉等无机矿物粉料，以及适量的阻燃剂、稳定剂、颜料等，经配料混合、浇筑、振动、压缩、挤压等方法固化制成的一种人造石材。人造大理石由于具有质量轻、强度高、耐腐蚀、耐污染、施工方便等优点，是室内装饰装修比较广泛应用的材料。

10.2.2　建筑陶瓷

凡以黏土、长石、石英为基本原料，经配料、制坯、干燥、焙烧而制得的成品，统称为陶瓷制品。用于建筑工程的陶瓷制品，则称为建筑陶瓷。

建筑陶瓷包括釉面砖、外墙面砖、地面砖、陶瓷马赛克、建筑琉璃制品、陶瓷壁画及卫生陶瓷等。

1. 釉面砖

釉面砖又称内墙面砖，属于精陶类制品。它是以黏土、石英、长石、助熔剂、颜料及其他矿物原料，经破碎、研磨、筛分、配料等工序加工成含有一定水分的生料，再经模具压制成型、烘干、素烧、施釉和釉烧而成，或坯体施釉一次烧成。这里所谓的釉，是指附着于陶瓷坯体表面的连续玻璃质层，具有与玻璃相类似的某些物理和化学性质。釉面砖通常做成 152 mm × 152 mm × 5 mm 和 108 mm × 108 mm × 5 mm 等正方形体，配件砖包括阳角条、阴角条、阳三角、阴三角等，用于铺贴一些特殊部位，如图 10－5 所示。

图 10－5　有纹饰的釉面砖

釉面砖具有色泽柔和而典雅、美观耐用、朴实大方、防火耐酸、易清洁等特点。主要用做建筑物内部墙面，如厨房、卫生间、浴室、墙裙等的装饰和保护。其性能应符合《陶瓷砖》（GB/T 4100—2006）的规定。

2. 墙地砖

墙地砖的生产工艺类似于釉面砖，或不施釉一次烧成无釉墙地砖。产品包括内墙砖、外墙砖和地砖三类，如图 10－6 所示。

墙地砖具有强度高、耐磨、化学性能稳定、不燃、吸水率低、易清洁、经久不裂等优点。其性能应符合《陶瓷砖》（GB/T 4100—2006）的规定。对于铺地砖，还有耐磨性要求。

图 10－6 墙地砖

3. 陶瓷马赛克

旧称陶瓷锦砖，俗称马赛克，是以优质瓷土为主要原料，经压制烧成的状小瓷砖，表面一般不上釉。通常，将不同颜色和形状的小块瓷片铺贴在牛皮纸上，形成色彩丰富、图案繁多的装饰砖成联使用。

陶瓷马赛克具有耐磨、耐火、吸水率小、抗压强度高、易清洗及色泽稳定等特点。广泛适用于建筑物门厅、走廊、卫生间、厨房、化验室等内墙和地面，并可作建筑物的外墙饰面与保护，如图 10－7 所示。

施工时，可以将不同花纹、色彩和形状的小瓷片拼成多种美丽的图案。其性能应符合《陶瓷马赛克》（JC/T 456—2005）的规定。

4. 陶瓷劈离砖

陶瓷劈离砖又称劈裂砖、劈开砖和双层砖，是以黏土为主要原料，经配料、真空挤压成型、烘干、焙烧、劈离（将一块双联砖分为两块砖）等工序制成。产品具有均匀的粗糙表面、古朴高雅的风格、良好的耐久性，如图 10－8 所示。广泛用于地面和外墙装饰。其性能应符合《陶瓷砖》（GB/T 4100—2006）的规定。

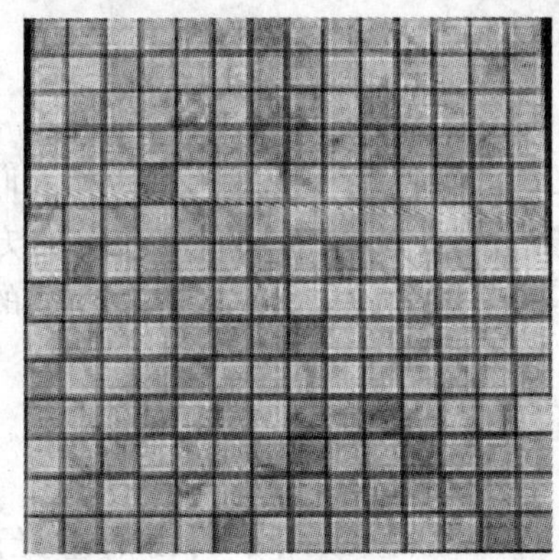

图 10－7 陶瓷马赛克

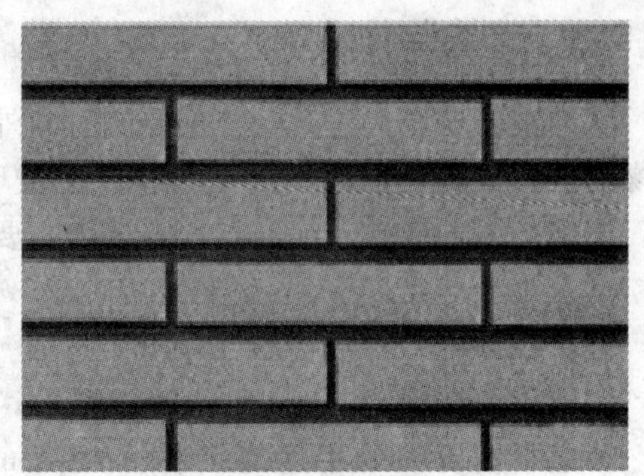

图 10－8 劈离砖

5. 卫生陶瓷

卫生陶瓷为用于浴室、盥洗室、厕所等处的卫生洁具，如洗面器、坐便器、水槽等。卫生陶瓷多用耐火黏土或难熔黏土经配料制浆、灌浆成型、上釉焙烧而成。卫生陶瓷结构形式多样，颜色分为白色和彩色，表面光洁、不透水、易于清洗，并耐化学腐蚀（图 10－9）。其性能应符合《卫生陶瓷》（GB 6952—2005）的规定。

图 10－9　卫生陶瓷

6. 建筑琉璃制品

建筑琉璃制品是我国陶瓷宝库中的古老珍品之一，是用难熔黏土制坯，经干燥、上釉后焙烧而成。颜色有绿、黄、蓝、青等。品种可分为三类：瓦类（板瓦、滴水瓦、筒瓦、沟头）、脊类和饰件类（吻、博古、兽）。

琉璃制品色彩绚丽、造型古朴、质坚耐久，所装饰建筑物富有我国传统的民族特色。主要用于具有民族色彩的宫殿式房屋和园林中的亭、台、楼、阁等，如图 10－10 所示。其性能应符合《建筑琉璃制品》（JC/T 765—2006）的规定。

图 10－10　建筑琉璃制品

10. 2. 3　建筑装饰玻璃

装饰玻璃是现代建筑十分重要的室内外装饰材料之一。现代装饰技术的发展和人们对建筑物功能和美观要求的不断提高，促使玻璃制品朝着多品种、多功能、绿色环保的方向发展。玻璃是用石英砂、纯碱、长石等为主要原料，在高温下熔融、成型，经急冷而成的固体材料。

玻璃装饰材料的主要品种有以下几种。

1. 普通平板玻璃

普通平板玻璃的用途有两种：3 ~ 5 mm 的平板玻璃一般直接用于门窗的采光，8 ~ 12 mm 的平板玻璃可用于隔断。另一种重要用途是用作为钢化、夹层、镀膜、中空等深加工玻璃的原片。在生产工艺上主要是浮法玻璃，它的特点是产量高、质量好、品种多、规模大、容易操作、劳动生产率高和经济效益好。

2. 安全玻璃

安全玻璃包括物理钢化玻璃、夹丝玻璃、夹层玻璃。它的主要特点是力学强度较高，抗冲击能力较好。被击碎时，碎块不会飞溅伤人，并有防火功能。

1）钢化玻璃

钢化玻璃是将平板玻璃加热到一定温度后迅速冷却（即淬火）而制成。钢化玻璃按形状分类，分为平面钢化玻璃和曲面钢化玻璃。其特点是机械强度比平板玻璃高4～6倍，6 mm厚的钢化玻璃抗弯强度达125 MPa，且耐冲击、安全，破碎时碎片小且无锐角，不易伤人，故又名安全玻璃，能耐急热、急冷，耐一般酸、碱，透光率大于82%。

钢化玻璃主要用于高层建筑门窗、隔墙与幕墙、车间天窗及高温车间等处，如图10－11所示。

2）夹丝玻璃

夹丝玻璃是将预先编织好的钢丝网压入已软化的红热玻璃中而制成的，如图10－12所示。其抗折强度高、防火性能好，破碎时即使有许多裂缝，其碎片仍能附着在钢丝上，不致四处飞溅而伤人。

图10－11 钢化玻璃

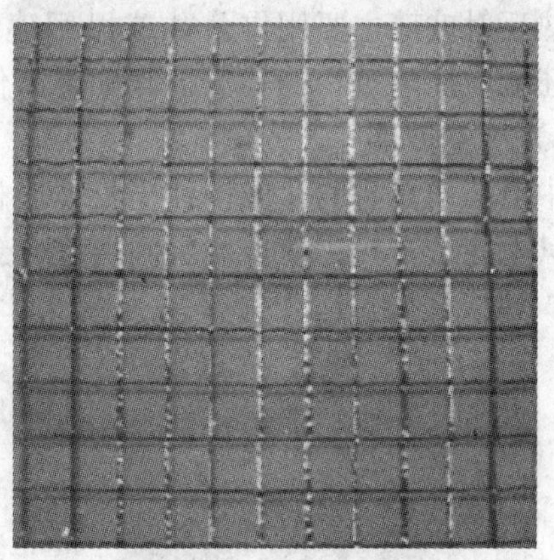

图10－12 夹丝玻璃

夹丝玻璃主要用于厂房天窗、各种采光屋顶和防火门窗等。

3）夹层玻璃

夹层玻璃是在两片或多片玻璃之间嵌夹透明塑料膜片，经加热、加压粘合而成的平面或曲面的复合玻璃制品，如图10－13所示。

图10－13 夹层玻璃

夹层玻璃的抗冲击性能比平板玻璃高出几倍，破碎时只产生裂纹而不分离成碎片，只有辐射状的裂纹和少量玻璃碎屑，不致伤人。

夹层玻璃适用于安全性要求高的门窗，如高层建筑或银行等建筑物的门窗、隔断，商品或展品陈列柜及橱窗等防撞部位，车、船驾驶室的风挡玻璃。

3. 保温绝热玻璃

保温绝热玻璃包括吸热玻璃、热反射玻璃、中空玻璃等。它们在建筑上主要起装饰作用，并具有良好的保温绝热功能。除用于一般门窗外，常作为幕墙玻璃。

1）吸热玻璃

吸热玻璃指能吸收大量红外线辐射能，并保持较高可见光透过率的平板玻璃。

吸热玻璃的颜色有灰色、茶色、蓝色、绿色、青铜色、粉红色和金黄色等。吸热玻璃适用于既需采光又需隔热之处，尤其是炎热地区需设置空调、避免眩光的大型公共建筑的门窗、幕墙、商品陈列窗、计算机房及车船玻璃，还可以制成夹层、夹丝或中空玻璃等制品。

2）热反射玻璃

热反射玻璃是具有较强的热反射能力而又保持良好透光性的玻璃，又称镀膜玻璃或镜面玻璃。它是用热解、蒸发、化学处理等方法在玻璃表面镀上一层或几层金、银、铜、镍、铬、铁及上述金属的合金或金属氧化物薄膜而成。

热反射玻璃有金色、茶色、灰色、紫色、褐色、青铜色和浅蓝等，如图 10－14 所示。

热反射玻璃主要用作公共或民用建筑的门窗、门厅或幕墙等装饰部位，不仅能降低能耗，还能增加建筑物的美感，起到装饰作用。

3）中空玻璃

中空玻璃是将两片或多片平板玻璃相互间隔 6～12 mm，四周用间隔框分开，并用密封胶或其他方法密封，使玻璃层间形成有干燥气体空间的产品，如图 10－15 所示。

图 10－14　热反射玻璃

图 10－15　中空玻璃

中空玻璃具有良好的保温隔热性能及隔声效果，另外还可降低表面结露温度。中空玻璃主要用于需要采暖、空调、防止噪声、防结露及要求无直接阳光和特殊光的建筑物上，如住宅、写字楼、学校、医院、宾馆、饭店、商店、恒温恒湿的试验室等处的门窗、天窗或玻璃幕墙。

4）压花玻璃、磨砂玻璃和喷花玻璃

压花玻璃是将熔融的玻璃液，在快冷中通过带图案花纹的辊轴滚压而成的制品，又称花纹玻璃。压花玻璃具有透光、不透视的特点，这是由于其表面凹凸不平，当光线通过时即产生漫射，因此从玻璃的一面看另一面的物体时，物像显得模糊不清。另外，压花玻璃因其表面有各种图案花纹，所以又具有一定的艺术装饰效果，如图 10－16 所示。

磨砂玻璃又称毛玻璃，它是将平板玻璃的表面经机械喷砂或手工研磨或氢氟酸溶蚀等方法处理成均匀毛面而成。其特点是透光、不透视，光线不刺目且呈漫反射，常用于不需透视的门窗，如卫生间、浴厕、走廊等，也可用做黑板的板面，如图 10－17 所示。

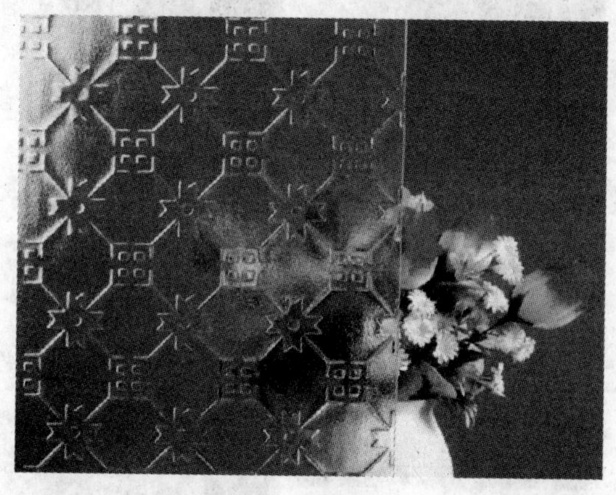

图 10－16　压花玻璃

图 10－17　磨砂玻璃

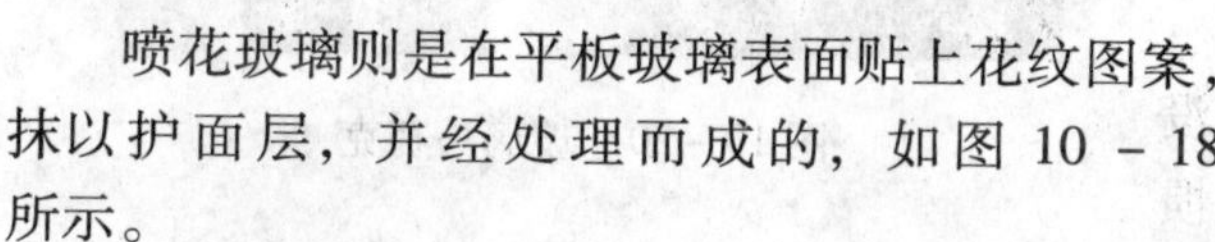

喷花玻璃则是在平板玻璃表面贴上花纹图案，抹以护面层，并经处理而成的，如图 10－18 所示。

图 10－18　喷砂玻璃

5）玻璃空心砖

玻璃空心砖一般是由两块压铸成的凹形玻璃，经熔接或胶结成整块的空心砖。砖面可为光平，也可在内外面压铸各种花纹，如图 10－19 所示。砖的腔内可为空气，也可填充玻璃棉等。砖形有方形、长方形、圆形等。玻璃砖具有一系列优良性能，绝热、隔声，透光率达 80%。光线柔和优美，可用来砌筑透光墙壁、隔断、门厅、通道等。

图 10－19　玻璃空心砖

6）玻璃马赛克

玻璃马赛克也叫玻璃锦砖。它与陶瓷锦砖在外形和使用方法上有相似之处，但它是乳浊状半透明玻璃质材料，大小一般为 20 mm × 20 mm × 4 mm，背面略凹，四周侧边呈斜面，有利于与基面黏结牢固。玻璃锦砖颜色绚丽，色泽众多，历久常新，是一种很好的外墙装饰材料，如图 10－20 所示。

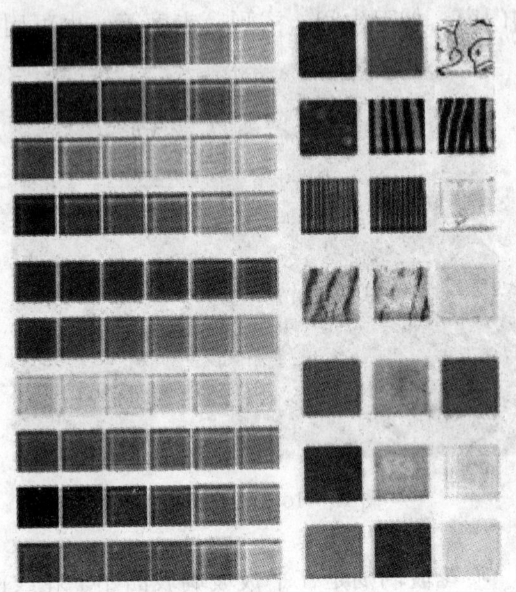

图 10－20　玻璃马赛克

建筑装饰工程中用到的玻璃还有釉面玻璃、镭射玻璃、镜面玻璃、晶质玻璃、泡沫玻璃等。

10.2.4　建筑涂料

建筑涂料指能涂于建筑物表面，并能形成连接性涂膜，从而对建筑物起到保护、装饰或使其具有某些特殊功能的材料。

1. 建筑涂料的分类

到目前为止，我国建筑涂料的产品还没有统一的分类与命名方法，但通常采用习惯分类方法，比较常用的有四种方法，即按组成涂料的基料种类、涂料成膜后的厚度和质感、建筑的使用部位和特殊性能来划分。此外，也可参考国家和行业的有关标准，对建筑涂料进行分类和命名。

按基料的类别分，建筑涂料可分为有机涂料、无机涂料和复合涂料三大类。

按涂料成膜后的厚度和质地分，建筑涂料可以分类为表面平整、光滑的平面涂料，表面呈砂粒状装饰效果的彩砂涂料（或称为真石漆）和凹凸花纹效果的复层涂料。

按在建筑物上的使用部位分，建筑涂料可以分成内墙涂料、外墙涂料、地面涂料和顶棚涂料四类。

按涂料的特种功能分，可将涂料分为防水涂料、防火涂料、防霉涂料、防虫涂料、防锈涂料、防腐涂料、吸声涂料、道路标识涂料、防结露涂料、防尘涂料、避光涂料及防辐射、防电波干扰涂料等新产品。

2. 建筑中常用涂料品种介绍

1）外墙涂料

外墙涂料的主要功能是装饰和保护建筑物的外墙面，使建筑物外貌整洁、美观，从而达到美化城市环境的目的。同时，能够起到保护建筑物外墙的作用，延长其使用时间。为了获得良好的装饰与保护效果，外墙涂料一般应具有以下特点。

（1）装饰性好。要求外墙涂料色彩丰富多样，保色性好，能较长时间保持良好的装饰性能。

（2）耐水性好。外墙面暴露在大气中，要经常受到雨水的冲刷，因而作为外墙涂料应具有很好的耐水性能。某些防水型外墙涂料的抗水性能更佳。当基层墙面发生小裂缝时，涂层仍有防水的功能。

（3）耐玷污性能好。大气中经常有灰尘及其他物质落在涂层上，使涂层的装饰效果变差，甚至失去装饰性能，因而要求外墙装饰层不易被这些物质玷污或玷污后容易清除。

（4）与基层粘结牢固，涂膜不裂。外墙涂料如出现剥落、脱皮现象，维修较为困难，对装饰性与外墙的耐久性都有较大影响。因此，外墙涂料在这方面的性能要求较高。

（5）耐候性和耐久性好。暴露在大气中的涂层，要经受日光、雨水、风沙、冷热变化等作用。在这些因素反复作用下，一般的涂层会发生开裂、脱粉、变色等现象，使涂层失去原有的装饰和保护功能。因此，作为外墙装饰的涂层，要求保持一定的使用年限，不发生上述破坏现象，即有良好的耐候性、耐久性。

2）内墙涂料

内墙涂料亦可作顶棚涂料，它的主要功能是装饰及保护室内墙面及顶棚，使其美观、整洁，让人们处于舒适的居住环境中。为了获得良好的装饰效果，内墙涂料应具有以下特点。

（1）色彩丰富、细腻、柔和。内墙涂料的色彩一般应浅淡、明亮，同时兼顾居住者的喜好不同，要求色彩、品种要丰富。内墙与人的目视距离最近，因此，要求内墙涂料应质地平滑、细腻、色调柔和。

（2）耐碱性、耐水性、耐粉化性良好。由于墙面多带碱性，并且为了保持内墙洁净，需经常擦洗墙面，为此，必须有一定的耐碱性、耐水性、耐洗刷性，避免脱落造成的烦恼。

（3）好的透气性，吸湿排湿性；否则，墙体会因温度变化而结露。

（4）施工容易、价格低廉。为保持居室常新，能够经常进行粉刷翻修，所以，要求施工容易、价格低廉。

3）特种功能建筑涂料

特种功能建筑涂料不仅具有保护和装饰作用，还具有某些特殊功能，如防霉、防腐、防锈、防冻、灭蚊、杀虫、耐高温、防火、防静电等。在我国，这类涂料的发展历史较短，品种和数量也不多，尚处于研究开发和试用阶段。虽然如此，也已展现了建筑涂料更为广阔的应用领域。

（1）防霉涂料。防霉涂料指一种能够抑制霉菌生长的功能涂料，通常通过在涂料中添加某种抑菌剂而达到目的。

建筑防霉涂料的主要特点是：既具有优良的防霉性能，又具备良好的装饰性能。在容易使霉菌孳生的环境中的建筑物表面涂刷上防霉涂料以后，建筑物表面便不易发霉。又因为建筑防霉涂料是用于建筑物内、外墙面、顶棚或地面的，所以，还必须具有较好的装饰作用，且防霉涂料涂刷成膜后，应对人畜都无害。

防霉涂料主要适用于食品厂、糖果厂、酒厂、卷烟厂及地下室等的内墙。

（2）防火涂料。防火涂料指涂饰在某些易燃材料表面（如木结构件），或遇火软化变形大的材料表面（如钢结构件），能提高其耐火能力，或能减缓火焰蔓延传播速度。在一定时间内能阻止燃烧，为人们灭火赢得时间的一类涂料。

防火涂料的特点是：既具有一般涂料的装饰性能，又具有出色的防火性能。即防火涂料在常温下对于所涂物体应具有一定的装饰和保护作用，而在发生火灾时应具有不燃性或难燃性，不会被点燃或具有自熄性，它们应具有阻止燃烧发生和扩展的能力，可以在一定时间内阻燃或延迟燃烧时间，从而为人们灭火提供时间。

10.2.5 纤维类装饰材料

建筑装饰材料中，很多品种都含有一定量的纤维原料，这里的纤维类装饰材料主要是壁纸、墙布和地毯。

(1) 壁纸。壁纸是当前使用最广泛的墙面装饰材料，除美化装饰外，具有遮盖、吸声、隔热、防霉、防臭、防火等多种功能。塑料壁纸是目前发展迅速、应用最广泛的壁纸。

(2) 墙布。墙布是指以天然纤维布或人造纤维布为基层，面层涂以树脂并印刷各种图案和色彩的装饰材料，有玻纤印花墙布、无纺布墙布、棉纺装饰布墙布、化纤装饰布墙布、锦缎墙布等。

(3) 地毯。地毯是一种高级装饰材料，有着悠久的历史，同时也是一直流行的重要的地面装饰材料。它不仅具有隔热、保温、吸声、弹性好、脚感舒适等优良品质，而且具有典雅高贵、纹理精致、品味高尚等装饰特性，所以，一直为世界各国人民所喜爱。

复习思考题

1. 装饰材料在外观上有哪些基本要求？
2. 装饰材料在选用中应注意哪些问题？
3. 常用装饰材料有哪几类？
4. 简述常用的装饰玻璃有哪几种？安全玻璃有哪几种？
5. 常用建筑陶瓷制品有哪些？它们各具有哪些特点？外墙砖与内墙砖和地板砖技术要求有哪些区别？
6. 涂料组成成分有哪些？
7. 建筑涂料主要具有哪些功能？
8. 建筑装饰石材有哪几种？各有哪些特点？
9. 请分析用于室外和室内的建筑装饰材料主要功能的差异。

技能训练

请在教师的指导下，到装饰材料市场和施工现场参观，了解各种材料的外观、质量验收方法、选用注意事项，同时了解同类材料的价格层次和性能差异。

参考文献

[1] 李伟华. 建筑材料 [M]. 北京：机械工业出版社，2010.
[2] 宋岩丽. 建筑材料与检测 [M]. 上海：同济大学出版社，2010.
[3] 王秀花. 建筑材料 [M]. 北京：机械工业出版社，2009.
[4] 张海梅，成维. 建筑材料 [M]. 北京：科学出版社，2010.
[5] 蔡丽朋. 建筑材料 [M]. 北京：化学工业出版社，2007.
[6] 周明月. 建筑材料与检测 [M]. 北京：化学工业出版社，2011.
[7] 申淑荣，冯翔. 建筑材料 [M]. 北京：冶金工业出版社，2010.
[8] 刘冰梅. 建筑材料试验实习指导书与报告书 [M]. 北京：科学出版社，2008.
[9] 林祖宏. 建筑材料 [M]. 北京：北京大学出版社，2008.
[10] 高琼英. 建筑材料 [M]. 武汉：武汉理工大学出版社，2006.
[11] 中华人民共和国行业标准. 冷拔低碳钢丝应用技术规程 JGJ 19—2010 [S]. 北京：中国建筑工业出版社，2010.
[12] 中华人民共和国行业标准. 砌筑砂浆配合比设计规程 JGJ/T 98—2010 [S]. 北京：中国建筑工业出版社，2011.
[13] 中华人民共和国国家标准. 混凝土膨胀剂 GB 23439—2009 [S]. 北京：中国标准出版社，2010.
[14] 中华人民共和国行业标准. 建筑砂浆基本性能试验方法标准 JGJ/T 70—2009 [S]. 北京：中国建筑工业出版社，2009.
[15] 中华人民共和国行业标准. 混凝土耐久性检验评定标准 JGJ/T 193—2009 [S]. 北京：中国建筑工业出版社，2010.